本书受国家自然科学基金项目资助
(项目批准号：50778086、51668027、51468026、51268022、51308269、51708486)

Doctoral

Thesis

Collection

in

Architectural

and

Civil

Engineering

王　鹏　王永慧

著

FUBAN KAIDONG ZUHELIANG SHOULI YU
CHENGZAILI JISUAN FANGFA

腹板开洞组合梁受力机理与承载力计算方法

U0280345

重庆大学出版社

内容提要

本书以组合结构中的腹板开洞组合梁为研究背景,以正弯矩区腹板开洞组合梁的受力性能为主要研究内容,全面系统地介绍了腹板开洞对组合梁力学行为的影响以及塑性设计方法在腹板开洞组合梁上的应用。全书共分为8章,主要介绍了腹板开洞组合梁的研究进展、组合梁的受力性能、组合梁洞口的加固方法等,并对组合梁洞口处截面的极限承载力进行了理论推导。另外,本书还通过有限元数值模拟对腹板开洞组合梁进行了较为全面的研究和分析,获得了腹板开洞组合梁的破坏模式以及剪力在洞口区域的传力机制,建立了腹板开洞组合梁力学计算模型,提出了极限承载力状态下腹板开洞组合梁承载力计算方法。

本书可供土木工程及相关专业工程技术人员参考使用;也可作为理工科院校相关专业高年级本科生、研究生的主要参考书。

图书在版编目(CIP)数据

腹板开洞组合梁受力机理与承载力计算方法/王鹏,
王永慧著. -- 重庆:重庆大学出版社,2019.6
(建筑与土木工程博士文库)
ISBN 978-7-5689-1648-6

Ⅰ.①腹… Ⅱ.①王… ②王… Ⅲ.①钢结构—组合
梁—承载力—计算方法 Ⅳ.①TU323.3-32

中国版本图书馆 CIP 数据核字(2019)第 132448 号

腹板开洞组合梁受力机理与承载力计算方法

王 鹏 王永慧 著
策划编辑:范春青
责任编辑:陈 力 版式设计:范春青
责任校对:万清菊 责任印制:张 策

*

重庆大学出版社出版发行
出版人:饶帮华
社址:重庆市沙坪坝区大学城西路21号
邮编:401331
电话:(023)88617190 88617185(中小学)
传真:(023)88617186 88617166
网址:http://www.cqup.com.cn
邮箱:fxk@cqup.com.cn(营销中心)
全国新华书店经销
POD:重庆新生代彩印技术有限公司

*

开本:787mm×1092mm 印张:12 字数:302 千
2019 年 6 月第 1 版 2019 年 6 月第 1 次印刷
ISBN 978-7-5689-1648-6 定价:58.00 元

前　言

　　钢-混凝土组合梁兼顾了钢结构和混凝土结构各自的优点,充分发挥了钢梁受拉、混凝土受压的特点,具有承载力高、刚度大、抗震性能好等优点,是一种具有显著经济效益和社会效益的新型结构,应用前景广阔。近年来,在多层和高层房屋建筑中已经得到了越来越广泛的应用。随着生活水平的不断提高,这些房屋建筑中的给排水管道、煤气管道、通风与空调管道、电线、电话、宽带网络等管线越来越多,工程师希望能在组合梁腹板上开洞,让日常生活中的所有管道从洞口通过,便能减少这些管道设施对建筑空间的占用,达到降低层高、增大房屋净高、降低工程造价、节约建设资金等目的。

　　但是,组合梁的腹板开洞后给受力性能带来了一定的影响,洞口的存在削弱了组合梁的截面,使组合梁的刚度和承载力有所降低。目前我国在该方面的研究较少,还没有成熟的计算理论和方法,国内的设计规范也未给出相应的计算条款,从而影响了腹板开洞组合梁在我国的推广和应用。因此,本书采用试验研究、理论分析和非线性数值模拟计算相结合的研究方法,对腹板开洞组合梁的受力性能进行了系统的研究,为腹板开洞组合梁在实际工程中的应用提供指导性的建议,其成果具有一定的理论意义和实用价值。

　　本书共8章:第1章为绪论,介绍了腹板开洞组合梁在实际工程中的应用前景以及组合梁在国内外的发展与研究概况,总结了国内外学者研究方法以及研究的意义;第2章为腹板开洞组合梁试验研究,通过对5根腹板开洞组合梁和1根无洞组合梁(对比试件)进行静力加载试验,得到了腹板开洞组合梁的破坏模式、受力机理和变形特征,分析出混凝土翼板与钢梁各部分截面对抗剪承载力贡献的大小;第3章为腹板开洞组合梁非线性有限元分析,采用通用有限元软件 ANSYS 建立了腹板开洞组合梁有限元模型,弹性计算结果与部分解析解进行了对比,弹塑性计算结果与试验结果进行了对比,计算结果与试验结果吻合良好,可以较好地模拟组合梁的受力全过程;第4章为腹板开洞组合梁承载力影响参数分析,对影响腹板开洞组合梁承载力的因素进行了系统分析,主要参数包括洞口宽度、洞口高度、洞口偏心、洞口形状、洞口中心弯剪比等,通过参数分析得出了洞口区域受力特点以及剪力在洞口处的传力机理,给出了组合梁腹板开洞的相关建议;第5章为腹板开洞组合梁的加强方法研究,对腹板开洞钢筋混凝土梁和钢梁的洞口加强方法进行了总结,在此基础上提出了腹板开洞组合梁的洞口加强方法和构造要求,即井字形加劲肋、弧形加劲肋、人字形加劲肋,并对设置不同加劲肋的腹板开洞组合梁承载力进行了分析,给出了组合梁洞口加强的设计建议;第6章为无加劲肋腹板开洞组合梁极限承载力理论分析,基于空腹桁架破坏机理,根据腹板开洞组合梁在极限状态下的洞口区域塑性应力分布,推导了腹板开洞组合梁洞口4个次弯矩函数,提出了一种腹板开洞组合梁极限承载力的计算方法——该方法考虑了洞口上方混凝土板对组合梁竖向抗剪承载力的贡献,根据本章推导的计算公式对无加劲肋腹板开洞组合梁承载力进行了分析,并与试验和有限元结果进行了比较,结果吻合较好,算例验证了该计算方法的准确性和可靠性;第 7 章为带加劲肋腹板开洞组合梁极限承载力理论分析,本章将塑性理论计算方法扩展到设置纵向加劲肋腹板开洞组合梁承载力的计算,同时考虑了加劲肋对承载力的贡献,推导了带加劲肋腹板开洞组合梁承载力计算公式,洞口设置加劲板后组合梁抗弯和抗剪承载力得到了明显的提高;第 8 章为总结。

本书的研究工作得到了国家自然科学基金面上项目(项目批准号:50778086)、国家自然科学基金地区科学基金项目(项目批准号:51668027、51468026、51268022)、国家自然科学基金青年基金项目(项目批准号:51308269、51708486)以及昆明理工大学的资助,在此表示衷心的感谢!另外,本书在撰写过程中,得到了昆明理工大学周东华教授的悉心指导,让作者受益终生,也得到了许多评审专家给出的意见、建议、关心和鼓励,在此表示衷心的感谢!最后,感谢昆明理工大学建筑工程学院郭荣鑫院长和马应良书记等领导给予的殷切关怀和鼓励。

限于时间,本书的内容还不够完善,书中不足之处恳请读者批评指正。

著 者

2018 年 12 月于昆明

目 录

第 5 章   连接方式对组合梁的研究 ····· 107
5.1 引言 ····· 107
不同连接方式的应力比较分析 ····· 107
5.3 不同连接方式对组合梁受力影响比较分析 ····· 112
5.4 本章小结 ····· 118
第 6 章   考虑滑移影响开洞组合梁极限承载力与挠度 ····· 119
6.1 引言 ····· 119

第1章

绪　论

1.1　腹板开洞组合梁的应用前景

钢-混凝土组合梁是通过剪力连接件把钢梁和混凝土板连接成一个整体且共同工作的受弯构件。大量的工程实践证明,钢-混凝土组合梁兼具钢结构和混凝土结构的各自优点,充分发挥了钢梁受拉、混凝土受压的特点,与钢结构相比,钢-混凝土组合梁可以提高构件或结构的强度和刚度,在一定程度上避免了钢结构的局部失稳及屈曲问题,从而可以节省钢材;与钢筋混凝土结构相比,钢-混凝土组合梁可以减轻结构自重、增加构件或结构的延性、提高结构的抗震能力,并且可以减少施工工作量,减小构件截面尺寸,增加有效使用空间,降低基础造价,节省支模工序和模板,缩短施工周期,是一种具有显著经济效益和社会效益的新型结构体系,应用前景广阔。近年来,钢-混凝土组合梁在高层建筑、大跨公共建筑和桥梁结构中得到越来越广泛的应用[1-14]。

近半个世纪来,随着人类生活水平的不断提高,房屋建筑中的给排水管道、煤气管道、通风与空调管道、电线、电话、宽带网络等管线越来越多。因此,如何布置这些纵横穿越的管道成为设备工程师和结构工程师共同关注的问题。过去传统的处理方法是让各种设备管道从梁底下通过,然后在楼板或梁上设置支架来固定这些管道,如图1.1所示。但是这种处理方法存在一定的不足,需要在楼板或梁上设置预埋件来固定管道,而且这些管道设施在梁底下占用了一定的建筑空间,不可避免地导致房屋楼层高度的增加,从而增加了整个工程的造价。从结构设计上来讲,在地震荷载或风荷载的作用下,当建筑高度增加10%时,结构的侧移将增加46.4%。由此可见,降低层高对结构设计具有重要意义[15]。

为了达到降低层高和工程造价等目的,工程师希望能在组合梁腹板上开洞,让日常生活中的所有管道从洞口通过,如图1.2所示。这种布置方式便能减少这些管道设施对建筑空间的占用,达到增大房屋净高、降低层高、减轻结构自重、降低工程造价、节约建设资金等目的。因此,腹板开洞组合梁在实际工程中有着广阔的应用前景,如图1.3所示[16]。

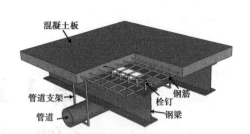
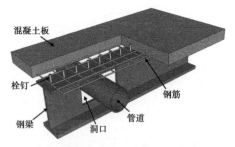

图 1.1　传统的设备管道布置方法　　　图 1.2　设备管道布置在组合梁腹板洞口

（a）矩形洞口　　　　　　　　　　　　　（b）圆形洞口

图 1.3　腹板开洞构件的工程应用实例

　　由于目前国内还缺乏开洞组合梁的研究，也没有相关的规范和技术规程给出相关的设计方法，从而影响了腹板开洞组合梁在我国的推广和应用。本书将从试验、非线性数值模拟计算和理论 3 个方面对腹板开洞组合梁进行研究，为腹板开洞组合梁在实际工程中的应用提供指导性的建议，研究成果具有一定的理论意义和实用价值。

1.2　钢-混凝土组合梁的发展与研究概况

1.2.1　钢-混凝土组合梁的特点

　　钢-混凝土组合梁是在钢结构和钢筋混凝土结构的基础上发展起来的一种新型结构形式。它主要通过在钢梁和混凝土翼板之间设置剪力连接件（如栓钉、槽钢、弯筋等），抵抗两者在交界面处的掀起及相对滑移，使之成为一个整体而共同工作。在荷载作用下，混凝土板受压而钢梁受拉，充分发挥了钢材与混凝土的材料特性。工程实践表明，钢-混凝土组合梁兼具钢结构和混凝土结构的优点，具有显著的经济效益和社会效益，适合我国基本建设的国情，是未来结构体系的主要发展方向之一。概述起来，组合梁具有以下特点[17]：

　　①充分发挥了钢材和混凝土各自材料的特性。尤其对于简支梁，钢-混凝土组合梁截面的上缘受压，下缘受拉，充分发挥了混凝土受压性能好和钢材受拉性能好的优点。

　　②节省钢材。截面材料受力合理，混凝土替代部分钢材工作，使其用钢量大幅度下降，如果采用塑性理论设计，还可以降低造价，组合梁方案与钢结构方案比较，可节省钢材 20% ~ 40%，每平方米造价可降低 10% ~30%。

　　③减少截面高度。混凝土翼板参与抗压，组合梁的惯性矩比钢梁大得多，可以达到降低梁高、增大房屋净高的效果。

④延性好。由于耗能能力强,整体稳定性好,在实际地震中表现出良好的抗震性能。

⑤刚度大。混凝土翼板与钢梁共同作用,抗弯模量增大,致使挠度减小,刚度增大,与采用钢结构方案的钢梁相比,组合梁的承载力可提高20%~30%。

⑥稳定性好。由于组合梁上翼缘侧向刚度大,所以整体稳定性好;由于钢梁的受压翼缘受到混凝土板的约束,其翼缘与腹板的局部稳定性都得到改善。

⑦抗冲击、抗疲劳性好。实际工程表明,用于梁桥、吊车梁的组合梁比钢梁具有更好的抗冲击、抗疲劳能力。

⑧施工方便。组合梁可利用已安装好的钢梁支模板,然后浇筑混凝土板,节约了模板的费用。对于高度较大的大跨度结构(如栈桥),这一优点就更为突出。

由于以上特点,钢-混凝土组合梁广泛应用于建筑结构和桥梁结构等领域。在跨度比较大、荷载比较重的情况下,采用组合梁具有显著的经济效益和社会效益。在建筑工程中,组合梁可用于多、高层建筑和多层工业厂房的楼盖结构、吊车梁、工作平台、栈桥等。在桥梁工程中,组合梁可广泛用于城市立交桥、公路桥梁、铁路桥梁,还适用于大跨拱桥、大跨悬索桥、大跨斜拉桥的上部结构等,应用范围广阔。实践证明,组合结构是一种具有显著经济效益和社会效益的新型结构体系,应用前景广阔,非常适用我国基本建设的国情[8]。可以预计,钢-混凝土组合梁结构将成为21世纪结构体系的重要发展方向之一,因此对这一结构形式的研究有着很重要的现实意义。

1.2.2　钢-混凝土组合梁在国外的发展与研究

1.2.2.1　钢-混凝土组合梁在国外的发展概况

组合结构早在19世纪末就已经出现过,只是当时的工程师没有意识到利用两种材料组合后可以增加刚度和强度,只是单纯地想要减轻钢管内部的锈蚀而灌入混凝土,为了改善钢结构的耐久性能而在其外围包裹混凝土,这就开创了组合结构的实际应用的历史,这种构思对组合结构的发展起到了关键性的推动作用。钢-混凝土组合结构在美国、日本、欧洲等发达国家和地区研究得比较早,而且已得到了广泛的应用。其基本发展过程可以分为以下3个阶段[18]:

第一阶段:组合梁最早出现于20世纪20年代,至今已有近90年的历史。当时主要考虑钢梁防火的要求而在钢梁外包裹混凝土,不使用抗剪连接件,且不考虑钢与混凝土的组合工作效应。在随后的20至30年代,在钢梁与覆盖的混凝土板之间加入各式各样连接件的构造方法开始出现,1926年J. Kahn获得组合梁结构的专利权,可以认为是组合梁的创始阶段。

第二阶段:从20世纪40到60年代可以认为是组合梁发展的第二阶段。这个阶段开始对组合梁有了细致、深入、全面的研究和应用。从40年代开始,绝大部分组合梁都采用了抗剪连接件。此时技术先进的国家,如美国、英国、德国、加拿大、苏联及日本等,都先后制定了有关组合梁的设计规范或规程。美国州际公路协会(ASSHTO)于1944年制定的《公路桥梁设计规范》中纳入关于组合梁的相关规定,这是公布最早的组合梁设计规范。各国应用和研究组合梁几乎同时起步,而且都是从桥梁结构开始的。1967年,英国首次颁布《钢-混凝土组合结构梁》(CP117:pt1),这是组合梁发展的一个里程碑,此时组合梁的应用范围不仅是桥梁结构,在工业与民用建筑中也得到了广泛应用。20世纪60年代末,组合梁的设计理论取得了重大进展,即由原来传统的弹性理论分析开始逐步转为按照塑性理论的极限荷载设计(load and resistance factor design),应用范围也由原来的桥梁结构为主迅速扩展到工业与民用建筑中。

第三阶段:20世纪70年代初,可以认为是组合梁发展的第三阶段。组合梁开始在工业建筑、民用建筑等领域得到广泛应用。它的发展几乎与钢结构并驾齐驱,并在一定领域能够代替钢结构和钢筋混凝土结构。各国30层以上的高层房屋结构中有20%采用了压型钢板组合楼盖,其中也包括了组合梁。组合梁快速的发展形势吸引了不少学者和工程人员,使他们的注意力转移到这方面来,1981年,由欧洲国际混凝土委员会(CEB)、欧洲钢结构协会(ECCS)、国际预应力联合会(FIP)和国际桥梁与结构工程协会(IABSE)共同组成的组合结构委员会联合颁布了名为《组合结构》的规范[19]。以该规范为基础进行修订和补充,欧洲共同体委员会(CEC)于1985年首次正式颁布了关于钢-混凝土组合结构的设计规范——欧洲规范4[20-21](EC4),这是目前国际上最为完整的一部组合结构规范,为组合结构的研究和应用做了非常全面的归纳和总结,并指出了组合结构今后的发展方向。

1.2.2.2 钢-混凝土组合梁在国外的研究概况

20世纪初,Andrews[22]首次提出基于弹性理论的换算截面法:假定钢梁与混凝土两种材料均为理想的弹性体,两者间连接可靠,荷载作用下忽略界面滑移和竖向掀起效应的影响,两者的变形曲率一致(即完全共同工作),通过钢梁与混凝土的弹性模量之比将两种材料换算成一种材料进行计算。这种方法一直作为弹性分析和设计的基本方法而被许多国家设计规范所采用。但是,用换算截面法分析钢-混凝土组合梁的力学性能存在两点不足:一是钢梁与混凝土翼板并非理想的弹性体;二是组合梁通过栓钉抗剪连接件将钢梁与混凝土翼板连接在一起,在荷载作用下,栓钉本身会发生剪切变形和轴向变形,使得组合梁的界面出现水平相对滑移和竖向掀起位移,导致两种材料无法完全共同工作,使得其变形及承载力的计算结果偏于不安全。

20世纪50年代,Newmark N. M[23]提出了组合梁交界面纵向剪力的微分方程,考虑了钢梁与混凝土板交界面上相对滑移对组合梁承载能力和变形的影响,建立了比较完善的不完全交互作用理论。其基本假定是:①剪力连接件为连续均匀分布;②滑移的大小与所传递的荷载成比例;③两种材料在交界面上的挠度相等,即混凝土板与钢梁具有相同的曲率。在推导的微分方程中,未知量是抗剪连接件在交界面上产生的轴向力。对于承受集中荷载作用的简支组合梁,可用其微分方程求解出交界面上的轴向力,交界面上的剪力分布,滑移应变和挠度的大小。该理论公式较为复杂,不便于实际应用,但由于它考虑了组合梁交界面上的相对滑移的影响,而具有重大的理论意义。

20世纪60年代,Chapman[24]对17根简支钢-混凝土组合梁进行了试验研究,试验变化的参数包括组合梁的跨度、加载方式、抗剪连接件的类型和间距等。试件破坏的模式主要有两种:混凝土翼板压溃破坏模式和栓钉破坏模式。试验结果表明,在计算组合梁的极限承载力时,可以不考虑混凝土翼板中纵向钢筋的影响;按极限平衡的方法设计栓钉抗剪连接件是合理有效的。Adekola[25]对简支钢-混凝土组合梁的混凝土翼板有效宽度进行了研究,提出了考虑截面几何参数及材料特性的有效宽度计算方法。Davies[26]对 7 根钢-混凝土简支组合梁进行了试验研究,变化的参数包括抗剪连接件的间距以及混凝土翼板的横向配筋率。试验结果表明,在完全抗剪连接条件下,抗剪连接件的间距对组合梁的刚度和承载力影响不大;当混凝土翼板的横向配筋小于 0.5% 时,组合梁混凝土翼板将沿抗剪连接件的布置方向发生纵向劈裂破坏,从而导致组合梁的极限承载力降低。在试验研究的基础上,Davies 提出了组合梁纵向抗剪强度的计算公式,将组合梁的纵向抗剪能力分解为混凝土及横向钢筋两部分分别进行计算和叠加。Bamard[27]定性分析了影响组合梁极限抗弯承载力的因素,由于柔性抗剪连接件受到剪力作用后会发生剪切变形,因此组合梁无论是采用部分抗剪连接还是完全抗剪连接,钢梁与混凝土翼板之间都存在滑移效应,又由于混凝土翼板和钢梁弯曲刚度的不同,导致在荷载作用下二者之间必然发生掀起的趋势,界面水平相对滑移和竖向掀起效应的存在使组合梁的极限承载力降低,但对界面滑移和竖向掀起的大小及其对组合梁极限承载力的影响程度缺少定量的理论分析和相关试验研究。

20 世纪 70 年代,美国伊利诺伊大学、美国密苏里大学和澳大利亚悉尼大学分别对简支钢-混凝土组合梁的弹塑性承载力进行了系统的分析研究。Johnson[28]等提出了部分抗剪连接组合梁挠度与抗弯承载力的简化计算方法,指出部分抗剪连接组合梁的挠度和极限抗弯承载力可以根据完全抗剪连接组合梁和纯钢梁分别计算挠度和极限抗弯承载力,按抗剪连接程度进行线性插值而得到。但分析表明,这种按抗剪连接程度进行线性插值而得到的部分抗剪连接组合梁的极限抗弯承载力和变形的简化计算公式与试验结果不尽相符,计算结果普遍偏于保守。Moffatt 和 Lim[29]采用有限元的方法研究了组合梁完全抗剪连接和部分抗剪连接情况下的基本力学性能,他们的研究表明抗剪连接件的布置形式对组合梁的应力分布有一定的影响,特别是对采用柔性抗剪连接件的情况。Rotter[30]等人对钢-混凝土组合梁的延性进行了探讨,研究采用条带法分析了组合梁截面的延性,并通过假定抗剪连接件的剪力与界面滑移成线性关系来考虑钢梁与混凝土翼板之间的相对滑移影响,在与试验结果对比分析的基础上,讨论了混凝土翼板尺寸、钢梁屈服强度、混凝土强度、混凝土翼板内配筋、钢梁与混凝土翼板之间滑移以及钢梁残余应力等因素对钢-混凝土组合梁延性的影响,同时还给出了组合梁截面塑性曲率计算的简化经验公式,将钢-混凝土组合梁的截面转动性能分为应变软化和应变硬化两类,并建议工程设计时应采用应变硬化设计准则以保证钢-混凝土组合梁的可靠性。Johnson[31]研究了部分抗剪连接组合梁,该研究表明,当采用完全抗剪连接时,荷载作用下,只要钢梁处于弹性范围以内,混凝土翼板和钢梁之间的水平相对滑移和竖向掀起效应较小,而实际使用时钢梁中的最大应力通常不到其屈服应力的 50%,故采用部分抗剪连接设计也可以满足使用要求。Ansourian[32]等对 6 根钢-混凝土简支组合梁进行了试验研究,在此基础上对组合梁进行了弹性和塑性分析,分析模型考虑了钢梁与混凝土翼板之间界面滑移的影响,研究表明,滑移效应将减小组合梁的弹性抗弯承载力,并使其挠度增大。

20 世纪 80 年代,Oehlers[33]对组合梁的纵向抗剪破坏进行了分析,建立了考虑单个抗剪连接件或一组抗剪连接件作用下的组合梁纵向抗剪计算方法,研究表明组合梁中横向钢筋虽然不能完全避免纵向剪切裂缝的发生,但是能够有效地减小纵向开裂程度。

20 世 90 年代至今,Wright[34]对 8 根部分抗剪连接件简支钢-压型钢板混凝土组合梁进行了试验研究,其中 6 根板肋垂直于钢梁布置,2 根平行于钢梁布置。研究表明,组合梁中抗剪连接件的刚度大于推出试件中抗剪连接件的刚度,在抗剪连接程度较低的情况下需要考虑抗剪连接件的非线性特性。在此基础上,Wright 提出了一种考虑组合梁非线性滑移特征的分析模型,其计算结果与试验结果吻合较好。Shatunugam 等[35]对组合梁的竖向抗剪性能进行了研究。Bradford[36]、Fragiaeomo[37]等对钢-混凝土简支组合梁的长期性能进行了分析,通过引入龄期调整有效弹性模量的方法来考虑混凝土翼板的收缩和徐变,该方法的计算结果与试验结果吻合良好。Wang Y. C.[38]对部分抗剪连接组合梁的挠度进行了研究,提出了部分抗剪连接组合梁的最大挠度根据其抗剪连接件的刚度来计算的方法。Ayoub[39-40]等对钢-混凝土组合梁非线性有限元混合模型进行了研究,指出部分剪切连接组合梁在单调和循环荷载作用时,组合梁采用非线性弹性梁单元进行分析,这个内力和相对滑移相互独立的复合模型比纯力学模型更能准确地描述钢梁和混凝土翼板的相对滑移。Baskar 等[41]对负弯矩剪切荷载作用下钢-混凝土组合梁进行了有限元非线性分析,采用三维有限元模型,可以很好地预测组合梁极限荷载下的特性。Amadio 等[42-43]对钢-混凝土组合梁使用状态和极限状态下有效宽度进行了分析,通过参数分析,建议完全抗剪连接组合梁在正弯矩作用区域和负弯矩作用区域采用不同的混凝土翼板有效宽度。Dall 等[44]对组合梁用位移法进行了有限元分析,对于采用 8 个自由度、10 个自由度和 16 个自由度有限元单元进行了有限元分析比较,当抗剪连接件的刚度趋于无穷大时,单元的有效自由度减少;当界面水平剪切作用比较大,而抗剪连接件的刚度较小时,需要提高单元的自由度才能得到正确的结果。Faella 等[45]对估测简支组合梁的挠度提出了参数分析的方法,找出了两个对组合梁挠度影响较大的抗剪连接非线性参数。Loh 等[46-47]对部分抗剪连接组合梁负弯矩区的力学性能进行了研究,发现随着组合梁抗剪连接程度的降低,组合梁的极限承载能力并没有显著下降,而延性(转动能力)反而提高了,对于工程设计应用,提出了修正的刚-塑性方法,方便了部分抗剪连接组合梁在组合结构中负弯矩区的应用。Thevendran 等[48]对 5 根简支曲线型组合梁进行了试验研究,结果表明,曲线型组合梁的抗弯承载力随梁跨度与曲率半径比的增加而减小,试验结果与有限元分析结果在变形特征、应力分布及极限承载力方面吻合良好。Brian Uy[49]对组合梁在组合作用下的受力进行了总结,对组合梁分别在弯矩和剪力作用、弯矩和轴力作用、弯矩和扭矩作用下的研究进行了汇总,在理论分析和试验研究的基础上得到了组合梁在弯剪相关和弯扭相关作用下的设计公式。该研究对结构中的边梁以及曲梁的设计提供了指导。

1.2.3 钢-混凝土组合梁在国内的发展与研究

1.2.3.1 钢-混凝土组合梁在国内的发展概况

组合梁在我国的应用与发展相对较晚。从 20 世纪 50 年代初开始研究组合梁桥结构,1957 年建成的武汉长江大桥,其上层公路桥的纵梁(跨度 18 m、梁间距 1.8 m)就采用了组合梁,但当时在应用中并未考虑钢与混凝土材料之间的组合效应,而仅仅将其作为强度储备以提高安全度或者是为了施工方便。之后在交通、冶金、电力、煤矿等系统中都有应用。铁道部还专门编制了公路及铁路组合梁桥的标准图集,梁的跨度达到 44 m。交通部 1974 年颁行的

《公路桥涵钢结构及木结构设计规范》中亦有组合梁的专门条款,1986 年《公路桥涵钢结构及木结构设计规范》(JTJ 025—86)对公路组合梁桥作出了具体规定[50]。沈阳煤矿设计院早在 1963 年就把组合梁结构用于煤矿井塔结构;北京钢铁设计研究总院设计并建成了 18 m 跨的吊车梁。自 20 世纪七八十年代开始,电力系统及冶金系统厂房中的平台结构大多数都采用组合梁结构,同时,"栓钉"抗剪连接件已经开始普及。尤其是近 20 年来,随着我国经济迅速的发展,组合梁结构在应用领域及规模上也有很大的变化。例如:我国已经建成的上海环球金融中心(492 m)、上海金茂大厦(421 m)、深圳赛格广场(292 m)(表 1.1)等超高层建筑都采用了压型钢板混凝土组合楼板结构。另外,组合梁结构在桥梁工程方面也得到了广泛的应用,例如:上海杨浦大桥(602 m)、东海大桥(420 m)(表 1.1)等采用了钢-混凝土组合梁作为桥面系,北京市政单位建造了一座三跨(40 m + 92 m + 40 m)连续组合梁立交桥,其 3 个主跨均采用了钢-凝土叠合板连续组合梁结构,随后,北京又有多座大跨度立交桥的主跨采用了这种结构形式,均取得了显著的经济效益和社会效益。目前国内深圳、武汉、长沙、海口、石家庄、济南、西安等城市也正在建造大跨度钢-混凝土组合梁桥结构,最大跨度已达到 95 m。此外,组合梁在结构加固领域也显示处优良的性能,如北京市机场路苇沟桥改造工程以及紫竹桥改造工程,通过采用组合梁及混凝土叠合技术,成功地实现了减轻结构自重和提高荷载等级的设计要求[51-52]。表 1.1 列出了在我国部分具有代表性的钢与混凝土组合梁应用情况。

表 1.1 我国组合梁的工程应用实例

时间	地区	工程名称	组合梁类型
1957	武汉	武汉长江大桥	钢-混凝土组合梁
1984	北京	长城饭店	钢-混凝土组合梁
1987	北京	香格里拉饭店	型钢混凝土梁
1988	太原	太原第一热电厂五期工程	钢-混凝土叠合板组合梁
1993	上海	上海杨浦大桥	钢-混凝土组合梁
1993	北京	国贸大厦	钢-混凝土叠合板连续组合梁
1997	深圳	赛格广场大厦	钢-压型钢板混凝土组合梁
1998	上海	金茂大厦	钢-混凝土组合梁
2000	芜湖	芜湖长江大桥	预应力混凝土板与钢桁架组合梁
2003	上海	世纪广场	钢-混凝土组合梁
2005	上海	东海大桥	钢-混凝土组合梁
2008	上海	上海环球金融中心大厦	钢-混凝土组合梁

工程应用实践证明,钢-混凝土组合梁同时综合了钢梁和钢筋混凝土梁的优点,可以用传统的施工方法和简单的施工工艺获得优良的结构性能,经济效益和社会效益显著,非常适合我国基本建设的国情,是具有广阔应用前景的新型结构形式之一。

1.2.3.2　钢-混凝土组合梁在国内的研究概况

我国在 20 世纪五六十年代,虽然钢-混凝土组合梁结构在某些桥梁工程中出现过,但当时的设计只是把它作为一种安全储备或者是为了方便施工而已,并没有考虑它们之间的组合效应。

国内对钢-混凝土组合梁的研究与国外相比起步较晚。我国对组合梁开展研究是从 20 世纪 80 年代开始的,郑州工学院、清华大学、哈尔滨建筑工程大学、东北大学等单位开始对钢-混凝土组合梁的性能进行了较为系统的研究,并取得了一系列有重要理论意义和实用价值的成果[53-70],并于 1988 年首次将组合梁纳入《钢结构设计规范》[71]（GBJ 17—88）中,标志着钢-混凝土组合梁结构在我国得到了广泛的应用。

20 世纪 90 年代,朱聘儒等[72-73]对考虑钢-混凝土组合梁滑移效应的弹性分析和抗剪承载力进行了试验研究,在考虑钢部件与混凝土翼板之间滑移的前提下,建立了组合梁受弯微分方程,分析了混凝土和钢之间的剪力分配,受剪试验验证了该理论是正确的,试验结果表明,对带平板的组合梁忽略混凝土的受剪承载力是可以接受的,对带板托的组合梁,其规定偏于保守;而且对连续组合梁塑性铰特性及内力重分布现象进行了研究。聂建国、沈聚敏等[74-75]对钢-混凝土组合梁交界面的相对滑移引起的附加变形进行了研究。在建立相对滑移微分方程的基础上,得到了不同荷载工况下组合梁因滑移效应所引起的附加变形计算公式;在这一分析基础上,提出考虑滑移效应对组合梁变形影响的计算钢-混凝土组合梁变形的折减刚度法[76-77],所建立的刚度折减系数在一定范围内（$\alpha l = 5 \sim 10$）,组合梁的变形计算值和试验值结果吻合较好;并对组合梁抗弯承载力影响因素进行了研究,建立了考虑滑移效应的组合梁弹性和极限抗弯承载力计算公式[78];研究发现,当考虑承载力极限状态时钢梁部分截面进入强化阶段的有利影响,滑移对极限抗弯承载力的影响可以忽略不计。

21 世纪初期,我国对钢-混凝土组合梁方面的研究得到了快速的发展。2002 年,余志武等[79]对钢-部分预应力混凝土连续组合梁的内力重分布进行了研究,进行了 10 榀钢-部分预应力混凝土连续组合梁和 1 榀钢-普通混凝土连续组合梁的极限承载力试验,主要试验参数为负弯矩区部分预应力比 PPR 和综合力比 R 及栓钉连接程度,试验发现,在负弯矩区施加预应力的钢-部分预应力混凝土连续组合梁可产生较充分的内力重分布,其主要影响因素为截面相对受压区高度和负弯矩区综合力比,通过试验研究和理论分析,提出了钢-部分预应力混凝土连续组合梁满足承载力要求的弯矩调幅限值的计算公式,其计算结果与试验结果吻合较好。

2003 年,余志武等[80-82]将钢与混凝土之间的界面滑移和组合梁变形纳入同一求解方程中,建立了钢混凝土组合梁施工阶段和使用阶段的界面滑移计算理论和考虑滑移效应影响的变形分析理论。

2006 年,钟新谷等[83]进行了钢箱-混凝土组合梁的弯曲性能的研究,通过 5 根钢箱混凝土组合梁及 2 根空钢箱对比梁的模型试验,研究其弯曲性能。试验研究表明:钢箱-混凝土组合梁具有良好的抗弯性能和延性,符合平截面假定,极限承载力提高显著,试验中测试还表明钢箱中的混凝土与钢箱在受弯过程中纵向有明显的相互剪切作用,有利于充分发挥钢与混凝土各自力学性能。

2007 年,付果、赵鸿铁等[84-85]对 4 根密实截面钢-混凝土组合梁的组合抗剪性能进行了试验研究。试验结果表明,组合梁负弯矩区的界面滑移规律与正弯矩区的不同,其大小对组合梁的抗剪承载能力影响较小。不论混凝土翼板是处于组合梁截面的受压区还是受拉区,其对组合梁截面的抗剪承载能力均有明显的贡献,目前规范仅计算钢梁腹板的抗剪作用偏于保守。对组合梁的抗剪承载力进行了分析,按叠加法建立了计算组合梁抗剪承载能力的计算式,结果表明计算值与实测值吻合良好。并对钢-混凝土组合梁的交界面上的掀起力进行了研究。利用弹性体变形理论,推导并建立了简支钢-混凝土组合梁关于界面竖向掀起作用的常系数线性微分方程。求解此微分方程可以得出组合梁掀起力沿梁长的分布表达式,在栓钉间距范围内积分即可以算出栓钉所受掀起力的大小,该方法计算值与试验结果吻合良好,从而为栓钉的抗掀起设计提供理论计算依据,具有深层的理论意义和实用价值。

2011 年,周东华等[86-88]提出了一新的钢-混凝土组合梁变形(挠度)计算方法-有效刚度法,该法思路来自无剪切连接与刚性剪切连接之间的关键区别,即上下截面的轴向刚度是否被"激活"。无剪切连接时,上下截面的轴向刚度虽然存在,但未能发挥作用;刚性剪切连接时,轴向刚度则能发挥其最大作用;部分剪切连接时,用一个弹簧 k_3 来代替剪切连接件的组合作用(k_3 为剪切连接件的刚度),并与混凝土板和钢梁串联后得到部分剪切连接组合梁的有效抗弯刚度 EI_{eff},有效刚度法计算结果与弹性理论的解析解吻合很好,并且将有效刚度法原理应用到部分剪切连接组合梁的截面应力计算中。有效刚度法不仅考虑了滑移效应引起的附加挠度,而且计算公式形式简单、力学概念清晰,系数 k_3 具有明确的物理意义,计算精度高,而且不受荷载形式和连接件刚度(即连接程度)的限制,便于设计人员掌握。同时对连接件的布置方式进行了研究,结果表明,根据组合梁交界面上纵向剪力分布情况采用分段均匀方式布置剪切连接件时,可有效减小组合梁界面滑移,提高组合梁的组合作用,从而减小由滑移引起的组合梁附加挠度。

1.3　腹板开洞组合梁研究现状

随着建筑技术的发展,为了节约城市土地,多层和高层建筑成为城市建设的主流,而这些房屋建筑中铺设的管道也越来越多,尺寸也越来越大,占用了很大的建筑空间,如能在钢梁腹板上开洞让管道穿过,便能降低层高,带来可观的经济效益。钢梁腹板开洞后,会对其受力性能带来一定影响,国内外学者对此进行了一系列的相关研究。

1.3.1　腹板开洞组合梁在国外的研究

由于组合梁是在钢结构和钢筋混凝土结构基础上发展起来的一种新型结构形式,因此早期对腹板开洞构件的研究主要集中于钢梁,主要包括腹板开洞钢梁的试验研究、洞口区域的补强、洞口处的弯剪相互作用以及洞口区域的应力分布等。

20 世纪六七十年代,Redwood 等[89]等对未加强的腹板开洞钢梁进行了试验研究。Bower等[90]推荐了未加强的开洞钢梁弹性和塑性的设计方法。Cooper 等[91]对带加劲肋腹板开洞钢梁进行了试验研究,其中 16 个试件为弹性试验,3 个试件为极限荷载试验,试验结果表明:不管是洞口单面加强还是双面加强,加强板都可以与腹板相连并提供足够的强度。Wang 等[92]

提出了一种洞口偏心时设置加劲板的开洞梁承载力的计算方法,该方法采用计算机迭代的方法得出开孔处的弯-剪相互曲线,这种方法只适用于腹板开方形洞口,加强板设置在洞口边缘上下方,且平行于洞口边缘。Larson 等[93]提出了腹板开洞钢梁的塑性设计方法,应用塑性设计准则能确定出弯剪作用下腹板开洞钢梁的极限承载力。Kussman 等[94]对开孔梁已形成的设计公式应用中所遇到的问题作了说明,并对洞口位置提出合理的建议。Lupien 等[95]对腹板开孔梁单面加强的情况进行了研究,目的是测定单面加强时对极限承载力的影响。

20 世纪 80 年代,Dougherty 等[96]根据截面上的塑性应力分布提出一种工字型截面腹板上单个矩形开洞梁的极限承载力的计算方法。Aglan 等[97]提出了一种腹板开洞梁的空腹破坏计算模型,即假定在洞口角部形成 4 个塑性铰,并且推导了计算破坏荷载的公式,同时对两个和多个孔的梁进行了研究。Dougherty 等[98-100]对腹板开矩形洞口工字型梁的屈曲模式的影响进行了研究,推导了不同边界(支座)条件的开洞工字型梁屈曲荷载的表达式,同时对开孔梁的整体侧向稳定性进行了研究;而且对相邻矩形孔之间的相互作用进行了研究,考虑开孔截面的线性结构的平衡,从弹性变形的分析来决定洞口之间腹板的临界宽度;同时提出了梁腹板上有两个或多个相距较近的孔时,求解极限承载力的理论公式。

20 世纪 90 年代,Darwin[101-102]对当时现有的研究成果进行了总结,给出了工字型梁开矩形和圆孔时的弯-剪相互作用曲线,并提出了加强与未加强的腹板开洞钢梁统一设计方法。Anon[103]推荐了一种腹板开洞梁的设计方法,这种方法遵守荷载分项系数设计理论。Chung[104-106]对不同形状和尺寸的腹板开大洞口的钢梁进行了有限元分析,并基于空腹机制(Vierendeel Mechanism)对钢梁腹板开圆形洞口进行了研究,归纳出了统一的弯-剪相互作用曲线。

腹板开洞组合梁的研究与纯钢梁开洞研究相比起步较晚,直到 20 世纪 80 年代才开始有了较多的相关研究。Clawson 等[107-108]对 6 根腹板开洞钢-混凝土组合梁进行了试验研究。试验变化的主要参数为洞口位置,主要研究洞口中心处的弯剪比对组合梁受力性能的影响,试验结果表明:弯剪比对腹板开洞组合梁的破坏模式有显著影响,弯剪比较大时,发生受弯破坏;弯剪比较小时,发生受剪破坏;腹板开洞极大地削弱了组合梁的承载力;在开洞腹板破坏之前,钢梁与混凝土板之间就产生了很大的滑移,但最终破坏形态仍为延性破坏。在此基础上,提出了腹板开洞组合梁承载力分析模型,假定钢材为理想弹塑性材料,不考虑应变强化效应。计算结果与试验结果进行了对比,基本吻合且偏于保守,对腹板开洞组合梁的设计具有参考价值。Redwood 等[109]对腹板开洞组合梁和 1 根对比钢梁进行了试验研究,研究重点是洞口区域栓钉连接件的数量和布置方式、在形成组合作用前施工荷载对钢梁的作用等问题。Roberts[110-111]和 Wieland[112]对腹板开洞组合梁的受剪性能进行了试验研究。试验中组合梁跨度较小,从而使洞口处剪力起控制作用。在加载过程中,首先在支座附近混凝土板中出现横向裂缝,接着出现两种破坏形式:混凝土板从钢梁塑性铰上方至加载点出现斜向受剪裂缝;混凝土板中剪力键拔出。文中还给出了计算腹板开洞组合梁纯剪承载力的计算方法,试验中还发现,腹板开洞钢-混凝土组合梁中混凝土板对抗剪承载力的贡献很大。Fahmy[113]和 Park[114]对腹板开洞组合梁进行了理论研究,并提出了腹板开洞组合梁的承载力计算方法。其理论计算模型假定混凝土翼板与钢梁完全剪切连接,不考虑失稳或局部屈曲的影响。计算结果与其他试验结果吻合良好。Fahmy 还对洞口高度、宽度、偏心位置等参数与承载力的关系进行了分析,并得到了相应的结论。Donahey 和 Darwin[115-118]对 15 根腹板开洞压型钢板组合梁进行了试验研究,主要研究洞口中心截面弯剪比、栓钉连接件的数量和布置方式、混凝土板厚等参数变化时对开洞组合梁受力性能的影响。在试验研究基础上,Donahey 和 Darwin 提出了腹板开洞组合梁洞口处截面承载力计算方法——弯剪相关曲线法,如图 1.4 所示。该方法将腹板开洞组合梁在弯矩和剪力共同作用下承载力的计算转化为计算洞口截面处的纯弯承载力 M_u 和纯剪承载力 V_u,即腹板开洞组合梁在极限承载力状态下,洞口中心线处的弯矩 M 和剪力 V 应满足式 1.1 所示的弯剪相关方程:

$$\left(\frac{M}{\varPhi_0 M_u}\right)^3 + \left(\frac{V}{\varPhi_0 V_u}\right)^3 \leqslant 1 \tag{1.1}$$

式中　M、V——分别为荷载作用下洞口中心处的弯矩和剪力设计值;

　　　　$\varPhi_0$——荷载抗力系数,其值为 0.85;

　　　　M_u、V_u——分别为洞口中心处的纯弯承载力和纯剪承载力。

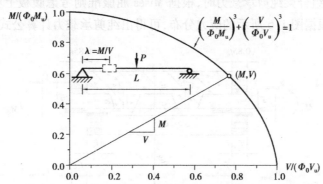

图 1.4　洞口中心处承载力弯-剪相关曲线

根据洞口的位置确定洞口中心的弯剪比 $\lambda = M/V$,将其代入弯剪相关方程式 1.1 可得到:

$$M \leqslant \varPhi_0 M_u \left[\left(\frac{M_u}{\lambda V_u}\right)^3 + 1\right]^{-\frac{1}{3}} \tag{1.2}$$

$$V \leqslant \varPhi_0 V_u \left[\left(\frac{\lambda V_u}{M_u}\right)^3 + 1\right]^{-\frac{1}{3}} \tag{1.3}$$

设计时,首先需要计算出腹板开洞组合梁在纯弯和纯剪作用下的承载力 M_u 和 V_u,然后根据式(1.2)和式(1.3)就可以对洞口中心处的抗弯和抗剪承载力进行验算。

计算腹板开洞组合梁纯弯承载力时,根据塑性中和轴的位置按照开洞后的净截面分别进行计算,如图 1.5 所示。

①当中性轴在混凝土板内时,此时洞口中心处的纯弯承载力 M_u 为:

$$M_u = T_n \left(\frac{h_s}{2} + \frac{t_w h_0 e}{A_n} + h_c - \frac{x_c}{2}\right) \tag{1.4}$$

②当中性轴在钢梁翼缘内时,此时洞口中心处的纯弯承载力 M_u 为:

$$M_u = T_n \left(\frac{h_s}{2} + \frac{t_w h_0 e - b_f x_a^2}{A_n}\right) + F_c \left(h_c - \frac{x_c}{2}\right) \tag{1.5}$$

③当中性轴在钢梁腹板缘内时,此时洞口中心处的纯弯承载力 M_u 为:

$$M_u = T_n \left[\frac{h_s}{2} + \frac{t_w h_0 e - (b_f - t_w) t_f^2 - t_w x_a^2}{A_n}\right] + F_c \left(h_c - \frac{x_c}{2}\right) \tag{1.6}$$

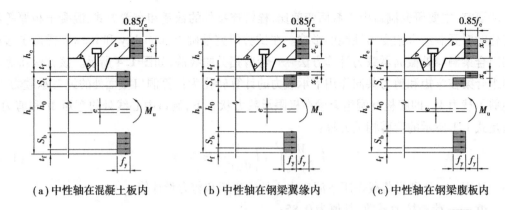

(a) 中性轴在混凝土板内　　　(b) 中性轴在钢梁翼缘内　　　(c) 中性轴在钢梁腹板内

图 1.5　纯弯时截面应力分布

计算腹板开洞组合梁纯剪承载力时,根据 Mises 屈服准则考虑腹板上剪切应力和弯曲正应力的耦合作用,根据图 1.6 所示的应力分布,可得出纯剪承载力计算公式。

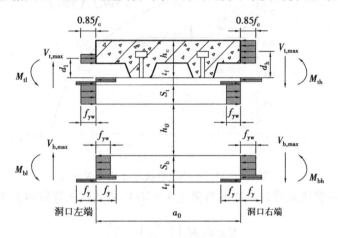

图 1.6　纯剪时截面应力分布

根据叠加原理,腹板开洞组合梁的纯剪承载力 V_u 由洞口上方截面的纯剪承载力 $V_{t,max}$ 和洞口下方截面的纯剪承载力 $V_{b,max}$ 叠加而成,即 $V_u = V_{t,max} + V_{b,max}$。

①洞口上方截面的纯剪承载力 $V_{t,max}$ 为:

$$V_{t,max} = \frac{M_{tl} + M_{th}}{a_0} \tag{1.7}$$

②洞口下方截面的纯剪承载力 $V_{b,max}$ 为:

$$V_{b,max} = \frac{M_{bl} + M_{bh}}{a_0} \tag{1.8}$$

式中　M_{tl},M_{th},M_{bl},M_{bh}——分别为剪力在洞口宽度方向传递引起的次弯矩,其值可根据图 1.6 中的应力分布进行计算,推导过程详见文献[115—118]。美国土木工程师学会(ASCE)在此研究基础上出版了相关规范[119-120],还对腹板开洞组合梁的构造要求予以说明。

1.3.2　腹板开洞组合梁在国内的研究

我国对腹板开洞组合梁的研究相对较少,国内学者主要针对钢筋混凝土梁腹部开洞和钢梁腹部开洞的研究,腹板开洞组合梁的研究才刚刚起步。蔡健等[121-123]、殷芝霖[124]对钢筋混凝土腹部开孔梁进行了实验研究并给出了承载力的计算方法,而且我国现行规范《高层建筑混凝土结构技术规程》(JGJ 3—2002)[125]对腹部开洞钢筋混凝土梁在节点构造要求上作了相应的规定。娄卫校[126]通过建立有限元模型,对腹部开圆孔梁的承载力进行分析研究,得出了开孔大小对开孔钢梁承载力的影响规律,并分析了腹板开孔钢梁在套管、环向板和水平加劲肋补强后的抗剪和抗弯承载力。李波等[127]研究了开有圆孔的腹板在剪力、弯矩单独作用下的屈曲应力以及相应的腹板高厚比限值。此外,分析了腹板在剪力、弯矩共同作用下的屈曲问题,得出了用相关公式表示的屈曲条件。谢晓栋等[128]运用弯剪共同作用理论分析了削弱半径对腹板开洞型节点的影响;利用非线性有限元方法分析了理论得出的结果,认为这一理论方法用于估计截面的抗弯能力以及确定腹板开洞型节点的临界削弱半径是有效的;并分析了削弱截面离柱距离与削弱半径的相互关系,对该类节点的设计具有一定的指导意义。刘燕等[129]用数值分析方法对梁腹板开设矩形洞口的削弱型节点和没有削弱的梁柱节点进行了分析。分析表明,梁腹板削弱型节点有足够的塑性变形能力,可以达到减小节点表面梁翼缘处的应力,迫使塑性铰外移的目的。周东华等[130]将腹板开孔钢梁在洞口区域的弯矩分解为主弯矩和次弯矩两部分,对应于洞口区域的弹性挠曲变形由主弯矩引起的挠度和次弯矩引起的挠度叠加得到,推导出腹板开孔钢梁弹性挠曲变形的计算公式,将理论结果与有限元计算结果进行了对比,吻合较好,解决了腹板开洞钢梁变形计算问题。而且我国《高层民用建筑钢结构技术规程》(JGJ 99—98)[131]对腹部开洞钢梁在节点构造要求上作了相应的规定。聂建国[132]等对混凝土翼板开洞钢-混凝土组合梁进行了试验研究,结果表明,当洞口位置在混凝土翼板有效宽度以外时,可不考虑开洞对组合梁抗弯承载力的影响;当洞口位置在混凝土翼板有效宽度以内时,应考虑洞口对组合梁抗弯承载力的影响,提出了一个统一的混凝土翼板开洞组合梁整体刚度计算公式,计算结果与试验结果吻合良好。白永生等[133]对国外研究者的腹板开洞组合梁承载力的计算方法进行了总结,讨论了其存在的不足,提出了修正的方法,并通过一悬臂开洞组合梁的试验资料对修正方法进行验证,证明其是可行的。同时,简要说明了腹板开洞组合梁设计中其他需要注意的问题。周东华等[134-135]在已有简支梁试验结果的基础上,采用通用有限元程序对腹板开洞组合梁进行了非线性分析,得出正弯矩洞口区域的应变分布规律与试验现象相吻合,验证了腹板开洞组合梁正弯矩区受力性能数值方法的可靠性。陈涛[136]对负弯矩区腹板开洞钢-混凝土组合梁承载力进行了试验研究,并参照 ASCE 中正弯矩区腹板开洞组合梁承载力的计算原理(弯-剪相关曲线),推导出负弯矩区腹板开洞组合梁承载力的计算方法,计算结果与试验结果和数值模拟分析结果吻合良好。

1.4　本书主要内容

从已有的国外研究成果可知,目前对腹板开洞组合梁承载力计算方法主要采用的是弯剪相关曲线法,其特点是在理论推导过程中不考虑弯矩和剪力的共同作用,而是分别计算出洞口截面处的纯弯承载力 M_u 和纯剪承载力 V_u,然后采用三次曲线方程来连接纯弯和纯剪两个点,得到腹板开洞组合梁承载力的弯剪相关曲线,利用弯剪相关曲线图来验算组合梁洞口区域的承载力。这些近似的计算方法具有统计意义的模型特征,是一种经验公式,物理概念不明确,而且在理论推导过程中没有考虑弯剪共同作用,这也与实际受力不相符,计算结果离散性和误差一般较大。

鉴于目前国内对腹板开洞钢-混凝土组合梁的研究还很少,其设计理论还很欠缺,也没有相关的规范和技术规程给出腹板开洞组合梁的设计方法。本书针对这一现状,以集中荷载作用下的简支腹板开洞钢-混凝土组合梁为研究对象,洞口主要为矩形洞口,并且位置处于剪力作用大的区域,考虑弯剪共同作用对承载力的影响,对腹板开洞组合梁进行深入的研究,提出一种腹板开洞组合梁承载力计算方法,同时考虑洞口上方混凝土板对抗剪承载力的贡献。

本书采用试验研究、理论分析及数值计算相结合的方法(图1.7),对腹板开洞钢-混凝土组合梁的受力性能进行研究。首先通过对5根腹板开洞钢-混凝土组合梁试件和1根对比组合梁(无洞口)试件进行模型试验,研究腹板开洞钢-混凝土组合梁在受力过程中的变形性能、极限承载力、破坏模式等结构行为。然后采用有限元方法对试验中的各试件进行非线性数值模拟计算,将有限元计算结果与试验结果对比,确保数值模拟计算结果正确性后,对腹板开洞钢-混凝土组合梁进行系统的参数分析,研究不同影响因素对腹板开钢-混凝土洞组合梁受力性能的影响,弄清楚洞口区域的传力机制。在此基础上,提出合理的力学模型,严格按照力学方法推导理论计算公式,对腹板开洞钢-混凝土组合梁承载力进行分析,并与试验结果和有限元计算结果进行对比。

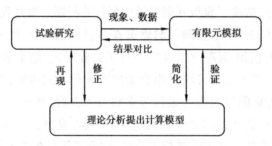

图1.7 本书研究方法与思路

根据以上研究方法和思路,本书对以下几个方面的内容进行研究:

①通过腹板开洞钢-混凝土组合梁的试验,研究混凝土板厚、配筋率对抗剪承载力的影响,分析洞口区域各部分截面对抗剪承载力的贡献,为有限元计算和理论分析提供有效的验证依据。通过试验测量出各试件的荷载-挠度曲线,对各试件的破坏形态和受力全过程进行分析。对洞口区域截面上的应变进行量测,分析洞口处的应变和应力分布规律,为腹板开洞钢-混凝土组合梁的理论分析提供了试验基础。

②采用有限元软件 ANSYS 建立了腹板开洞组合梁有限元分析模型,对模型试验的各试件进行全过程模拟分析,并将有限元计算结果与试验结果对比,验证有限元分析模型的可靠性。

③对影响腹板开洞组合梁受力性能的各种参数进行分析,找出影响腹板开洞组合梁受力性能的主要因素。定量的分析洞口上方和下方各截面对抗剪承载力的贡献大小,研究剪力在洞口处的传力机制。

④总结出不同受弯构件腹部开洞时一些传统的加强方法,然后对腹板开洞组合梁的加强方法进行研究,提出更有效的洞口加强方法,比如在洞口处设置斜向人字形加劲肋形成斜腹杆或设置弧形加劲肋形成小拱跨越洞口等,以达到减小由于开洞对承载力的损失,最大限度

提高腹板开洞组合梁的承载力。

⑤基于空腹桁架力学模型,根据腹板开洞组合梁在承载能力极限状态下的洞口区域塑性应力分布,建立洞口 4 个次弯矩函数,提出一种腹板开洞组合梁的极限承载力计算方法。并将理论结果与试验结果进行对比,验证了计算方法的准确性和可行性。

⑥推导洞口设置水平加劲肋腹板开洞组合梁的 4 个次弯矩函数,研究加劲肋面积对腹板开洞组合梁承载力的影响。并建立有限元分析模型进行数值分析,将其结果与理论结果进行比较,验证理论计算结果的正确性。

第2章
腹板开洞组合梁试验研究

2.1 引 言

目前各国有关规范都规定,组合截面的竖向抗剪计算都不计混凝土翼板部分的贡献,假定组合梁截面上的全部竖向剪力仅由钢梁腹板承担[137-138]。同样,我国《钢结构设计标准》(GB 50017—2017)[139]规定,当组合梁截面的抗剪分析采用塑性分析时,对于密实钢梁截面,在竖向受剪极限状态时,可认为钢梁腹板均匀受剪且达到钢材的塑性设计抗剪设计强度,而不考虑混凝土翼板及板托的影响,按下式计算:$V \leq h_w t_w f_v$,其中,h_w 为腹板高度,t_w 为腹板厚度,f_v 为腹板钢材抗剪强度设计值 $f_v = f_y/\sqrt{3}$。但没有考虑混凝土翼板的影响,使得计算值偏于保守,造成材料的浪费。目前我国《钢结构设计标准》尚不完善,没有对腹板开洞钢-混凝土组合梁的承载力计算方法做出相应的规定。鉴于此,本书将对腹板开洞钢-混凝土组合梁的受力性能进行试验研究,主要研究混凝土翼板的板厚、配筋率等参数变化时对组合梁受力性能的影响,找出影响腹板开洞组合梁受力性能的主要因素。

2.2 试验目的

本书以集中荷载作用下的简支腹板开洞组合梁为研究对象,重点对洞口区域的受力性能进行研究。洞口主要为矩形洞口,并且位置处于剪力作用大的区域,这样可深入地研究剪力如何通过洞口传向支座,分析洞口上方和下方各截面对抗剪承载力的贡献大小及变化规律,包括洞口上方混凝土板参与抗剪的大小,研究混凝土板的各参数变化(如板厚、配筋率等)对抗剪承载力的影响。弄清洞口处剪力的传力机制和导致其抗剪承载力降低的关键因素,知道在没有附加的洞口加强措施的情况下,如何合理地发挥洞口处各部分参与抗剪的能力,最终达到最大限度地提高洞口处抗剪承载力的目的。

2.3 试验内容

根据试验的目的,为研究腹板开洞组合梁洞口区域的受力性能,共设计了 6 根不同板厚

和配筋率的组合梁试件,其中 5 根为腹板开洞组合梁和 1 根为无洞口组合梁作为对比试件,从以下几方面进行详细研究:

①研究腹板开洞后对组合梁的刚度和承载力的影响,并与无洞组合梁进行对比。

②研究腹板开洞组合梁的破坏过程、破坏模式,分析洞口处的受力机理。

③研究腹板开洞组合梁洞口区域的应变和应力分布规律,并与无洞组合梁进行对比。

④研究腹板开洞组合梁的变形特点及发展规律,并与无洞组合梁进行对比。

⑤研究不同混凝土板厚与配筋率两个参数变化对组合梁承载力和变形能力的影响,分析洞口区域各部分截面对抗剪承载力贡献的大小。

2.4　试验研究技术路线

根据试验目的和内容,确定本次腹板开洞钢-混凝土组合梁试验设计总框架如图 2.1 所示。

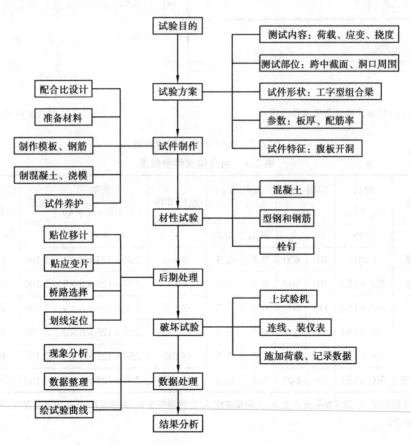

图 2.1　腹板开洞组合梁试验设计方案

2.5 试验概况

2.5.1 试件基本参数

本次试验共制作 6 根钢-混凝土组合梁试件,构件截面尺寸相同,梁长均为 $L = 2\ 100$ mm,钢梁高度为 $h_s = 250$ mm。混凝土翼缘板高度分别为 $h_c = 100, 115, 130$ mm,宽度均为 $b_e = 600$ mm。A1 为腹板无洞组合梁,A2 ~ B2 为腹板开洞组合梁。试件按完全剪切连接设计,剪力连接件采用栓钉连接件,栓钉单排布置,栓钉直径 $d = 19$ mm,高度 $h_d = 80$ mm,试件的基本参数见表 2.1。

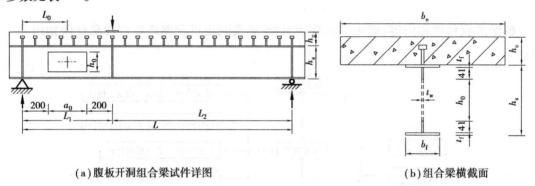

(a)腹板开洞组合梁试件详图 (b)组合梁横截面

图 2.2 试件详图及加载方案

表 2.1 组合梁试件参数表

试件编号	主要研究点	洞口 ($a_0 \times h_0$) /mm	混凝土板 /mm		配筋率 ρ / %		栓钉 $\Phi19$ 纵向一排	钢梁 ($h_s \times b_f \times t_w \times t_f$) /mm	梁长 L/mm	洞口中心位置 L_0/mm	集中荷载位置 L_1/mm
			h_c	b_e	纵向	横向					
A1	板厚	无洞口	100	600	0.5	0.5	@100	$250 \times 125 \times 6 \times 9$	2 100	350	700
A2	板厚	300×150	100	600	0.5	0.5	@100	$250 \times 125 \times 6 \times 9$	2 100	350	700
A3	板厚	300×150	115	600	0.5	0.5	@100	$250 \times 125 \times 6 \times 9$	2 100	350	700
A4	板厚	300×150	130	600	0.5	0.5	@100	$250 \times 125 \times 6 \times 9$	2 100	350	700
B1	配筋率	300×150	100	600	1.0	0.5	@100	$250 \times 125 \times 6 \times 9$	2 100	350	700
B2	配筋率	300×150	100	600	1.5	0.5	@100	$250 \times 125 \times 6 \times 9$	2 100	350	700

注:h_c 为混凝土板厚度,b_e 为混凝土板宽度,h_s 为钢梁高度,b_f 为翼缘宽度,t_w 为腹板厚度,t_f 为翼缘厚度,洞口中心与钢梁形心轴重合。

2.5.2 材料力学性能试验

2.5.2.1 钢梁与钢筋材料力学性能试验

试件中钢梁均为焊接工字型截面,材质为 Q235B,对翼缘和腹板所用的钢板,如图 2.3 所示,按《中华人民共和国国家标准金属拉力试验法》(GB 228—76)[140],在翼缘和腹板相应的位置取出样条,如图 2.4 所示分别加工 3 块试件进行单轴拉伸试验进行测试,所得到的钢材基本力学性能见表 2.2。

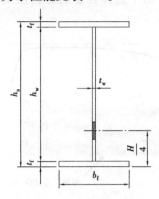

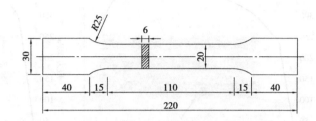

图 2.3　钢梁截面图　　　　　　　图 2.4　钢材材料拉伸试验取样图

钢梁和钢筋的拉伸试件为板状试样和圆形试样,样坯按照《钢及钢产品力学性能试验取样位置及试样制备》(GB/T 2975—1988)[141]的要求从母材中切取,然后根据《金属拉伸试验试样》(GB 6397—86)[142]的规定将样坯加工成试件。所有材性试件均由试件中直接截取。钢梁的牌号为 Q235B,每种厚度钢板的试件为 3 个,拉伸试验在拉力试验机上进行。对钢筋样品材性试验参照《金属拉伸试验方法》(GB 228—2002)[143],对不同直径的钢筋分别加工 3 根试件进行单轴拉伸试验进行测试,测量的钢筋基本力学性能见表 2.3。以工程尺寸计算的屈服强度作为理论分析依据。

图 2.5　钢材试件抗拉强度试验　　　　　图 2.6　钢筋试件抗拉强度试验

表 2.2　钢板的材料力学性能指标

钢板厚度 /mm	屈服强度 f_y/MPa	抗拉强度 f_u/MPa	屈强比 f_u/f_y	弹性模量 E_s/MPa	泊松比 μ	延伸率 δ/%
6	245.65	351.28	1.43	1.98×10^5	0.27	27.67
9	236.23	342.29	1.45	1.92×10^5	0.26	25.87

表 2.3　钢筋的材料力学性能指标

钢筋直径 /mm	屈服强度 f_y/MPa	抗拉强度 f_u/MPa	屈强比 f_u/f_y	弹性模量 E_s/MPa	泊松比 μ	延伸率 δ/%
$\phi6.5$	306.23	404.22	1.32	2.05×10^5	0.29	18.86
$\phi8$	295.38	398.76	1.35	2.08×10^5	0.28	24.12

注:表中 f_y 为钢材屈服强度;f_u 为钢材极限强度。表中数据均为每组 3 个试件的平均值。

钢梁和钢筋的材料拉伸试验所测得的应力-应变曲线如图 2.7 所示,其中图2.7(a)所示为钢梁的应力-应变曲线,图2.7(b)所示为钢筋的应力-应变曲线。从试验结果可以看出试件在破坏之前塑性发展充分,表现出良好的延性,为在有限元分析中选择合理的材料模型提供了依据。

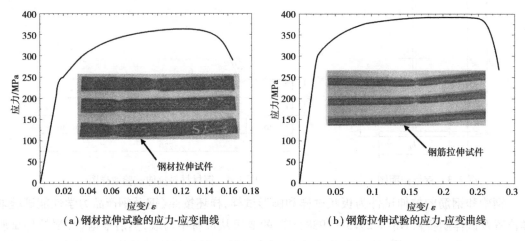

(a)钢材拉伸试验的应力-应变曲线   (b)钢筋拉伸试验的应力-应变曲线

图 2.7 钢材与钢筋拉伸试验的应力-应变曲线

2.5.2.2 混凝土材料力学性能试验

本次试验所用的混凝土设计标号均采用 C40 商品混凝土,在现场浇筑试件时,每组各制作 3 个 150 mm×150 mm×150 mm 标准立方体试块,并在与组合梁试件相同的室内环境下进行养护。留样及试验方法均根据中华人民共和国国家标准:《混凝土结构试验方法标准》[144]（GB 50152—92）和《普通混凝土力学性能试验方法标准》[145]（GB/T 50081—2002)进行。实验加载当天按标准实验程序测试立方体混凝土抗压强度,以0.5~0.8 MPa/s的加荷速度匀速加载,当试件接近破坏而开始迅速变形时,停止调整试验机油门直至试件破坏,记录破坏荷载。抗压强度计算精确至 0.1 MPa。混凝土材性试验结果见表2.4。

图 2.8 混凝土立方体试块抗压强度试验

表 2.4 混凝土的力学性能指标

	混凝土标号	立方体试块尺寸 /mm	立方体抗压强度 f_{cu}/MPa	立方体抗拉强度 f_t/MPa	弹性模量 E_c/MPa	泊松比 μ
第一组	C40	150×150×150	41.62	2.43	3.34×10⁴	0.23
第二组	C40	150×150×150	39.45	2.36	3.29×10⁴	0.19
第三组	C40	150×150×150	38.59	2.33	3.27×10⁴	0.21

注:表中f_{cu}为实测的混凝土标准立方体抗压强度平均值;f_t为混凝土抗拉强度。表中数据均为每组 3 个试件的平均值。

根据《混凝土设计规范》[146]（GB 50010—2010）规定,混凝土的轴心抗压强度标准值与立方体抗压强度标准值的关系可按式 2.1 确定:

$$f_c = 0.88\alpha_1\alpha_2 f_{cu} \qquad (2.1)$$

式中: α_1 为棱柱体强度与立方体强度之比,混凝土强度等级为 C50 及以下的取 $\alpha_1 = 0.76$; α_2 为高强度混凝土的脆性折减系数,C40 及以下取 $\alpha_2 = 1.00$; 0.88 为考虑实际构件与试件混凝土强度之间的差异而取用的折减系数。

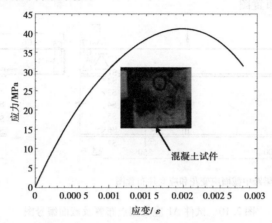

图 2.9　混凝土抗压试验的应力-应变曲线

混凝土的轴心抗拉强度标准值 f_t 与立方体抗压强度标准值 f_{cu} 的关系可按式 2.2 确定:

$$f_t = 0.88 \times 0.395 f_{cu}^{0.55}(1 - 1.645\delta_c)^{0.45} \times \alpha_2 \qquad (2.2)$$

式中: δ_c 为混凝土强度的变异系数,C40 混凝土取 $\delta_c = 0.156$; 其他符号与式 2.1 相同。

混凝土弹性模量根据我国《混凝土结构设计规范》（GB 50010—2010）规定,按式 2.3 确定:

$$E_c = \frac{10^5}{2.2 + \dfrac{34.7}{f_{cu}}} \qquad (2.3)$$

2.5.3　测试内容和测量方法

1）测试内容

①腹板开洞组合梁的洞口左、右端、加载点及跨中挠度。

②腹板开洞组合梁的弹性极限荷载,开裂荷载和极限荷载。

③混凝土翼板板顶、板底应变的分布。

④钢梁洞口两侧截面及跨中截面上的应变的分布。

⑤腹板开洞组合梁交接面的相对滑移。

2）测试方法

①应变测量:为了观测混凝土板的受力情况,混凝土板上、下表面和侧面均布置了应变片。为分析钢梁洞口上、下截面的受力情况,在钢梁上、下表面分别布置了应变片,在腹板洞口处布置了应变花,如图 2.10、图 2.11 所示。

②位移测量:组合梁的洞口左、右端、加载点及跨中等位置处下放置 50 cm 量程的电位移计,用以测量相应位置处的挠度,如图 2.12、图 2.13 所示。

③滑移测量:在组合梁试件两端各布置一个电子千分表,用于测量钢梁与混凝土板间的端部相对滑移,如图2.14所示。

④荷载测量:荷载由YE-5000KN的液压结构试验机提供,千斤顶上放置70 t的压力传感器,与UCAM-70相连,对荷载进行监控,如图2.15所示。

3)测点布置图

(1)试件应变测点布置图

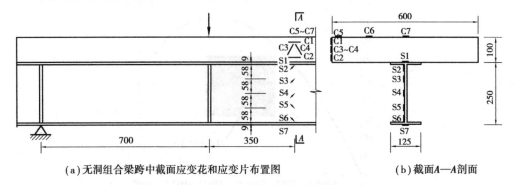

(a)无洞组合梁跨中截面应变花和应变片布置图　　　　　(b)截面A—A剖面

图2.10　试件A1应变测点布置及截面编号图

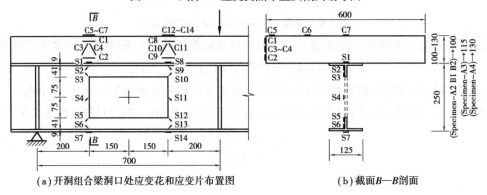

(a)开洞组合梁洞口处应变花和应变片布置图　　　　　(b)截面B—B剖面

图2.11　试件A2—B2应变测点布置及截面编号图

(2)试件挠度测点布置图

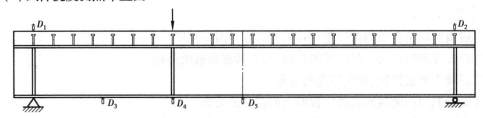

图2.12　试件A1位移测点布置图

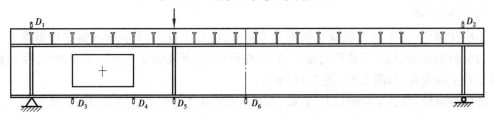

图2.13　试件A2—B2位移测点布置图

（3）试件滑移测点布置图

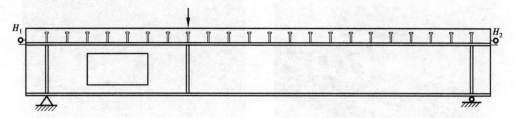

图 2.14　试件 A1—B2 滑移测点布置图

说明：图中符号意义，C_i 为混凝土翼板表面上粘贴的电阻应变片；S_i 为钢梁表面上粘贴的电阻应变片和应变花；D_i 为测量组合梁挠度的电位移计；H_i 为测量混凝土翼板与钢梁之间的相对滑移的电子千分表。

　　试验数据全部由计算机自动采集。试验过程中，通过计算机对试验梁的荷载-挠度曲线进行实时监控，测量处于每级荷载作用下的各截面处的应变、挠度、滑移数据。数据采集流程如图 2.15 所示。

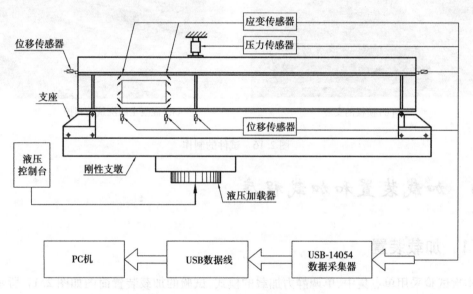

图 2.15　数据采集系统及流程图

2.5.4　试件制作与养护

　　所有试件的钢梁由钢结构公司制作，采用钢板焊接成工字型钢梁，支座和加载点处钢梁腹板上分别设置 9 mm 厚的加劲肋。所有试件的栓钉均采用 $\Phi 19 \times 80$ 型号的栓钉，并在现场完成机械焊接。所有试件混凝土均按 C40 强度等级设计，采用普通商品混凝土。钢筋的绑扎、试件的支模、混凝土的浇筑均在昆明理工大学建筑工程学院抗震研究所实验室完成，如图 2.16 所示。在试件浇筑混凝土的同时，留制 150 mm × 150 mm × 150 mm 混凝土材性试块 6 块，用以测定试件混凝土的力学性能。试件于浇模 24 h 拆模，采用室内标准养护 28 d，室内温度为（20 ± 2）℃，相对湿度 ≥ 90%。混凝土试块和试件采用同条件养护。

（a）栓钉的焊接

（b）钢筋网的制作

（c）模板的安装

（d）混凝土的浇筑与养护

图 2.16　试件的制作

2.6　加载装置和加载程序

2.6.1　加载装置

本次试验采用单点集中、单调静力加载的模式,试验的加载装置简图如图 2.17 所示。荷载由 YE-5000 液压结构试验机提供,千斤顶上放置可测 70 t 物体质量的压力传感器,与 UCAM-70 相连,对荷载进行监控。为使加载点下的混凝土板沿其宽度均匀受压,在加载点下设置了刚度较大的钢垫板[147],试验装置如图 2.18 所示。

2.6.2　加载程序

构件试验在昆明理工大学建筑工程学院抗震研究所实验室 YE-5000 液压结构试验机上完成,如图 2.18 所示。全部试件均为简支,一侧采用铰支座,另一侧采用滚动支座。本次试验的加载方法采用荷载-位移控制法,即首先控制荷载增量,然后控制位移增量,在试件出现较大变形时,实行两种控制的转换。加载程序分为 3 个阶段:预加载阶段、标准荷载阶段、破坏荷载阶段。

（1）预加载阶段

第一阶段进行预加载时,加载值取开裂荷载的 50%。分三级加载,每级荷载取 20 kN,每级加载完成须持载 5 min 且百分表读数稳定后再记录相关数据,然后同样分三级卸载至零。

在此阶段的加载、卸载过程中检查实验仪表是否正常工作。

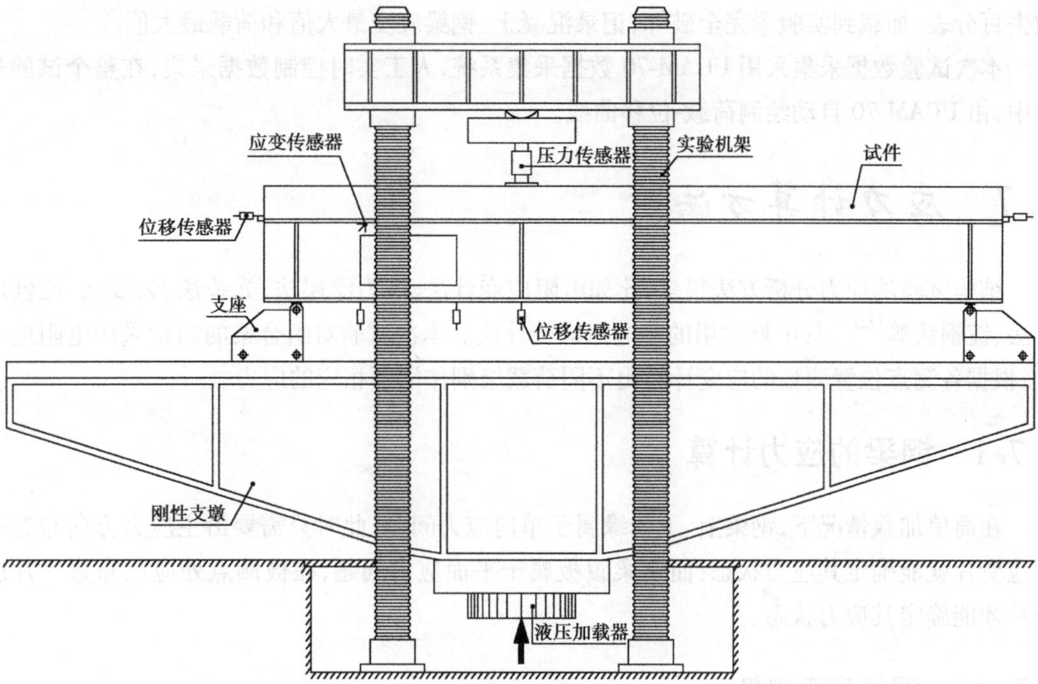

图 2.17　试件加载装置示意图

图 2.18　试验装置图

（2）标准荷载阶段

第二阶段进行正式加载时,每级荷载不超过极限荷载的 10% 进行加载,分 6 级加载,即每级荷载取 20 kN。当加载达到极限荷载 90% 以后,改为按小于极限荷载的 5% 进行加载,即每级荷载取 10 kN,当实验梁出现第一条裂缝,在实验梁表面对裂缝的走向和宽度进行标记,记录开裂荷载。每级加载完成须持载 10 min 且百分表读数稳定后再记录相关数据。

（3）破坏荷载阶段

第三阶段进行破坏加载时,当达到试件破坏荷载的 90% 时,即每级荷载取 5 kN,直至试件达到极限承载力状态,记录实验梁极限承载力实测值。当实验梁出现明显的较大裂缝时,撤去百分表,加载到实验梁完全破坏,记录混凝土、钢梁应变最大值和荷载最大值。

本次试验数据采集采用 UCAM-70 数据采集系统,人工实时控制数据采集,在整个试验过程中,由 UCAM-70 自动绘制荷载-位移曲线。

2.7　应力计算方法

结构试验的应力分析方法很多,比如电阻应变计法、应力涂层法、光弹法、云纹法、磁性应变法、镀铜法等[148],其中最常用的是电阻应变计法。本次试验对组合梁的测量采用电阻应变片,根据各测点位置测量的应变计算出不同荷载级别作用下相应的应力。

2.7.1　钢梁的应力计算

在简单加载情况下,钢梁上、下翼缘属于单向应力问题,此时只需要沿主应力方向布置单片应变片就能确定其应力状态;而钢梁腹板属于平面应力问题,在被测点处应该布置 3 片应变片才能确定其应力状态。

2.7.1.1　钢梁应变测量

为了研究组合梁在各个加载级别作用下最大弯矩处及洞口左、右端截面上的受力状态,需要知道这些截面上的应变分布规律和应力大小,研究钢梁腹板开洞后是否满足平截面假定,为理论分析提供合理的计算模型。因此,本次试验在跨中截面和洞口区域的钢梁上、下翼缘处布置单片应变片 $S1$、$S7$,在钢梁腹板内等距离布置 5 个应变花 $S2 \sim S6$,如图 2.19 所示。通过这些应变片来测量组合梁正截面的应变分布情况。

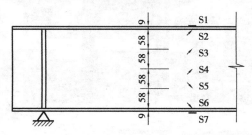

图 2.19　钢梁应变片布置图

为了确定钢梁腹板某点的应力状态,我们需要知道 3 个应变(ε_x,ε_y,γ_{xy})或者两个主应变和第一主应变方向(ε_1,ε_2,α_0)。此类问题含有 3 个未知量,此时,可以在该点沿与 x 轴夹角分别为 θ_1、θ_2、θ_3 的 3 个方向上布置 3 条应变片,如图 2.20 所示。在直角坐标系中,3 个应变方程如式 2.4 所示:

$$\begin{cases} \varepsilon_{\theta_1} = \varepsilon_x \cos^2\theta_1 + \varepsilon_y \sin^2\theta_1 + \gamma_{xy}\sin\theta_1\cos\theta_1 \\ \varepsilon_{\theta_2} = \varepsilon_x \cos^2\theta_2 + \varepsilon_y \sin^2\theta_2 + \gamma_{xy}\sin\theta_2\cos\theta_2 \\ \varepsilon_{\theta_3} = \varepsilon_x \cos^2\theta_3 + \varepsilon_y \sin^2\theta_3 + \gamma_{xy}\sin\theta_3\cos\theta_3 \end{cases} \qquad (2.4)$$

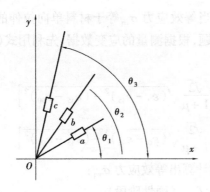

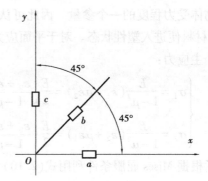

图 2.20　任意角度应变花　　　　　　　　图 2.21　直角应变花

因此,联立求解方程组(2.4)即可求得 ε_x,ε_y,γ_{xy}的值。本次试验的钢梁腹板均采用45°直角应变花,如图 2.21 所示,这种应变花的 $\theta_1 = 0°$,$\theta_2 = 45°$,$\theta_3 = 90°$。将此数值代入方程组(2.4),可得:

$$\begin{cases} \varepsilon_0 = \varepsilon_x \\ \varepsilon_{45} = \dfrac{1}{2}\varepsilon_x + \dfrac{1}{2}\varepsilon_y + \dfrac{1}{2}\gamma_{xy} \\ \varepsilon_{90} = \varepsilon_y \end{cases} \tag{2.5}$$

由方程组(2.5)可以解出 x、y 方向两个正应变 ε_x,ε_y 和剪应变 γ_{xy} 为:

$$\begin{cases} \varepsilon_x = \varepsilon_0 \\ \varepsilon_y = \varepsilon_{90} \\ \gamma_{xy} = 2\varepsilon_{45} - \varepsilon_0 - \varepsilon_{90} \end{cases} \tag{2.6}$$

2.7.1.2　主应变计算

根据 3 个方向的应变片测量数据,利用材料力学推导的式(2.7)、式(2.8)就可以求出两个主应变 ε_1,ε_2 和主应变与水平轴的夹角 α_0:

$$\begin{cases} \varepsilon_1 = \dfrac{\varepsilon_x + \varepsilon_y}{2} + \sqrt{\left(\dfrac{\varepsilon_x - \varepsilon_y}{2}\right)^2 + \left(\dfrac{\gamma_{xy}}{2}\right)^2} = \dfrac{\varepsilon_0 + \varepsilon_{90}}{2} + \sqrt{\left(\dfrac{\varepsilon_0 - \varepsilon_{90}}{2}\right)^2 + \left(\dfrac{2\varepsilon_{45} - \varepsilon_0 - \varepsilon_{90}}{2}\right)^2} \\ \varepsilon_2 = \dfrac{\varepsilon_x + \varepsilon_y}{2} - \sqrt{\left(\dfrac{\varepsilon_x - \varepsilon_y}{2}\right)^2 + \left(\dfrac{\gamma_{xy}}{2}\right)^2} = \dfrac{\varepsilon_0 + \varepsilon_{90}}{2} - \sqrt{\left(\dfrac{\varepsilon_0 - \varepsilon_{90}}{2}\right)^2 + \left(\dfrac{2\varepsilon_{45} - \varepsilon_0 - \varepsilon_{90}}{2}\right)^2} \end{cases} \tag{2.7}$$

$$\alpha_0 = \dfrac{1}{2}\arctan\left(\dfrac{\gamma_{xy}}{\varepsilon_x - \varepsilon_y}\right) = \dfrac{1}{2}\arctan\left(\dfrac{2\varepsilon_{45} - \varepsilon_0 - \varepsilon_{90}}{\varepsilon_0 - \varepsilon_{90}}\right) \tag{2.8}$$

2.7.1.3　等效应力计算

在单向应力状态下,判断材料处于弹性阶段还是处于塑性阶段,问题是很容易解决的。即当应力小于屈服极限 f_y 时,材料处于弹性状态;当应力达到屈服极限 f_y 时,便可认为材料进入塑性状态。然而在复杂应力状态时问题便不这样简单了,因为一点的应力状态是由 6 个应力分量确定的,因而不能选取某一个应力分量的数值作为判断材料是否进入塑性状态的标准。根据苏联力学家伊柳辛(Iliushin)提出的应力强度 σ_{eq}(或称等效应力)的概念,应力强度是表征物体受力程度的一个参量。因此可认为,当等效应力 σ_{eq} 等于材料单向拉伸的屈服极限 f_y 时,材料便进入塑性状态。对于平面应力问题,根据测量的应变数据,先利用式(2.9)计算出两个主应力:

$$\begin{cases} \sigma_1 = \dfrac{E}{1-\mu^2}(\varepsilon_1 + \mu\varepsilon_2) = \dfrac{E}{2}\left[\dfrac{\varepsilon_0 + \varepsilon_{90}}{1-\mu} + \dfrac{\sqrt{2}}{1+\mu}\sqrt{(\varepsilon_0 - \varepsilon_{45})^2 + (\varepsilon_{45} - \varepsilon_{90})^2} \right] \\ \sigma_2 = \dfrac{E}{1-\mu^2}(\varepsilon_2 + \mu\varepsilon_1) = \dfrac{E}{2}\left[\dfrac{\varepsilon_0 + \varepsilon_{90}}{1-\mu} - \dfrac{\sqrt{2}}{1+\mu}\sqrt{(\varepsilon_0 - \varepsilon_{45})^2 + (\varepsilon_{45} - \varepsilon_{90})^2} \right] \end{cases} \tag{2.9}$$

然后根据 Mises 屈服条件利用式(2.10)便能计算出等效应力 σ_{eq}:

$$\sigma_{eq} = \sqrt{\sigma_1^2 + \sigma_2^2 - \sigma_1\sigma_2} \Rightarrow \begin{cases} \sigma_{eq} < f_y & (\text{弹性阶段}) \\ \sigma_{eq} \geqslant f_y & (\text{塑性阶段}) \end{cases} \tag{2.10}$$

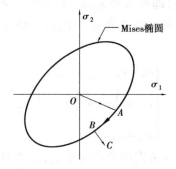

图 2.22　Mises 椭圆及主应力变化示意

在平面应力状态下,随着外荷载的变化,应力在 Mises 屈服椭圆的路径如图 2.22 所示。在弹性阶段,应力沿 OA 线变化,到达 A 点时钢梁屈服,然后沿 Mises 椭圆上 AB 弧线流动。当达到 B 点时,钢材开始进入强化段 BC,然后沿 BC 变化最后达到材料极限强度而破坏。

2.7.1.4　弹性阶段应力计算

当等效应力 σ_{eq} 小于钢材的屈服强度 f_y 时,即 $\sigma_{eq} < f_y$ 时,说明材料处于弹性阶段。此时,平面应力状态下的应力-应变关系服从 Hooke 定律,根据模型试验在不同级别荷载作用下的应变测量结果,按式(2.11)就可以得到各试件在弹性阶段的试验应力结果:

$$\begin{cases} \sigma_x = \dfrac{E}{1-\mu^2}(\varepsilon_x + \mu\varepsilon_y) \\ \sigma_y = \dfrac{E}{1-\mu^2}(\varepsilon_y + \mu\varepsilon_x) \\ \tau_{xy} = \dfrac{E}{2(1+\mu)}(2\varepsilon_{45} - \varepsilon_x - \varepsilon_y) = G\gamma_{xy} \end{cases} \tag{2.11}$$

2.7.1.5　塑性阶段应力计算

当等效应力 σ_{eq} 大于或等于钢材的屈服强度 f_y 时,即 $\sigma_{eq} \geqslant f_y$ 时材料屈服。在塑性变形阶段,应力-应变关系是非线性的,应变不仅与应力状态有关,而且还与变形历史有关。根据塑性力学的增量理论(也称流动理论),考虑了变形的历史,在一般塑性变形条件下,建立了应力和应变增量之间的本构关系[68],[149-152]。

材料进入塑性状态后，一点的应变增量 $d\varepsilon_{ij}$ 可以分解为弹性应变增量 $d\varepsilon_{ij}^e$ 和塑性应变增量 $d\varepsilon_{ij}^p$ 两部分，即

$$d\varepsilon_{ij} = d\varepsilon_{ij}^e + d\varepsilon_{ij}^p \tag{2.12}$$

由于弹性应变增量 $d\varepsilon_{ij}^e$ 满足广义 Hooke 定律，因此，主要问题变成如何求塑性应变增量 $d\varepsilon_{ij}^p$。根据 Mises 提出的塑性位势理论，塑性应变增量 $d\varepsilon_{ij}^p$ 可表示为：

$$d\varepsilon_{ij}^p = d\lambda \frac{\partial g}{\partial \sigma_{ij}} \tag{2.13}$$

式中，g 为塑性位势函数，$d\lambda$ 为比例系数，σ_{ij} 为应力张量。

Drucker 强化公设认为加载曲面必须是外凸的，其数学表达式为：

$$d\varepsilon_{ij}^p = d\lambda \frac{\partial f}{\partial \sigma_{ij}} \tag{2.14}$$

式中，f 为加载曲面。

在满足 Drucker 公设的条件下，由塑性应变增量与加载曲面的正交性，必然可以得出 $g = f$，一般将 $g = f$ 的塑性本构关系称为与加载条件相关的流动法则。对理想的塑性材料来说，f 就是屈服函数。当采用 Mises 屈服条件时，塑性本构关系称为与 Mises 屈服条件相关的流动法则。

在平面应力状态下（假设 $\sigma_3 = 0$），Mises 屈服条件可表示为：

$$f = \sigma_1^2 - \sigma_1\sigma_2 + \sigma_2^2 - f_y^2 = 0 \tag{2.15}$$

式中，f_y 为材料的屈服应力。

把式（2.15）代入式（2.14）可得：

$$\begin{cases} d\varepsilon_1^p = d\lambda \dfrac{\partial f}{\partial \sigma_1} = d\lambda \dfrac{\partial(\sigma_1^2 - \sigma_1\sigma_2 + \sigma_2^2 - f_y^2)}{\partial \sigma_1} = d\lambda(2\sigma_1 - \sigma_2) \\[3mm] d\varepsilon_2^p = d\lambda \dfrac{\partial f}{\partial \sigma_2} = d\lambda \dfrac{\partial(\sigma_1^2 - \sigma_1\sigma_2 + \sigma_2^2 - f_y^2)}{\partial \sigma_2} = d\lambda(2\sigma_2 - \sigma_1) \end{cases} \tag{2.16}$$

联立求解方程式（2.16）可得与比例系数 $d\lambda$ 和塑性应变增量 $d\varepsilon_{ij}^p$ 相关的主应力 σ_{ij} 表达式：

$$\begin{cases} \sigma_1 = \dfrac{2d\varepsilon_1^p + d\varepsilon_2^p}{3 \cdot d\lambda} \\[3mm] \sigma_2 = \dfrac{d\varepsilon_1^p + 2d\varepsilon_2^p}{3 \cdot d\lambda} \end{cases} \tag{2.17}$$

令 $\beta = \dfrac{d\varepsilon_1^p}{d\varepsilon_2^p}$，则式（2.17）可写为：

$$\begin{cases} \sigma_1 = \dfrac{(2\beta + 1)d\varepsilon_2^p}{3 \cdot d\lambda} \\[3mm] \sigma_2 = \dfrac{(\beta + 2)d\varepsilon_2^p}{3 \cdot d\lambda} \end{cases} \tag{2.18}$$

把式（2.18）代入 Mises 屈服条件式（2.15）可得比例系数 $d\lambda$ 的表达式为：

$$d\lambda = \frac{\sqrt{1 + \beta + \beta^2} \cdot d\varepsilon_2^p}{\sqrt{3} \cdot f_y} \tag{2.19}$$

最后把 $d\lambda$ 的表达式(2.19)代入式(2.18)可得塑性阶段主应力表达式为：

$$
\begin{cases}
\sigma_1 = \dfrac{2\beta+1}{\sqrt{3}\cdot\sqrt{1+\beta+\beta^2}}\cdot f_y \\[3mm]
\sigma_2 = \dfrac{\beta+2}{\sqrt{3}\cdot\sqrt{1+\beta+\beta^2}}\cdot f_y
\end{cases}
\tag{2.20}
$$

对于理想塑性材料,当材料处于塑性状态时,如果塑性应变增量比弹性应变增量大得多时,一般忽略弹性应变,则两个主应变增量之比 $\beta = \dfrac{d\varepsilon_1^p}{d\varepsilon_2^p} \approx \dfrac{\Delta\varepsilon_1}{\Delta\varepsilon_2} = \dfrac{\varepsilon_1^i - \varepsilon_1^{i-1}}{\varepsilon_2^i - \varepsilon_2^{i-1}}$ 值为常数[68]。实际应用时,根据实验应变测量的数据,利用式(2.7)求出材料屈服后的第 i 级荷载 P_i 作用下的两个主应变值 ε_1^i、ε_2^i 和第 $i-1$ 级荷载 P_{i-1} 作用下的两个主应变值 ε_1^{i-1}、ε_2^{i-1},利用式(2.8)和图 2.23求出主应变与水平轴夹角 α_0,同时求出两个主应变增量值 $\Delta\varepsilon_1 = \varepsilon_1^i - \varepsilon_1^{i-1}$、$\Delta\varepsilon_2 = \varepsilon_2^i - \varepsilon_2^{i-1}$,然后求出 $\beta = \Delta\varepsilon_1 / \Delta\varepsilon_2$ 值。最后,由式(2.20)计算出塑性阶段的两个主应力。如图 2.24 所示,根据应力圆,利用式(2.21)求出塑性状态的剪应力 τ_{xy}：

$$
\tau_{xy} = \frac{\sigma_1 - \sigma_2}{2}\sin 2\alpha_0
\tag{2.21}
$$

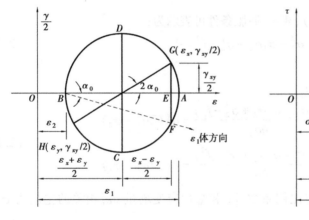

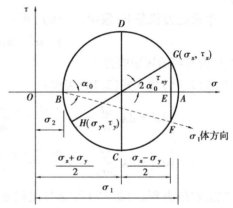

图 2.23　应变圆　　　　　　　　　图 2.24　应力圆

2.7.2　混凝土的应力计算

为了研究混凝土翼板对腹板开洞组合梁的竖向抗剪承载力的贡献以及混凝土翼板宽度方向的剪力滞后效应(即混凝土板宽范围内的纵向正应力分布不均匀现象)。因此,在跨中和洞口上方的混凝土翼板侧面均布置了 $60°$ 正三角形应变花,并在其板顶和板底宽度方向等间距布置了 5 个混凝土应变片,如图 2.25 所示。

图 2.25　混凝土板侧面应变花布置图

根据试验测试应变按式(2.22)和式(2.23)可以计算出混凝土板半高位置处的两个主应变 $\varepsilon_1,\varepsilon_2$ 和主应变与水平轴的夹角 α_0：

$$\begin{cases} \varepsilon_1 = \dfrac{\varepsilon_a + \varepsilon_b + \varepsilon_c}{3} + \dfrac{\sqrt{2}}{3}\sqrt{(\varepsilon_a - \varepsilon_b)^2 + (\varepsilon_b - \varepsilon_c)^2 + (\varepsilon_c - \varepsilon_a)^2} \\[3mm] \varepsilon_2 = \dfrac{\varepsilon_a + \varepsilon_b + \varepsilon_c}{3} - \dfrac{\sqrt{2}}{3}\sqrt{(\varepsilon_a - \varepsilon_b)^2 + (\varepsilon_b - \varepsilon_c)^2 + (\varepsilon_c - \varepsilon_a)^2} \end{cases} \tag{2.22}$$

$$\alpha_0 = \frac{1}{2}\arctan\left(\frac{\sqrt{3}(\varepsilon_c - \varepsilon_b)}{2\varepsilon_a - \varepsilon_b - \varepsilon_c}\right) \tag{2.23}$$

式中，$\varepsilon_a = \dfrac{1}{2}(\varepsilon_{a1} + \varepsilon_{a2})$ 为混凝土板顶与板底应变的平均值。

混凝土板的主应力采用 Liu 等[153-154]的正交异型材料本构模型推导出的式(2.23)计算：

$$\sigma_i = \frac{E_0 \varepsilon_i}{(1 - \mu_c \alpha_i)\left\{1 + \left[\dfrac{E_0}{E_t(1 - \mu_c \alpha_i)} - 2\right]\left(\dfrac{\varepsilon_i}{\varepsilon_{ic}}\right) + \left(\dfrac{\varepsilon_i}{\varepsilon_{ic}}\right)^2\right\}} \tag{2.24}$$

式中　$i = 1,2$——第一主应力和第二主应力；

E_0——单轴受压时混凝土的初始切线模量；

μ_c——单轴受压时混凝土的泊松比，取 $\mu_c = 0.2$；

α_i——垂直于 i 方向的主应力与 i 方向的主应力之比；

ε_{ic}——相应于最大应力 σ_{ic} 的应变，并按以下取值：当 $\alpha_i \leqslant 1$ 时取 $\varepsilon_{ic} = -0.0025$，当 $\alpha_i > 1$ 时取 $\varepsilon_{ic} = (500 - 78\sigma_{ic})\mu_c \varepsilon$，其中 σ_{ic} 以 MPa 计；

E_t——混凝土的割线模量，取 $E_t = \sigma_{ic}/\varepsilon_{ic}$。

在计算混凝土板的主应力时，先根据实验测试应变按式(2.22)计算出主应变和混凝土材料性能的相关参数代入式(2.24)，即可得到混凝土的主应力。需要说明的是，当应力水平较高时，混凝土在复杂应力状态下可能发生较大的塑性变形或裂缝，故公式计算精度有限。

2.8　试验结果分析

本书共进行了 5 根腹板开洞组合梁和 1 根作为对比试件的无洞组合梁在集中荷载作用下的试验，加载方式为单调静力加载。分析试验结果，得到了 6 根试验梁的破坏形态、极限荷载、荷载-挠度曲线、荷载-滑移曲线、跨中及洞口区域截面的应变分布规律和应力大小、组合梁各部分截面承担的剪力等。

2.8.1　实验现象与破坏形态

试件 A1 在荷载作用初期，整个试件表现出良好的组合作用，变形较小，混凝土翼板无裂缝现象。当荷载达到 $0.78P_u$（P_u 为极限荷载实测值）时，钢梁下翼缘开始屈服，挠度发展速率开始大于加载速率，弯矩最大处混凝土翼板下表面开始出现横向裂缝。随着荷载的增加，横向裂缝不断延伸和发展，混凝土板侧面斜向裂缝逐渐向板顶延伸，并伴随着混凝土板的开裂声，钢梁与混凝土板的交界面也开始出现相对掀起和错动现象，如图 2.26(a)所示。当荷载接近 $0.9P_u$ 时，混凝土上表面开始出现明显鼓起，随着荷载的缓慢增加，混凝土板面的鼓起范围不断扩大，混凝土翼板压碎，表明试件达到极限荷载 P_u。试件 A1 的破坏形态为典型的弯曲破坏,如图 2.26(a)所示,以最大弯矩区的混凝土翼板压溃为承载力极限状态标志。

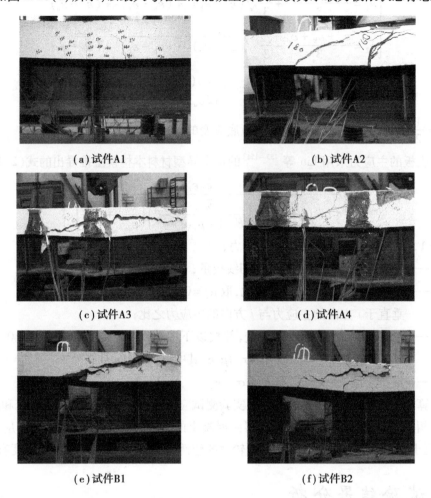

(a)试件A1   (b)试件A2

(c)试件A3   (d)试件A4

(e)试件B1   (f)试件B2

图 2.26　试件的破坏形态

　　5 根腹板开洞组合梁试件在试验过程中,从受力情况来看具有共同的特征,下面以试件 A2 为例说明。在荷载作用初期,开洞组合梁试件同样也表现出良好的组合作用,混凝土翼板无裂缝出现,钢梁处于弹性工作阶段。当荷载达到 $0.48P_u$ 时,钢梁腹板洞口角部开始屈服,挠度发展速率明显大于加载速率,洞口上方混凝土翼板的下表面开始出现横向裂缝,如图 2.26(b)所示。随着荷载的增加,横向裂缝不断发展,裂缝主要集中在洞口上方,同时洞口上方混凝土板侧面斜向裂缝逐渐向弯矩最大处延伸,并伴随着混凝土板的开裂声,而且洞口上方钢梁与混凝土板的交界面开始出现滑移现象。当荷载接近 $0.85P_u$ 时,洞口区域腹板进入全截面屈服阶段,挠度增长较快。洞口上方混凝土翼板上表面出现纵向裂缝,弯矩最大处混凝土翼板上表面开始出现明显鼓起,如图 2.27(b)所示。靠近洞口一侧支座的钢梁与混凝土板的交界面由于掀起作用,混凝土翼板端部出现裂缝,如图 2.27(d)所示。随着荷载的缓慢增加,洞口四角塑性发展充分,并逐渐形成 4 个塑性铰,洞口上方混凝土翼板的斜向裂缝从板底逐渐向板顶方向发展,同时混凝土板面的鼓起范围不断发展到洞口上方,混凝土翼板压碎,表明试件达到极限荷载 P_u,丧失承载能力。5 根腹板开洞组合梁的破坏形式主要表现为洞口 4 个角部由于空腹弯矩作用首先形成塑性铰,然后洞口上方混凝土板出现斜向受拉破坏后承载力开始下降,最终丧失承载能力,为典型的四铰空腹破坏。

所有实验梁表现出良好的延性,见表 2.5,没有出现脆性破坏现象。由于混凝土板厚与配筋率的不同,各实验梁的受力情况、裂缝宽度与位置、变形情况等也不尽相同,如图 2.26 所示。

表 2.5　试验梁特征荷载及破坏形态

试件	P_y/kN	δ_y/mm	P_u/kN	δ_u/mm	P_y/P_u	δ_u/δ_y	破坏形态
A1	251.8	3.10	319.0	18.64	0.78	6.01	弯曲破坏
A2	83.5	1.49	172.5	8.59	0.48	5.77	四铰空腹破坏
A3	91.8	1.47	194.2	8.35	0.47	5.68	四铰空腹破坏
A4	101.8	1.45	219.3	9.57	0.46	6.60	四铰空腹破坏
B1	96.2	1.52	184.6	9.79	0.52	6.44	四铰空腹破坏
B2	98.7	1.55	192.5	10.69	0.51	6.89	四铰空腹破坏

注:表中 P_y 为钢梁开始屈服时的荷载;P_u 为组合梁的极限荷载;δ_y 为组合梁的屈服位移;δ_u 为组合梁的极限位移。

（a）试件 A2 板底裂缝

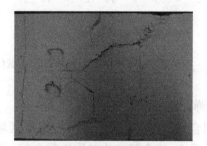

（b）试件 A2 板顶裂缝

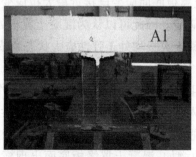

（c）无洞组合梁端部裂缝

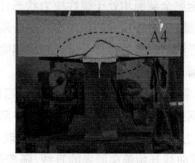

（d）开洞组合梁端部裂缝

图 2.27　试件的裂缝

2.8.2 变形分析

2.8.2.1 荷载-挠度曲线分析

从试验结果看,腹板开洞组合梁的荷载-挠度曲线可分为弹性、弹塑性和破坏 3 个阶段,实验梁的荷载-挠度曲线如图 2.28 所示。

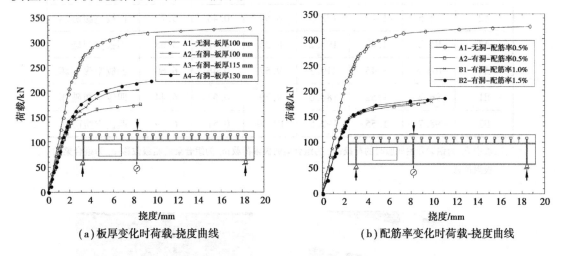

（a）板厚变化时荷载-挠度曲线　　　　　　（b）配筋率变化时荷载-挠度曲线

图 2.28　试件的荷载-挠度曲线

（1）弹性阶段($P \leqslant P_y$)

将组合梁的钢梁下翼缘或腹板洞口区域某点屈服时的荷载定义为组合梁的屈服荷载。在这一阶段内,组合梁整体工作性能良好,荷载-挠度曲线基本上呈线性增长,达到弹性极限状态时,钢梁全截面均处于弹性应力状态,混凝土翼板底面应变已接近最大拉应变,但尚未出现横向裂缝,翼缘板顶面的压应变远小于最大压应变。因此可以认为混凝土翼板处于弹性状态,腹板开洞组合梁的弹性分析就是以钢梁及混凝土翼板均处于弹性应力状态为依据的。

（2）弹塑性阶段($P_y < P < P_u$)

从钢梁下翼缘或腹板洞口区域某点屈服到组合梁极限荷载阶段为弹塑性工作阶段。在此阶段,钢梁腹板洞口 4 个角部应力集中部位进入塑性,混凝土翼板也进入弹塑性阶段,钢梁与洞口上方混凝土翼板交界面上开始出现滑移现象,加载点处挠度发展速率大于加载速率,荷载-挠度曲线开始偏离原来的直线,随着荷载的增加,混凝土翼缘板底面出现横向裂缝,裂缝的出现并没有使荷载-挠度曲线出现明显的转折。随着荷载的继续增加,各实验梁腹板洞口处截面及钢梁下翼缘最大应变均超过钢材的屈服应变值,钢梁进入弹塑性阶段,随着混凝土翼缘板底面的横向裂缝的增多和扩展,以及洞口处钢梁塑性区的不断扩大,腹板开洞组合梁的抗弯刚度明显降低,挠度发展较快,荷载-挠度曲线非线性特征越来越明显,当荷载达到 $0.85P_u$ 左右时,组合梁进入塑性阶段。

（3）破坏阶段($P \geqslant P_u$)

从极限荷载到卸载阶段为破坏阶段。在此阶段,组合梁的承载力达到最大值后钢梁腹板洞口区域进入全截面屈服,洞口上方混凝土翼板发生剪切破坏,组合梁承载力缓慢下降。各实验梁加载点的挠度增长较快,钢梁大部分截面已屈服,进入塑性变形阶段,混凝土受压应变达到极限抗压应变值,受压区混凝土塑性变形特征也越来越明显,直到弯矩最大处的混凝土板被压碎,试件破坏。

通过对试件的板厚和配筋率参数分析得出以下结论:

①当配筋率保持不变,仅改变混凝土翼板的板厚时试验结果见表 2.5、图 2.28(a)。结果表明:在板厚相同的情况下,开洞组合梁试件 A2 与无洞组合梁试件 A1 比较,承载力下降了 45.69%,变形能力下降了 56.26%,可见组合梁的腹板开洞显著地降低了组合梁的刚度和承载力,而且,腹板开洞后组合梁的变形能力也明显减小了。但是,当组合梁腹板开洞后,在洞口尺寸相同情况下,试件 A3、A4 与试件 A2 比较,由于板厚增加 15 mm、30 mm,其承载力分别提高了 11.73%、26.18%。说明增加混凝土翼板厚度能有效地提高开洞组合梁承载力,其原因是混凝土翼板的抗剪承载力随着板厚的增加而增加,但对组合梁的变形能力没有明显的影响。

②当板厚保持不变,仅改变混凝土翼板的配筋率时试验结果如表 2.5、图 2.28(b)所示。结果表明,当组合梁腹板开洞后,在洞口尺寸相同情况下,试件 B1、B2 与试件 A2 比较,由于混凝土翼板的配筋率增加 0.5%、1.0%,其承载力仅提高了 6.21%、10.76%,但变形能力提高了 13.97%、24.45%。说明随着混凝土翼板配筋率的增加,组合梁的承载力和刚度都有所增加,但增长的幅度不大,也就是说通过增大混凝土翼板纵向配筋率来提高腹板开洞组合梁的承载力不是十分有效的。但是随着混凝土板配筋率的增加,能有效地提高组合梁的变形能力。

2.8.2.2　挠度沿梁跨度方向分布规律

从荷载-挠度曲线可以看出,腹板开洞后对组合梁的受力性能带来一定的影响,由于洞口的存在削弱了组合梁的截面,组合梁的刚度明显降低,变形增大。为此,选取腹板开洞组合梁试件 A2 的挠度沿梁长方向的分布进行分析,并与无洞组合梁试件 A1 进行对比。实测组合梁在不同荷载作用下的挠度沿梁长度方向分布如图 2.29 所示。试验结果表明:

①在荷载作用初期,腹板开洞与不开洞组合梁均处于弹性受力状态,挠度分布较为平缓,且挠度较小。由此可见,当组合梁处于弹性阶段,表现出良好的组合作用,腹板开洞对组合梁的变形影响较小。

②试件 A1 在各级荷载作用下,挠度曲线没有明显的突变现象,如图 2.29(a)所示,说明腹板无洞组合梁以弯曲变形为主。当荷载达到 $0.75P_u$ (P_u 为极限荷载)时,挠度发展速率明显加快,说明试件开始屈服。而且在极限荷载 P_u 作用下,最大挠度值在荷载作用点处。

③试件 A2 由于腹板洞口(300 mm×150 mm)较大,洞口范围内刚度明显降低,当荷载达到 $0.5P_u$ 时,挠度曲线发生了明显的突变现象,洞口两端挠度曲线的斜率发生急剧增大。可见,腹板开洞组合梁的洞口区域的变形以剪切变形为主。而且随着荷载的增加,挠度发展速率明显加快,说明试件 A2 开始屈服,其原因是洞口应力集中现象使得其屈服荷载与腹板无洞组合梁试件 A1 屈服时的荷载相比明显提前了。值得注意的是,在极限荷载 P_u 作用下最大挠度值不在荷载作用点处而在洞口右端,最大挠度点的位置发生了偏移。

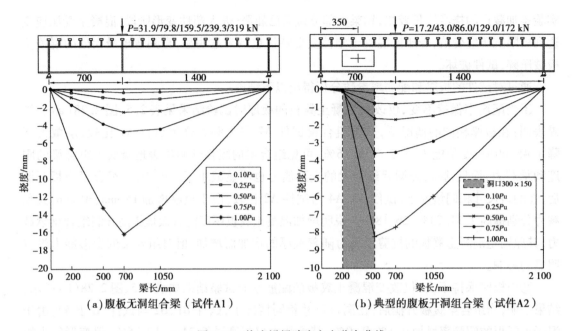

图 2.29 挠度沿梁跨度方向分布曲线

2.8.3 界面滑移分析

钢-混凝土组合梁是由钢梁与混凝土两种材料通过剪切连接件连接而成的一个共同工作的整体,本次试验的组合梁均采用的栓钉连接件,属于柔性连接件,不存在完全刚性。当组合梁受到荷载作用时,剪切连接件承受纵向剪力作用,由于其本身的弹性变形和混凝土翼缘板的局部与整体的压缩变形,组合梁中的钢梁与混凝土翼缘板在纵向交接面上不可避免地产生了一定的相对滑移,从大量试验看,交界面滑移的存在降低了组合梁的承载力。那么腹板开洞后对组合梁界面滑移又产生多大的影响,为此本次试验对腹板开洞与不开洞组合梁进行了研究,荷载与梁端滑移关系曲线如图 2.30 所示,得出如下结论:

①腹板无洞组合梁在荷载作用初期,组合梁处于弹性阶段,荷载-滑移曲线明显呈线性关系,且滑移量极其微小,所以对组合梁进行弹性分析时,可以看作其处于完全组合作用,把混凝土板与钢梁看作一体,忽略滑移的影响。当荷载达到极限荷载的 85% 左右时,开始出现滑移增长速度明显大于荷载增长速度的现象,支座两端的滑移均发生了塑性变形,说明界面发生了纵向剪力重分布,但测点 1 的滑移值(1.20 mm)大于测点 2 的滑移值(0.56 mm),如图 2.30(a)所示,其原因是简支梁加载点的左端剪力大于右端剪力,从而引起左、右端界面上的纵向剪力不相等所致。

②腹板开洞组合梁在荷载作用初期,组合梁处于弹性工作阶段,测点 2 的滑移值极其微小,测点 1 的荷载-滑移曲线基本呈线性关系。当荷载达到极限荷载的 80% 左右时,由于腹板开洞,截面严重削弱,洞口上方栓钉受力较大,发生较大的塑性变形,而加载点至远端支座端的滑移极小,靠近洞口一侧测点 1 的滑移值(2.15 mm)远大于测点 2 的滑移值(0.18 mm),如图 2.30(b)所示,表明栓钉受力不均匀,洞口至近端支座一侧的栓钉受力较大,而集中荷载至远端支座另一侧栓钉受力较小。

③试验结果表明腹板开洞后导致组合梁界面滑移增大。因此,在实际工程中建议组合梁

洞口至支座一侧界面上布置双排栓钉连接件或加密栓钉间距等方式来抵抗界面上较大的纵向剪力,避免洞口上方发生较大的界面滑移,以达到提高腹板开洞组合梁的组合作用的目的。

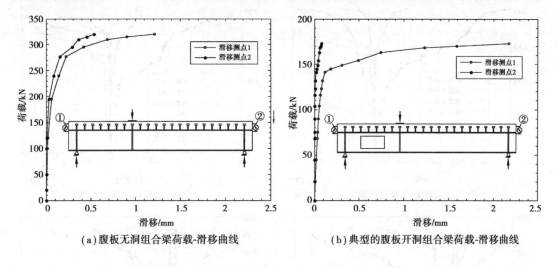

(a)腹板无洞组合梁荷载-滑移曲线　　　　(b)典型的腹板开洞组合梁荷载-滑移曲线

图 2.30　试件的荷载-滑移曲线

2.8.4　截面应变分析

2.8.4.1　荷载与应变分析

通过钢-混凝土组合梁的试验,实测得到组合梁跨中和洞口两侧截面的混凝土板与钢梁的应变分布情况,如图 2.31 所示,得到如下结论:

①在荷载作用初期,截面中混凝土和钢梁的应变较小,应力应变呈线性分布,混凝土和钢梁完全处于弹性阶段。

②随着荷载的增加,在荷载达到极限荷载的 40% 左右(A1 为 46%,A2 为 40%,A3 为 43%,A4 为 39%,B1 为 41%,B2 为 39%)时,混凝土翼缘板底出现微小裂缝;在荷载达到极限荷载的 50% 左右(A1 为 58%,A2 为 46%,A3 为 47%,A4 为 51%,B1 为 53%,B2 为 55%)时,钢梁腹板洞口处 4 个角端开始屈服,此时,钢梁上、下翼缘,混凝土翼缘板顶均处于弹性状态。

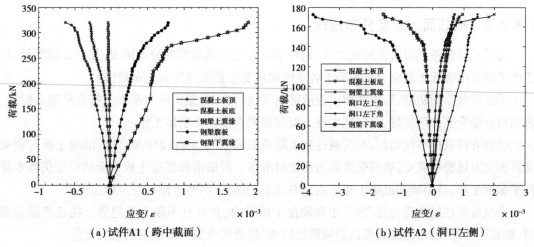

(a)试件A1（跨中截面）　　　　　　　　(b)试件A2（洞口左侧）

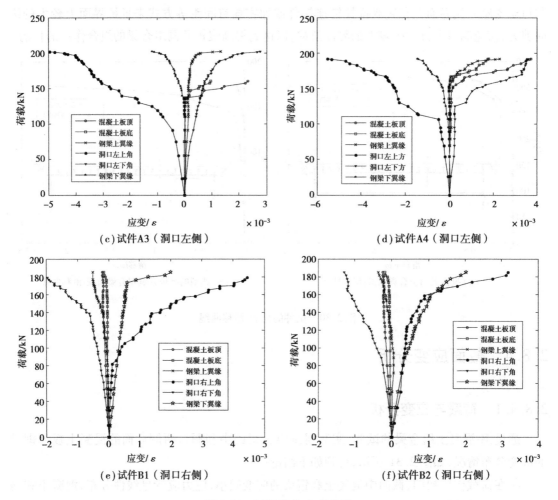

图2.31　试件荷载-应变曲线

③随着荷载的继续增加,钢梁腹板洞口处屈服范围增大,钢梁洞口的上、下翼缘也开始屈服,当荷载达到极限荷载的80%左右(A1为87.2%,A2为79.1%,A3为90.1%,A4为79.5%,B1为82.5%,B2为81.6%)时,钢梁上、下翼缘屈服,同时混凝土板裂缝逐渐加宽,数量增多。在极限状态下,钢梁完全屈服,而混凝土翼缘板顶的应变达到其极限应变值。

2.8.4.2　横截面上应变分布规律

通过实测腹板无洞组合梁试件A1跨中截面应变沿其高度的分布情况,如图2.32所示,从图中可以看出腹板无洞组合梁截面上各点纵向应变沿截面高度的分布规律:

①在荷载作用初期,跨中截面应变沿梁高呈线性分布,截面应变基本上符合平截面假设,表明组合梁交互作用良好,可以把混凝土板与钢梁看作一个整体工作。

②随着荷载的继续增加,当荷载达到极限荷载的85%左右(256 kN)时,混凝土板与钢梁交界面上出现滑移应变,表明交界面出现相对滑移。但钢梁和混凝土板截面的应变仍基本保持平截面变形,且钢梁和混凝土板弯曲曲率基本相同,表明两者没有发生掀起现象。

③试验梁在整个受力过程中,中和轴位于钢梁内,并且有不断上升趋势。接近极限荷载时,钢梁下翼缘屈服,混凝土板达到极限压应变,组合梁全截面塑性发展较为充分。

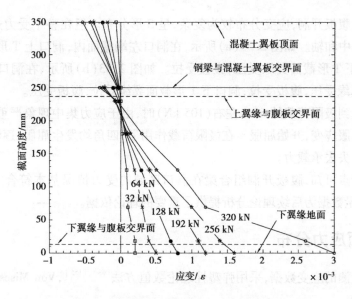

图 2.32　腹板无洞组合梁截面应变分布(试件 A1)

为了研究腹板开洞组合梁洞口区域的受力情况,我们对试验梁洞口两侧的应变进行了测量,其典型的腹板开洞组合梁洞口两侧截面应变沿其高度的分布情况,如图 2.33 所示。可以看出腹板开洞组合梁洞口两侧截面上各点纵向应变沿截面高度的分布具有以下特点:

①在各级荷载作用下,不管是洞口左侧应变,还是洞口右侧应变分布都呈 S 形分布,不再符合平截面假设。其原因是腹板开洞后,截面严重削弱,应力集中现象和剪切变形较大所导致的。

②试验梁在整个受力过程中,洞口左侧上方混凝土板均为正的拉应变,说明洞口左侧混凝土板处于受拉状态;相反,洞口右侧上方混凝土板均为负的压应变,说明洞口右侧混凝土板处于受压状态。

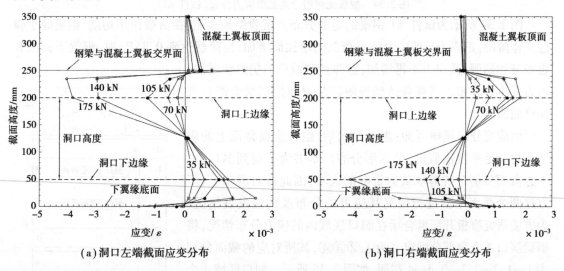

(a)洞口左端截面应变分布　　　　　(b)洞口右端截面应变分布

图 2.33　典型的腹板开洞组合梁截面应变分布(试件 A2)

③由于钢梁腹板开洞,应变分布较为复杂,呈 S 形分布。但在整个受力过程中,洞口上、下方分别有 1 根中和轴。如图 2.33(a)所示,在洞口左端截面内,洞口上 T 形截面翼缘受拉,腹板受压;洞口下 T 形截面翼缘受压,腹板受拉。如图 2.33(b)所示,在洞口右端截面内,洞口上 T 形截面翼缘受压,腹板受拉;洞口下 T 形截面翼缘受拉,腹板受压。

④当荷载达到极限荷载的 60% 左右(105 kN)时,由于应力集中现象严重,洞口四角相继达到了钢材的屈服应变,开始屈服。在极限荷载作用下,四角均发生屈服,逐渐形成了 4 个塑性铰,试件破坏,失去承载力。

由以上的特点可知,腹板开洞组合梁在洞口区域的受力情况基本符合空腹桁架受力特点,因此试验测量数据为后续理论分析提供了重要的理论依据。

2.8.5　截面应力分布

根据试验量测的应变数据,采用弹塑性理论数值方法[68],[155],Von Mises 屈服准则,计算得到钢梁的应力。

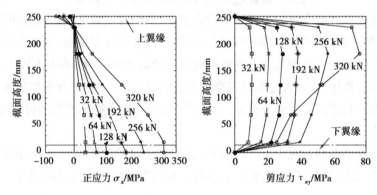

图 2.34　腹板无洞组合梁截面应力分布(试件 A1)

图 2.34 所示为试件 A1 钢梁的应力分布。试验结果表明,在荷载作用初期,钢梁处于弹性工作阶段,正应力与剪应力随着荷载的增加而增加,当荷载达到 $0.85P_u$ 时,钢梁下翼缘和腹板开始屈服,其应力不再增加,但弹性区域应力仍继续增加,内力发生重分布。当荷载达到极限荷载 P_u 时,钢梁大部分截面已屈服。

由应变分布规律可知:腹板开洞后,组合梁横截面上的应变不再满足平截面假定,呈 S 形分布。本书为了得到洞口上、下方截面分别对抗剪承载力贡献的大小,因此需对洞口上、下方这两个截面单独进行研究其应力的分布及塑性发展情况。为方便研究腹板开洞组合梁在洞口区域内的应力分布情况,将钢梁洞口 4 个角部分别定义为①②③④,其所对应的截面分别为 1—1、2—2、3—3、4—4 截面,如图 2.35 所示。洞口区域 4 个截面的应力分布如图 2.36 所示。

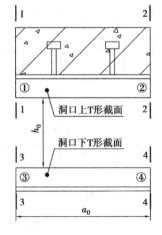

图 2.35　开洞截面示意图

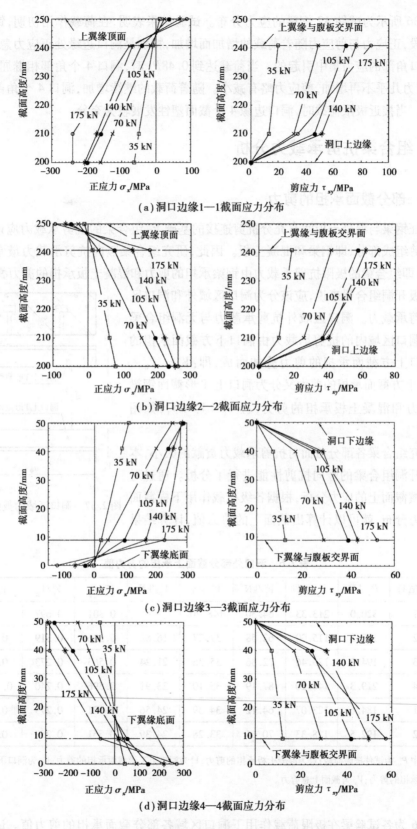

(a)洞口边缘1—1截面应力分布

(b)洞口边缘2—2截面应力分布

(c)洞口边缘3—3截面应力分布

(d)洞口边缘4—4截面应力分布

图 2.36　典型的腹板开洞组合梁截面应力分布

图 2.36 所示为试件 A2 钢梁的应力分布。试验结果表明,在荷载作用初期,钢梁处于弹性工作阶段,正应力与剪应力随着荷载的增加而增加,特别是洞口边缘处正应力急剧增大,其原因是洞口角部的应力集中引起的。当荷载达到 $0.48P_u$ 时,洞口 4 个角部相继屈服,在塑性区域,正应力几乎不再增加,剪应力略有减小。随着荷载的继续增加,洞口 4 个角部的塑性区不断扩大。当接近极限荷载时,洞口边缘 4 个截面塑性发展较为充分。

2.8.6 组合梁抗剪承载力分析

2.8.6.1 部分截面承担的剪力

在保证钢梁与混凝土板间有充分抗剪连接的基础上,组合梁的抗剪承载力应该包括两个主要的抗剪组成部分,即钢梁和混凝土板。因此,研究组合梁竖向抗剪承载力最常用的方法是叠加法,即组合梁的极限抗剪承载力由钢梁承担的剪力和混凝土板承担的剪力叠加而成。

对腹板开洞组合梁来说,应该分为洞口区域外和洞口区域内的抗剪承载力。洞口区域外抗剪承载力与无洞组合梁相同。而洞口区域内的抗剪承载力由洞口下方截面承担的剪力和洞口上方截面承担的剪力叠加而成,即:$V_g = V_b + V_t$,其洞口上方截面承担的剪力又分为洞口上 T 形截面钢梁承担的剪力和混凝土板承担的剪力,且 $V_t = V_t^c + V_t^a$,如图 2.37 所示。

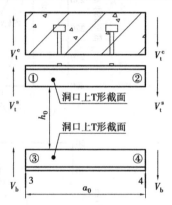

图 2.37 洞口区域的截面剪力分布

为研究组合梁各部分截面对抗剪承载力贡献的大小,本书对腹板开洞组合梁的竖向抗剪性能进行了分析。通过对各试验梁横截面上的应力分析,根据各级荷载作用下横截面上的剪应力分布,就可以计算出截面上的剪力值,计算结果见表 2.6。

表 2.6 洞口处部分截面上承担的剪力值

试件编号	P_u/kN	V_g/kN	V_t^c/kN	V_t^a/kN	V_b/kN	V_t^c/V_g	V_t^a/V_g	V_b/V_g
A1	320.0	213.33	64.30	148.70	—	0.301	0.697	—
A2	172.5	115.00	62.58	37.27	16.82	0.536	0.319	0.144
A3	194.2	129.46	72.86	35.36	21.24	0.563	0.273	0.164
A4	219.3	146.20	87.19	35.10	23.91	0.596	0.240	0.165 4
B1	184.6	123.07	64.12	34.39	24.56	0.521	0.279	0.200
B2	192.5	128.33	70.66	33.28	24.39	0.551	0.259	0.190

注:表中 P_u 为试件极限荷载;V_t^c 为混凝土板承担的剪力;V_t^a 为洞口上 T 形截面承担的剪力;V_b 为洞口下 T 形截面承担的剪力;V_g 为截面上总剪力。

表 2.6 为各试验梁在极限荷载作用下洞口区域各部分截面承担的剪力值。试验结果表明:无洞组合梁试件 A1 的混凝土翼板承担了截面总剪力的 30.14%,钢梁承担了截面总剪力

的 69.70%，可见，腹板无洞组合梁的钢梁承担了大部分剪力，但混凝土板对组合梁的竖向抗剪承载力也有较大的贡献。而腹板开洞组合梁，当混凝土翼板板厚变化时，试件 A2、A3、A4 的洞口上方混凝土翼板承担了截面总剪力的 54%～60%，洞口上方钢梁腹板承担了截面总剪力的 24%～32%，洞口下方钢梁腹板仅承担了截面总剪力的 14%～16%。混凝土翼板承担的剪力随着板厚的增加而增加，而且混凝土翼板承担了大部分的剪力；当混凝土翼板配筋率变化时，试件 A2、B1、B2 的洞口上方混凝土翼板承担了截面总剪力的 52%～55%，洞口上方钢梁腹板承担了截面总剪力的 26%～28%，洞口下方钢梁腹板仅承担了截面总剪力的 19%～20%。随着板内配筋率的增加，混凝土翼板承担的剪力有所增加，但增长的幅度不大，也就是说通过增大混凝土翼板纵向配筋率来提高腹板开洞组合梁的抗剪承载力不是十分有效的。

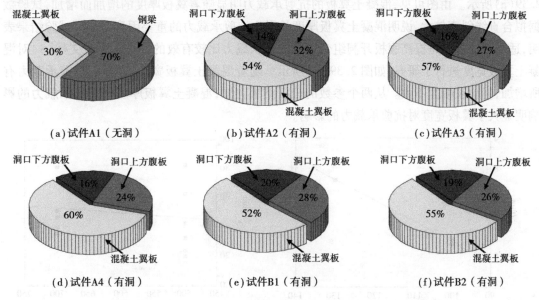

图 2.38　腹板开洞组合梁各部分截面承担的剪力百分比饼状图

上述分析表明腹板开洞组合梁的洞口上方混凝土翼板承担了该截面大部分剪力。而目前国内外相关规范[137-139]均不考虑混凝土翼板对抗剪承载力的贡献，没有充分发挥材料的强度，造成材料的浪费，这样既不经济又不合理。同时发现，钢梁开洞后洞口上方钢梁腹板承担的剪力明显大于洞口下方钢梁腹板承担的剪力。

2.8.6.2　影响抗剪承载力的因素分析

试验结果证明了钢-混凝土组合梁的剪力由钢梁和混凝土板共同承担。腹板无洞组合梁的剪力主要由钢梁承担，但混凝土翼板对组合梁的竖向抗剪承载力也有较大的贡献。《钢结构设计标准》假设组合梁截面上的全部竖向剪力仅由钢梁腹板承担，不考虑混凝土翼板部分对抗剪承载力的贡献，设计过于保守。而对于腹板开洞组合梁来说，组合梁的腹板开洞后，腹板面积大大减少，其钢梁承担的剪力会相对减少，混凝土翼板承担的剪力必然会相对增加。本书试验已证明了腹板开洞组合梁的混凝土翼板承担了截面总剪力的 53.64%～59.64%。因此，研究腹板开洞组合梁抗剪承载力的主要问题是如何考虑混凝土翼板承担剪力的问题。根据对试验数据的分析并参考已有的混凝土板抗剪的有关文献[8]，归纳总结出影响混凝土翼板抗剪承载力的主要因素为：混凝土板的厚度 h_0 及宽度 b_e、混凝土板的配筋率 ρ、混凝土的强度 f_c 等。

1) 混凝土翼板厚度及宽度的影响

为分析构件的抗剪承载力大小，一般用 $V/(bh_0)$ 来描述构件的抗剪承载力，其中 V 为构件发生剪切破坏时的极限荷载所对应的剪力值，b 和 h_0 分别为构件的有效宽度和有效高度。对钢-混凝土组合梁来说，由于剪力滞后效应，混凝土翼板的宽度对竖向抗剪承载力影响较小，《钢结构设计标准》对组合梁的混凝土翼板有效宽度做出了规定，因此本实验中各试件的混凝土翼板宽度取值为 $b_e = 600$ mm。重点研究了混凝土翼板厚度对抗剪承载力的影响，如图 2.39(a) 所示。由图可见，混凝土翼板的抗剪承载力明显随着翼板厚度的增加而增加，试验数据拟合直线斜率较大，说明混凝土翼板厚度是影响抗剪承载力的重要因素之一。试验结果表明，适当增加板厚是提高腹板开洞组合梁的抗剪承载力比较有效的办法。同时文献[8]对混凝土翼板宽度进行了研究，如图 2.39(b) 所示。随着混凝土翼板宽度的增加，抗剪承载力有所增加，但增长幅度不大。从两个参数的分析结果可知，混凝土翼板厚度对抗剪承载力的影响明显大于翼板宽度对抗剪承载力的影响。

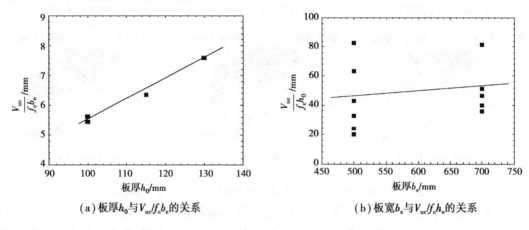

(a) 板厚 h_0 与 $V_{uc}/f_c b_e$ 的关系　　　　　(b) 板宽 b_e 与 $V_{uc}/f_c h_e$ 的关系

图 2.39　混凝土翼板抗剪承载力与板宽、板厚的关系

2) 混凝土翼板纵向配筋率 ρ 的影响

为了研究纵向配筋率对抗剪承载力的影响，本次试验设计了 3 种不同混凝土翼板配筋率的腹板开洞组合梁试件，其混凝土翼板的抗剪承载力与纵向配筋率的关系如图 2.40 所示。从图中可以看出，随着纵向配筋率的增加，混凝土翼板的抗剪承载力有所增加。由于纵向配筋率的增加，混凝土翼板的有效受剪高度就越大，从而提高了构件的抗剪强度，同时纵向配筋率较大时，混凝土翼板裂缝宽度越小，混凝土骨料的机械咬合作用就会提高，而且销栓力作用增强，抗剪承载力就会得到相应提高，但是提高幅度有限。

3) 混凝土强度 f_c 的影响

由于混凝土强度对抗剪承载力的影响已经被国内外大量的试验所证实，因此本次试验没有把混凝土强度等级作为变化参数进行重点研究。但从文献[8]研究结果可以看出，混凝土强度越高，混凝土翼板的抗剪承载力就越大，如图 2.41 所示。混凝土翼板的剪切破坏是由于混凝土达到相应受力状态下的强度极限而发生的，因此混凝土强度对抗剪承载力有较大的影

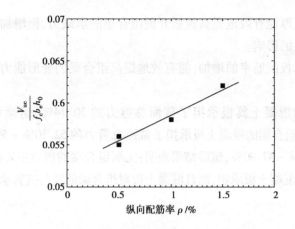

图 2.40　混凝土翼板抗剪承载力与配筋率的关系

响,但对不同的破坏形态影响程度不尽相同。当混凝土翼板发生斜压破坏时,抗剪承载力由抗压强度控制,混凝土强度的影响较大,如图 2.41(a)所示;当混凝土翼板发生斜拉破坏时,抗剪承载力由抗拉强度控制,由于混凝土的抗拉强度随强度等级的增长缓慢,故混凝土强度影响较小;当混凝土翼板发生剪压破坏时,抗剪承载力取决于混凝土翼板顶部的抗压强度和腹部的骨料咬合作用,故混凝土强度对抗剪承载力的影响介于以上两者之间,如图 2.41(b)所示。

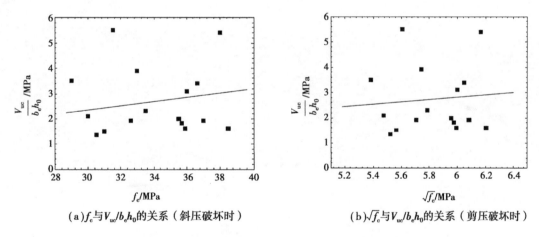

（a）f_c 与 $V_{uc}/b_e h_0$ 的关系（斜压破坏时）　　　　（b）$\sqrt{f_c}$ 与 $V_{uc}/b_e h_0$ 的关系（剪压破坏时）

图 2.41　混凝土翼板抗剪承载力与混凝土强度的关系

2.9　本章小结

　　本章首先介绍了腹板开洞钢-混凝土组合梁的试验情况,试件的主要变化参数为混凝土板厚和配筋率,通过对试验结果进行分析,得到以下结论:

　　①腹板开洞组合梁变形发展规律。试件的荷载-挠度曲线具有明显的 3 个阶段:即弹性阶段、弹塑性阶段和破坏阶段;各试件破坏之前塑性变形发展充分,洞口区域逐渐形成 4 个塑性铰,而且腹板开洞组合梁具有较好的强度储备。

　　②组合梁腹板开洞后,洞口左、右两侧截面上的应变呈 S 形分布,不再满足平截面假设。

　　③与无洞组合梁相比,腹板开洞后组合梁的刚度和承载力有较大幅度降低。

④增加混凝土板厚能有效地提高腹板开洞组合梁的承载力,但增加混凝土板厚对组合梁的变形能力没有明显的影响。

⑤随着混凝土翼板配筋率的增加,能有效地提高组合梁的变形能力和限制混凝土翼板的纵向裂缝及其宽度。

⑥无洞组合梁的混凝土翼板承担了截面总剪力的30.14%,钢梁承担了截面总剪力的69.70%;而腹板开洞组合梁的混凝土板承担了截面总剪力的52.10%~59.64%,钢梁仅承担了截面总剪力的40.36%~47.90%,试验结果表明:无洞组合梁的剪力主要由钢梁承担,腹板开洞组合梁的剪力主要由混凝土板承担,而且混凝土板对组合梁的竖向抗剪承载力有较大的贡献。

第 3 章
腹板开洞组合梁非线性有限元分析

3.1 引 言

半个多世纪来,国内外众多学者对钢-混凝土组合梁进行了许多研究,并获得了大量的试验成果。但是在开展试验研究的过程中许多的边界条件无法准确模拟,有些加载方案也难以实现,尤其是对组合梁中的钢梁与混凝土翼板之间的相对滑移更是无法精确地测量,这些都给组合梁试验研究工作带来了很多的困难。

随着计算机及软件的不断发展以及有限元理论的日益完善,有限单元法在工程分析中得到了越来越广泛的应用,成为众多工程师和研究者最常用的方法之一。有限元分析具有可以对试验中的各种因素加以合理地模拟,为试验提供可靠合理的试验方案,也可避免结构试验中某些随机因素的干扰,而且不受试件数量的限制,同时能够节约昂贵的试验经费等优点。

有限单元法的基本思想是将物体(即连续的求解域)离散成有限个且按一定方式相互联结在一起的单元的组合,来模拟或逼近原来的物体,从而将一个连续的无限个自由度问题化简为离散的有限个自由度问题求解的一种数值方法。物体被离散后,通过对其中各个单元进行单元分析,最终得到对整个物体的分析。网格划分中每一个小的块体称为单元。确定单元形状、单元之间相互联结的点称为节点。单元上节点处的结构内力为节点力,外力(有集中力、分布力等)为节点荷载[156-157]。

ANSYS 有限元程序是融结构、流体、电磁场、声场和耦合场分析于一体的大型的通用有限元分析程序,它不仅拥有丰富和完善的单元库、材料模型库和求解器,可以高效解决各类结构的静力、动力、稳定、线性和非线性等问题,而且友好的图形用户界面和程序结构大大减轻了用户创建工程模型、生成有限元模型以及分析计算结果的工作量[158-159]。

因此,本书将应用大型有限元软件 ANSYS 对组合梁进行数值模拟分析,并与试验结果进行对比,以确保试验数据和有限元模拟数据的正确性和可靠性。

3.2 非线性有限元理论简介

工程结构中的诸多力学问题,从本质上讲都是非线性的,线性假设只是实际工程问题的一种简化。当然,任何实际工程问题的求解都避免不了适当地简化,简化是否合理主要应根据求解效果和实际经验来判断。对于目前工程实际中的很多问题,如地震作用下结构的弹塑性动力响应,高层建筑抗风、大跨度网壳结构动力稳定性、索膜结构找形荷载与裁减分析,大型桥梁风致振动等问题的研究,仅仅假设为线性问题是很不够的,常常需要进一步考虑为非线性问题。因此,对各种工程结构的非线性分析就必不可少且日趋重要了。对于工程结构中的许多非线性问题来说,目前,研究工程非线性问题比较有效的工具是非线性有限元方法。要使这一方法实用化,有两个问题必须解决。第一,非线性问题的数值计算工作量大大增加,需要具有相当大计算能力的工具。近 10 年来,高速计算机的发展已基本上满足了这一需要,同时计算费用也在继续减小。第二,非线性求解方法的精度和收敛性必须被验证。由于发展和改进了多种类型的单元,以更好地模拟结构的工作,找到更有效的非线性求解方法,并且积累了许多经验可应用于实际工程问题,现在已经能够比较有把握地完成非线性有限元分析。非线性有限元方法正在成为一种强有力的计算工具并被研究人员和工程人员所采用。

3.2.1 非线性问题的类型

在结构分析问题中,绝大多数实际问题属于非线性问题,根据产生非线性的原因,通常,把非线性问题分为 3 种类型:材料非线性、几何非线性、状态非线性[160-161]。

①材料非线性:结构材料的弹塑性或黏弹性的性能是非线性而引起的,它反映在应力-应变关系的物理方程中,因此,这类非线性问题也称为物理非线性。由于此种非线性效应仅由应力应变关系的非线性引起,位移分量仍假设为无限小量,故仍可采用工程应力和工程应变来描述,即仅材料为非线性。非线性的应力应变关系是结构非线性的常见原因,许多因素都可以影响材料的应力应变性质,包括加载历史(如在弹塑性响应状况下)、环境状况(如温度)、加载的时间总量(如在蠕变响应状况下)等。

②几何非线性:当构件的位移(挠度)大得足以使结构的几何形状发生显著的改变,以至于平衡方程必须按照变形后的位置来建立,它反映在应变-位移关系的几何方程中,因此,这类非线性问题也称为几何非线性。如果结构经受大变形,则变化了的几何形状可能会引起结构的非线性响应,这又可以分为两种情形:

第一种情形,大位移小应变。只是物体经历了大的刚体平动和转动,固连于物体坐标系中的应变分量仍假设为无限小。此时的应力应变关系则根据实际材料和实际问题可以是线性的也可以是非线性的。

第二种情形,大位移大应变。也即最一般的情况,此时结构的平动位移,转动位移和应变都不再是无限小量,本构关系也是非线性的。

③状态非线性:除以上两种非线性问题之外,还有一种状态非线性问题,即由于系统刚度和边界条件的性质随物体的运动发生变化所引起的非线性响应。例如,一根只能拉伸的钢索可能是松散的,也可能是绷紧的;轴承套可能是接触的,也可能是不接触的;冻土可能是冻结的,也可能是融化的。这些系统的刚度和边界条件由于系统状态的改变在不同的值之间突然变化。状态改变也许和载荷直接有关,也可能由某种外部原因引起。最为典型的状态非线性就是接触问题,接触体的变形和接触边界的摩擦作用,使得部分边界条件随加载过程而变化,且不可恢复。这种由边界条件的可变性和不可逆性产生的非线性问题,称为接触非线性。工

程中有许多接触非线性的问题,如混凝土坝纵向裂缝和横向裂缝之间缝面的接触,面板堆石坝中钢筋混凝土面板与垫层之间的接触,岩体节理面或裂隙面的工作状态等。通常情况下,状态非线性问题可以在上述材料非线性和几何非线性类型中的每一种同时出现,从而使得问题的分析变得更为复杂。

3.2.2　材料的屈服准则

弹塑性材料进入塑性的特征是当荷载卸去以后存在不可恢复的永久变形,也称塑性变形。因此,分析塑性问题时存在以下几个特点:

①应力与应变之间的关系(本构关系)是非线性的,其非线性性质与具体材料有关。

②应力与应变之间没有一一对应的关系,它与加载历史有关。

③在分析问题时,需要区分是加载过程还是卸载过程。在塑性区,在加载过程中要使用塑性的应力应变关系,而在卸载过程中则应使用广义的胡克定律。

屈服条件是判断材料处于弹性阶段还是塑性阶段的准则。在多向应力条件下的屈服条件不再是单向拉伸或压缩时应力应变曲线上的一个点,而是以应力分量或应变分量为坐标的空间中的曲面,并称为屈服面,如图 3.1 所示。用数学表达式描述屈服面的函数称为屈服函数,也称屈服准则。一般情况下,屈服函数可写为:

$$f(\sigma_{ij}, k) = 0 \tag{3.1}$$

式中　f——屈服函数;

　　　σ_{ij}——应力张量分量;

　　　k——与材料有关的屈服参数,由简单拉伸实验确定。

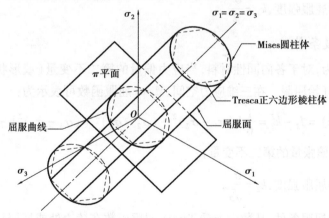

图 3.1　材料的屈服面

一般来说,不同的材料屈服准则是不同的。由于本书主要采用钢材和混凝土两种材料,因此,下面介绍钢材和混凝土这两种材料常用的屈服准则和破坏准则。

3.2.2.1　钢材的屈服准则

对应大多数金属材料来说,通常采用最多的是 Mises 和 Tresca 屈服条件。其中 Mises 屈服条件在 π 平面上的屈服轨迹是一个圆,而 Tresca 屈服条件在 π 平面上的屈服轨迹是内接 Mises 屈服轨迹的一个正六边形,如图 3.2(a)所示。当 $\sigma_3 = 0$ 时,Mises 屈服轨迹是一个椭圆,Tresca 屈服轨迹是内接 Mises 屈服轨迹的一个六边形,如图3.2(b)所示。

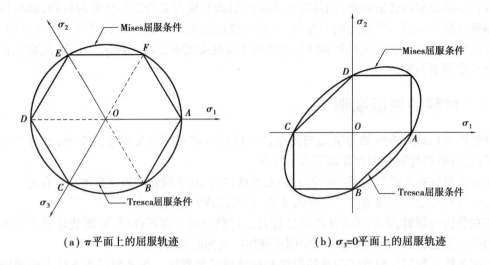

（a）π 平面上的屈服轨迹　　　　　　　　（b）$\sigma_3=0$平面上的屈服轨迹

图 3.2　材料的屈服轨迹

1）Tresca 屈服条件

Tresca 根据大量挤压试验结果,提出当材料中的最大剪应力达到极限值时发生屈服。在三维应力空间,Tresca 屈服函数可表示为:

$$f(\sigma_{ij},k) = [(\sigma_1-\sigma_2)^2-4k_1^2][(\sigma_2-\sigma_3)^2-4k_1^2][(\sigma_3-\sigma_1)^2-4k_1^2] = 0 \quad (3.2)$$

式中　$\sigma_1,\sigma_2,\sigma_3$——3 个主应力;

$\quad\quad\sigma_s$——材料屈服强度,$k_1 = \dfrac{\sigma_s}{2}$。

2）Mises 屈服条件

Mises 准则认为,对于各向同性材料,当应力偏量的第二不变量(或形状改变比能)达到某一定值时,材料开始屈服。在三维应力空间,Mises 屈服函数可表示为:

$$f(\sigma_{ij},k) = J_2-k_2^2 = \frac{1}{6}[(\sigma_1-\sigma_2)^2+(\sigma_2-\sigma_3)^2+(\sigma_3-\sigma_1)^2]-k_2^2 = 0 \quad (3.3)$$

式中　J_2——应力偏张量的第二不变量;

$\quad\quad\sigma_s$——材料屈服强度,$k_2 = \dfrac{\sigma_s}{\sqrt{3}}$。

比较上述两个屈服条件,从数学上看 Tresca 屈服函数在棱边处或屈服轨迹在六边形的角点处[图 3.2(b)]的导数是不存在的。所以在使用上没有 Mises 屈服函数方便。因此在有限元分析中通常只采用 Mises 屈服条件。

3.2.2.2　混凝土的破坏准则

目前混凝土多轴强度问题主要采用经验方法,Richart[162]、William-Warnke[163]、中国水利科学研究院[164]、清华大学[165-166]、大连理工大学[167-169]等做了大量的试验,根据试验得到的混凝土三轴强度数据,描绘出主应力空间的破坏包络曲面,如图 3.3(a)所示,然后根据曲面的几何特征,采用适当的数学函数来表达,称为混凝土的破坏准则。

在主应力空间中,与各坐标轴保持等距离的各点连成的直线称为静水压力轴。此轴必通过坐标原点,且与各坐标轴的夹角相等。垂直于静水压力轴的平面称为偏平面,偏平面上任一点的 3 个主应力之和为一常数,即 $\sigma_1 + \sigma_2 + \sigma_3 = I_1$。偏平面与破坏曲面的交线称为偏平面包络线,如图 3.3(b)所示。当静水压力轴与一条主应力轴(σ_3 轴)组成的同时通过另外两个主应力轴(σ_1、σ_2 轴)的等分线的平面称为拉压子午面,如图 3.3(c)所示。其中拉压子午面与破坏曲面的交线分别称为拉、压子午线。

如将图 3.3(c)的图形绕坐标原点逆时针旋转角度($90° - \alpha$),得到以静水压力轴为横坐标(ξ)、偏应力(r)为纵坐标的拉、压子午线,如图 3.3(d)所示。因此,混凝土空间破坏包络面可改用子午面与偏平面上的包络曲线来表示。

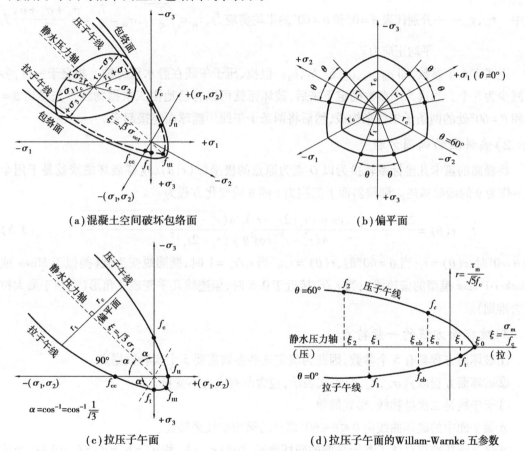

(a)混凝土空间破坏包络面

(b)偏平面

(c)拉压子午面

(d)拉压子午面的 Willam-Warnke 五参数

图 3.3 三轴应力下混凝土的破坏包络面

William-Warnke[163] 提出了具有弯曲子午线的五参数的强度准则,克服以前他们提出的三参数准则的缺点,使其既能够描述低静水压力区混凝土的性能,又能够描述高静水压力区混凝土的性能。

在模型中弯曲的拉、压子午线用二次抛物线表达式来描述,偏平面中的非圆迹线用椭圆曲线对 $0 \leqslant \theta \leqslant 60°$ 的每个部分予以近似。因此,完整破坏面可用两个部分来表示:用二次抛物线来表示拉伸和压缩子午线;对于 $0 \leqslant \theta \leqslant 60°$,推导偏斜横截面的椭圆表达式,然后将这两条子午线由偏曲线为基准面的椭球面连接起来。所以,破坏包络面的形状是由椭圆曲面和抛物线曲面的组合曲面。

1) 拉和压子午线的抛物线方程

通过用平均正应力 σ_m 表示的二次抛物线,将分别沿拉子午线($\theta=0°$)和压子午线($\theta=60°$)的平均剪应力

$$\begin{cases} r_t = \dfrac{\tau_{mt}}{f_c} = a_0 + a_1 \dfrac{\sigma_m}{f_c} + a_2 \left(\dfrac{\sigma_m}{f_c}\right)^2 & \text{当}\ \theta=0°\text{时} \\[3mm] r_c = \dfrac{\tau_{mc}}{f_c} = b_0 + b_1 \dfrac{\sigma_m}{f_c} + b_2 \left(\dfrac{\sigma_m}{f_c}\right)^2 & \text{当}\ \theta=60°\text{时} \end{cases} \tag{3.4}$$

式中　τ_{mt}，τ_{mc}——分别代表 $\theta=0°$ 和 $\theta=60°$ 的平均剪应力，$\tau_m = \sqrt{\dfrac{2}{5} J_2}$，$\sigma_m = \dfrac{I_1}{3} = \dfrac{\sigma_1+\sigma_2+\sigma_3}{3}$ 为平均正应力。

上式有 6 个参数,即 a_0，a_1，a_2，b_0，b_1，b_2。但拉、压子午线在静水压力轴上相交于一点,参数减少为 5 个。当这 5 个参数确定下来后,破坏面就可以容易地由二次抛物线首先得到 $\theta=0°$ 和 $\theta=60°$ 处的两条子午线来构成,然后将两条子午线用椭球面连接起来。

2) 偏斜面的椭圆方程

将椭圆的笛卡儿坐标系转换为以 O 点为原点的极坐标 (r,θ),这样破坏曲线就易于用半径 r 作为 θ 的函数描述。则偏斜面上的应力 r 随 θ 的变化方程为:

$$r(\theta) = \frac{2r_c(r_c^2 - r_t^2)\cos\theta + r_c(2r_t - r_c)\sqrt{4(r_c^2-r_t^2)\cos\theta + 5r_t^2 - 4r_t r_c}}{4(r_c^2 - r_t^2)\cos^2\theta + (r_c - 2r_t)^2} \tag{3.5}$$

当 $\theta=0°$ 时,$r(\theta)=r_t$;当 $\theta=60°$ 时,$r(\theta)=r_c$。当 $r_t/r_c=1$ 时,椭圆蜕变为圆(类似于 Mises 或 Drucker-Prager 模型的偏迹线);当 r_t/r_c 接近于 0.5 时,偏迹线几乎变成三角形(类似于最大拉应力准则)。

3) 破坏面方程的一般特点

①破坏面方程具有 5 个参数,因此为确定这些参数需要 5 个实验数据点。

②破坏面方程以 $f(\sigma_m, \tau_m, \theta)$ 形式表示,包含所有应力不变量。

③子午线是二次抛物线,形式简单。

④偏平面中的破坏曲线由 $0 \leqslant \theta \leqslant 60°$ 部分的椭圆曲线来描述。

⑤这个破坏准则包含了若干早期的破坏准则,如当 $a_0=b_0$ 和 $a_1=b_1=a_2=b_2=0$ 时,当前的破坏模型就蜕变为 Mises 准则;当 $a_0=b_0$，$a_1=b_1$ 和 $a_2=b_2=0$ 时,蜕变为 Drucker-Prager 准则。

4) 模型参数的确定

①单轴抗拉强度 $f_t(\theta=0°)$。

②单轴抗压强度 $f_c(\theta=60°)$。

③等值双轴抗压强度 $f_{cb}(\theta=0°)$。

④在拉子午线处($\theta=0°$，$\xi_1>0$)上高的压应力点 f_1。

⑤在压子午线处($\theta=60°$，$\xi_2>0$)上高的压应力点 f_2。

当静水压力较小时,即 $\sigma_{oct} \leqslant \sqrt{3} f_c$ 时,破坏面可以通过两个参数 f_t 和 f_c 来指定,其他三个

William-Warnke 模型参数取值为：$f_{cb} = 1.2f_c$，$f_1 = 1.45f_c$，$f_2 = 1.725f_c$。

3.2.3　强化法则

初始屈服函数在应力空间描述了一个空间曲面，并以它区分材料处于何种状态。在屈服曲面内时材料处于弹性，如果在屈服曲面上增加一应力增量 $d\sigma_{ij}$，材料有两种不同的状态：一种情况是有新的塑性应变增量出现，这种情况称为塑性加载（简称"加载"）；另一种情况是没有新的塑性应变发生，反应是纯弹性的，这种情况称为塑性卸载（简称"卸载"）。在卸载期间，材料是由一个塑性状态退回到一个弹性状态，即应力点离开屈服面。而在加载期间，材料从一个塑性状态过渡到另一个塑性状态，应力点保持在屈服面上。对于强化材料，在加载和卸载之间存在一个中间情况，即中性变载。在中性变载期间没有新的塑性应变发生，但应力点保持在屈服面上。理想弹塑性材料，加载和卸载准则可以写成：

$$\begin{cases} \text{若}f = 0, \dfrac{\partial f}{\partial \sigma_{ij}}d\sigma_{ij} > 0 & \text{加载} \\[2mm] \text{若}f = 0, \dfrac{\partial f}{\partial \sigma_{ij}}d\sigma_{ij} = 0 & \text{中性变载} \\[2mm] \text{若}f = 0, \dfrac{\partial f}{\partial \sigma_{ij}}d\sigma_{ij} < 0 & \text{卸载} \end{cases} \tag{3.6}$$

当材料初始屈服后，再继续加载，或卸载后又重新加载时，屈服面在应力空间中会发生变化。强化法则规定了材料进入塑性变形后的后继屈服函数（也称加载函数或加载曲面）。加载曲面在应力空间中的运动形式，通常有以下几种强化法则：等向强化、随动强化、混合强化等。

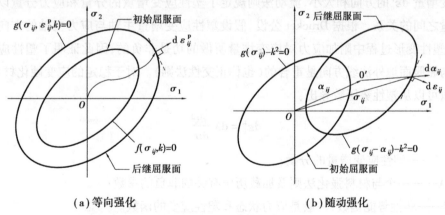

（a）等向强化　　　　　　　　　　（b）随动强化

图 3.4　强化法则

3.2.3.1　等向强化法则

等向强化法则规定材料在进入塑性变形后，后继屈服面在各方向均匀地向外扩张，其形状、中心及其在应力空间的方位均保持不变，等向强化意味着由于硬化引起的拉伸屈服强度增加压缩屈服强度会有相同的增加，故也称各向同性强化法则，如图 3.4（a）所示。如采用 Mises 屈服条件，则等向强化的后继屈服函数可以表示为：

$$g(\sigma_{ij}, \varepsilon_{ij}^p, k) = f - k_1 = 0 \tag{3.7}$$

式中 $f = J_2 = \frac{1}{2}S_{ij}S_{ij}$ 为应力偏量的第二不变量；$k_1 = \frac{1}{3}\sigma_s^2(\bar{\varepsilon}_{ij}^p)$，且 σ_s 是等效塑性应变 $\bar{\varepsilon}_{ij}^p$ 的

函数，$\bar{\varepsilon}_{ij}^p = \int d\bar{\varepsilon}_{ij}^p = \int \left(\frac{2}{3}d\varepsilon_{ij}^p d\varepsilon_{ij}^p\right)^{\frac{1}{2}}$。

3.2.3.2 随动强化法则

随动强化法则规定材料在进入塑性变形后，后继屈服面在应力空间作一刚体移动，其形状、大小及其在应力空间的方位均保持不变。随动强化意味着屈服后最初的各向同性塑性行为不再各向同性，弹性范围等于 2 倍的初始屈服应力，也即由拉伸屈服强度增加而使压缩屈服强度相应减小，称为包辛格效应（Bauschinger），如图 3.4(b)所示。如采用 Mises 屈服条件，则等向强化的后继屈服函数可以表示为：

$$g(\sigma_{ij}, \alpha_{ij}, k) = f - k_2 = 0 \tag{3.8}$$

式中 $f = \frac{1}{2}(S_{ij} - \alpha_{ij})(S_{ij} - \alpha_{ij})$；$\alpha_{ij}$ 为加载曲面的中心在应力空间的移动张量，它与材料硬化特性及变形历史有关；$k_2 = \frac{1}{3}\sigma_s^2$，且 σ_s 为材料的屈服应力。

3.2.4 流动法则

材料屈服后，在加载过程中会产生塑性变形，为了建立弹塑性应力-应变关系，必须知道塑性应变增量 $d\varepsilon_{ij}^p$ 的方向和大小，流动法则规定了塑性应变增量的分量和应力分量以及应力增量分量之间的关系。根据 Drucker 公设，假设塑性应变增量主轴与应力主轴的方向一致的条件下，塑性变形过程中附加应力对应变增量所做的功是非负的，因此证明了塑性应变增量的矢量与屈服面地外法线方向是重合的（也称正交性法则）。对于稳定的应变硬化材料，塑性应变增量可以从塑性势函数导出：

$$d\varepsilon_{ij}^p = d\lambda \frac{\partial Q}{\partial \sigma_{ij}} \tag{3.9}$$

式中　$d\varepsilon_{ij}^p$——塑性应变增量的分量；

　　　$d\lambda$——一个与材料强化法则及加载历史有关的非负的参数；

　　　Q——塑性势能函数，一般是应力状态和塑性应变的函数。

对于稳定的应变硬化材料，一般可取 Q 为屈服函数 f 相同的形式，则称之为与屈服条件相关联的塑性流动法则。因此，流动法则也可以表示为：

$$d\varepsilon_{ij}^p = d\lambda \frac{\partial f}{\partial \sigma_{ij}} \tag{3.10}$$

式中　f——与屈服条件相关的屈服函数。

因此，流动法则关系式将塑性应变增量与屈服条件联系起来，一旦屈服条件确定，塑性应变增量就可以按上式确定，这为建立塑性本构方程提供了极大的方便。

若取 f 为 Mises 屈服函数，即 $f = J_2 = \frac{1}{2}S_{ij}S_{ij}$，因此与 Mises 屈服条件相关联的塑性流动法

则可表示为：

$$
\begin{aligned}
\mathrm{d}\varepsilon_{ij}^{\mathrm{p}} = \mathrm{d}\lambda \frac{\partial f}{\partial \sigma_{ij}} &= \frac{1}{2} \frac{\partial (S_{ij})^2}{\partial \sigma_{ij}} \mathrm{d}\lambda = \frac{1}{2} \frac{\partial (\sigma_{ij} - \sigma_{\mathrm{m}}\delta_{ij})^2}{\partial \sigma_{ij}} \mathrm{d}\lambda \\
&= \left[\frac{1}{2} \frac{\partial (\sigma_{ij})^2}{\partial \sigma_{ij}} - \frac{\partial (\sigma_{ij}\sigma_{\mathrm{m}}\delta_{ij})}{\partial \sigma_{ij}} + \frac{1}{2} \frac{\partial (\sigma_{\mathrm{m}}\delta_{ij})^2}{\partial \sigma_{ij}} \right] \mathrm{d}\lambda \\
&= (\sigma_{ij} - \sigma_{\mathrm{m}}\delta_{ij} + 0)\mathrm{d}\lambda \\
&= S_{ij}\mathrm{d}\lambda
\end{aligned} \tag{3.11}
$$

3.2.5 材料的本构关系

本书主要考虑材料的非线性性能。对每一种材料在一定条件下，应力和应变之间有着确定的关系，这种关系反映了材料固有的特性。最常用的应力和应变的关系是胡克定律。其内容是：当应力低于比例极限时，材料中的应力 σ 和应变 ε 成正比，即 $\sigma = E\varepsilon$，式中 E 为常数，称为弹性模量。胡克定律推广到三维应力、应变状态后，即称为广义的胡克定律，而且广义的胡克定律是线弹性关系。当材料进入塑性状态后，应力与应变之间的关系是非线性的，应变不仅与应力状态有关，而且与变形历史有关。为了考虑变形历史，把以研究应力和应变增量之间的关系为基础的理论称为增量理论（或流动理论）。

3.2.5.1 弹性阶段的本构关系

对于各向同性均匀材料（比如金属材料）来说，当材料处于弹性阶段时，其本构方程满足广义胡克定律（Hooke's Law），其形式为：

$$
\begin{cases}
\varepsilon_x = \dfrac{1}{E}[\sigma_x - \mu(\sigma_y + \sigma_z)], & \varepsilon_{xy} = \dfrac{\gamma_{xy}}{2} = \dfrac{\tau_{xy}}{2G} \\[2mm]
\varepsilon_y = \dfrac{1}{E}[\sigma_y - \mu(\sigma_z + \sigma_x)], & \varepsilon_{yz} = \dfrac{\gamma_{yz}}{2} = \dfrac{\tau_{yz}}{2G} \\[2mm]
\varepsilon_z = \dfrac{1}{E}[\sigma_z - \mu(\sigma_x + \sigma_y)], & \varepsilon_{zx} = \dfrac{\gamma_{zx}}{2} = \dfrac{\tau_{zx}}{2G}
\end{cases} \tag{3.12}
$$

其中剪切模量 G 与弹性模量 E 及泊松比 μ 之间的关系为：

$$
G = \frac{E}{2(1 + \mu)} \tag{3.13}
$$

1）用应力张量表示广义胡克定律

将式（3.13）代入式（3.12）可得：

$$
\begin{cases}
\varepsilon_x = \dfrac{1}{2G}\left[\sigma_x - \dfrac{\mu}{1+\mu}(\sigma_x + \sigma_y + \sigma_z)\right], & \varepsilon_{xy} = \dfrac{\gamma_{xy}}{2} = \dfrac{\tau_{xy}}{2G} \\[3mm]
\varepsilon_y = \dfrac{1}{2G}\left[\sigma_y - \dfrac{\mu}{1+\mu}(\sigma_x + \sigma_y + \sigma_z)\right], & \varepsilon_{yz} = \dfrac{\gamma_{yz}}{2} = \dfrac{\tau_{yz}}{2G} \\[3mm]
\varepsilon_z = \dfrac{1}{2G}\left[\sigma_z - \dfrac{\mu}{1+\mu}(\sigma_x + \sigma_y + \sigma_z)\right], & \varepsilon_{zx} = \dfrac{\gamma_{zx}}{2} = \dfrac{\tau_{zx}}{2G}
\end{cases} \tag{3.14}
$$

因此，广义胡克定律式（3.12）用应力张量形式可以表示为：

$$\varepsilon_{ij} = \frac{1}{2G}\left(\sigma_{ij} - \frac{\mu}{1+\mu}I_1\delta_{ij}\right) \tag{3.15}$$

式中 I_1 ——应力张量第一不变量, $I_1 = \sigma_x + \sigma_y + \sigma_z$;

δ_{ij} ——克罗内克(Kronecker)符号,且满足:

$$\delta_{ij} = \begin{cases} 1 & \text{当 } i=j \\ 0 & \text{当 } i \neq j \end{cases} \tag{3.16}$$

2)用应力偏张量表示广义胡克定律

对于大多数金属材料来说,在静水压力作用下,只产生体积的弹性变化,不产生塑性变形。为了后续研究塑性变形方便,于是把应力分解为不产生塑性变形的部分 $\sigma_m\delta_{ij}$ 和产生塑性变形的部分 S_{ij}。前一部分为应力球张量 $\sigma_m\delta_{ij}$,表示各向均压的平均正应力,称为静水压力状态,只引起材料体积改变,而且这种体积变形是弹性的,不影响材料的屈服。而与形状改变有关的塑性变形则是由后一部分的应力偏张量 S_{ij} 引起的。

将式(3.12)的前三项两边相加后,则有:

$$\varepsilon_x + \varepsilon_y + \varepsilon_z = \frac{1-2\mu}{E}(\sigma_x + \sigma_y + \sigma_z) \tag{3.17}$$

令

$$\varepsilon_m = \frac{1}{3}(\varepsilon_x + \varepsilon_y + \varepsilon_z) \qquad \text{平均正应变}$$

$$\sigma_m = \frac{1}{3}(\sigma_x + \sigma_y + \sigma_z) \qquad \text{平均正应力}$$

则式(3.17)可写为:

$$\varepsilon_m = \frac{1-2\mu}{E}\sigma_m \text{ 或 } \varepsilon_m = \frac{1-2\mu}{2G(1+\mu)}\sigma_m = \frac{1}{2G}\left(\frac{1-2\mu}{1+\mu}\right)\sigma_m \tag{3.18}$$

式(3.17)表明:体积变形与3个主应力之和成正比。

由式(3.14)和式(3.17)可得:

$$\begin{cases} \varepsilon_x - \varepsilon_m = \frac{1}{2G}[\sigma_x - \sigma_m], \varepsilon_{xy} = \frac{\gamma_{xy}}{2} = \frac{\tau_{xy}}{2G} \\ \varepsilon_y - \varepsilon_m = \frac{1}{2G}[\sigma_y - \sigma_m], \varepsilon_{yz} = \frac{\gamma_{yz}}{2} = \frac{\tau_{yz}}{2G} \\ \varepsilon_z - \varepsilon_m = \frac{1}{2G}[\sigma_z - \sigma_m], \varepsilon_{zx} = \frac{\gamma_{zx}}{2} = \frac{\tau_{zx}}{2G} \end{cases} \tag{3.19}$$

由于应变张量可以分解为球应变张量和应变偏张量: $\varepsilon_{ij} = e_m\delta_{ij} + e_{ij}$;同时应力张量可以分解为球应力张量和应力偏张量: $\sigma_{ij} = \sigma_m\delta_{ij} + S_{ij}$。

则式(3.19)写成张量的形式为:

$$e_{ij} = \frac{1}{2G}S_{ij} \tag{3.20}$$

式(3.19)表明:应变偏量分量与应力偏量分量成比例。

因此,广义胡克定律式(3.12)用应力偏张量形式可以表示为:

$$\varepsilon_{ij} = e_m\delta_{ij} + e_{ij}$$
$$= \frac{1-2\mu}{E}\sigma_m\delta_{ij} + \frac{1}{2G}S_{ij} \tag{3.21}$$

3.2.5.2　塑性阶段的本构关系

当结构内某一点的应力状态满足屈服条件时,广义的胡克定律(Hook's Law)不再适用,则需要建立塑性区的应力与应变的关系。塑性流动理论(也称增量理论)反映了塑性应变偏量的增量与应力偏量的关系。

1)Levy-Mises 塑性本构关系

在 Levy – Mises 理论中,包括了如下假设:

①材料是理想刚塑性的。也就是说,当塑性变形比弹性变形大得多时,弹性应变增量与塑性应变增量相比是可以忽略的,即 $\mathrm{d}\varepsilon_{ij} = \mathrm{d}\varepsilon_{ij}^{\mathrm{e}} + \mathrm{d}\varepsilon_{ij}^{\mathrm{p}} = \mathrm{d}\varepsilon_{ij}^{\mathrm{p}}$。

②材料是不可压缩的。认为在塑性状态,体积变形等于零,即 $\mathrm{d}\varepsilon_{ij}^{\mathrm{p}} = \mathrm{d}\varepsilon_{x}^{\mathrm{p}} + \mathrm{d}\varepsilon_{y}^{\mathrm{p}} + \mathrm{d}\varepsilon_{z}^{\mathrm{p}} = 0$,因此可以认为塑性应变偏量增量和塑性应变增量是相等的,即 $\mathrm{d}\varepsilon_{ij}^{\mathrm{p}} = \mathrm{d}e_{ij}^{\mathrm{p}}$。

③材料满足 Mises 屈服条件,即 $f = J_2 - k^2 = 0$。其中 J_2 为应力偏张量第二不变量,且

$$J_2 = \frac{1}{2}S_{ij}S_{ij} = \frac{1}{2}\left(S_x^2 + S_y^2 + S_z^2 + 2\,\tau_{xy}^2 + 2\,\tau_{yz}^2 + 2\,\tau_{zx}^2\right), k = \frac{\sigma_{\mathrm{s}}}{\sqrt{3}}$$

④应变偏量的增量与应力偏量成比例。由 Mises 屈服条件相关联的塑性流动法则可得到塑性应变增量与应力偏量的关系为:$\mathrm{d}\varepsilon_{ij}^{\mathrm{p}} = \mathrm{d}\lambda S_{ij}$。再根据假设②,即用塑性应变偏量增量代替塑性应变增量便能得到 Levy-Mises 塑性本构方程,如式(3.22)所示:

$$\frac{\mathrm{d}\varepsilon_{ij}^{\mathrm{p}}}{S_{ij}} = \frac{\mathrm{d}e_{ij}^{\mathrm{p}}}{S_{ij}} = \mathrm{d}\lambda \tag{3.22}$$

将式(3.22)展开,用分量表示为:

$$\frac{\mathrm{d}e_x^{\mathrm{p}}}{S_x} = \frac{\mathrm{d}e_y^{\mathrm{p}}}{S_y} = \frac{\mathrm{d}e_z^{\mathrm{p}}}{S_z} = \frac{\mathrm{d}\gamma_{xy}^{\mathrm{p}}}{2\,\tau_{xy}} = \frac{\mathrm{d}\gamma_{yz}^{\mathrm{p}}}{2\,\tau_{yz}} = \frac{\mathrm{d}\gamma_{zx}^{\mathrm{p}}}{2\,\tau_{zx}} = \mathrm{d}\lambda \tag{3.22a}$$

或

$$\begin{cases} \mathrm{d}e_x^{\mathrm{p}} = S_x\mathrm{d}\lambda\,; & \mathrm{d}\gamma_{xy}^{\mathrm{p}} = 2\,\tau_{xy}\mathrm{d}\lambda \\[2mm] \mathrm{d}e_y^{\mathrm{p}} = S_y\mathrm{d}\lambda\,; & \mathrm{d}\gamma_{yz}^{\mathrm{p}} = 2\,\tau_{yz}\mathrm{d}\lambda \\[2mm] \mathrm{d}e_z^{\mathrm{p}} = S_z\mathrm{d}\lambda\,; & \mathrm{d}\gamma_{zx}^{\mathrm{p}} = 2\,\tau_{zx}\mathrm{d}\lambda \end{cases} \tag{3.22b}$$

2)Prandl-Reuss 塑性本构关系

在 Prandl-Reuss 理论中,基本假设与 Levy-Mises 理论是类似的,只是假设材料是理想弹塑性的,总应变增加弹性应变项,总应变为弹性应变和塑性应变之和,即 $\mathrm{d}\varepsilon_{ij} = \mathrm{d}\varepsilon_{ij}^{\mathrm{e}} + \mathrm{d}\varepsilon_{ij}^{\mathrm{p}}$。其中弹性应变偏张量由胡克定律确定,由弹性本构关系式(3.8)可得:

$$\mathrm{d}e_{ij}^{\mathrm{e}} = \frac{1}{2G}\mathrm{d}S_{ij} \tag{3.23}$$

而塑性应变偏张量则按 Levy-Mises 塑性本构方程式(3.10)确定。因此,Prandl-Reuss 塑性本构关系可表示为:

$$\mathrm{d}e_{ij} = \mathrm{d}e_{ij}^{\mathrm{e}} + \mathrm{d}e_{ij}^{\mathrm{p}} = \frac{1}{2G}\mathrm{d}S_{ij} + S_{ij}\mathrm{d}\lambda \tag{3.24}$$

将上式展开,用分量表示为:

$$\begin{cases} \mathrm{d}e_x = \dfrac{1}{2G}\mathrm{d}S_x + S_x\mathrm{d}\lambda\,; & \mathrm{d}\gamma_{xy} = \dfrac{1}{G}\mathrm{d}\tau_{xy} + 2\tau_{xy}\mathrm{d}\lambda \\[2mm] \mathrm{d}e_y = \dfrac{1}{2G}\mathrm{d}S_y + S_y\mathrm{d}\lambda\,; & \mathrm{d}\gamma_{yz} = \dfrac{1}{G}\mathrm{d}\tau_{yz} + 2\tau_{yz}\mathrm{d}\lambda \\[2mm] \mathrm{d}e_z = \dfrac{1}{2G}\mathrm{d}S_z + S_z\mathrm{d}\lambda\,; & \mathrm{d}\gamma_{zx} = \dfrac{1}{G}\mathrm{d}\tau_{zx} + 2\tau_{zx}\mathrm{d}\lambda \end{cases} \tag{3.24a}$$

增量形式的 Levy-Mises 塑性本构关系和 Prandl-Reuss 塑性本构关系给出了塑性应变偏量的增量与应力偏量的关系,可理解为它建立了各瞬时应力与应变的关系,而结构的整个变形过程可以由各瞬时的变形累积而得,因此增量理论能够表达出加载历史对变形的影响,能反映出复杂加载的状况,在有限元分析中得到了广泛的应用。

3.3 非线性问题求解方法

在结构分析问题中,有多种类型的非线性问题,如材料非线性、几何非线性等。无论是哪一类非线性问题,经过有限元离散后,当结构进入非线性阶段时,刚度矩阵不再是常量,而与位移有关,可以记为 $K(u)$,这时,结构的平衡方程都可归结为求解一个非线性代数方程组:

$$K(u) \cdot u = F \text{ 或 } K(u) \cdot u - F = 0 \tag{3.25}$$

快速有效的非线性有限元方程解法是大型有限元软件解非线性问题容易收敛和提高效率的重要问题。随着有限元法的不断完善,求解非线性问题的方法可以分为 3 类,即增量法、迭代法和混合法[170]。增量法是将荷载划分为许多增量,每次施加一个荷载增量,在同一个荷载增量中,假定刚度矩阵保持为常量。迭代法在每一次迭代过程中都施加全部荷载,但逐步修改位移和应变,使方程(3.1)得到满足。迭代法又可以为分直接迭代法(割线刚度法)、Newton-Raphson 迭代法、修正的 Newton-Raphson 迭代法、拟 Newton-Raphson 法、弧长法等[171]。混合法同时采用了增量法和迭代法,将荷载划分为若干荷载增量,然后在每一个荷载增量中进行迭代求解。这些方法从数学角度出发,把非线性问题线性化,通过线性迭代计算,达到求解非线性问题的目的。

3.3.1 增量法

当求解问题的性质与加载历史有关的非线性问题时,一般需要采用增量法求解。其基本思路是把总荷载划分为若干个荷载增量,这些增量可以相等,也可以不相等。增量法需要知道问题的初始状态,在实际问题中,初始状态的荷载-位移一般均为零。增量法的优点是可以得到整个荷载变化过程的一些中间数据结果。当每次施加一个荷载增量 ΔF 时,均假定刚度矩阵 K 在每个增量步中不变的前提下,得到一个与荷载增量 ΔF 相对应的位移增量 Δu_i ,然后累加求得总位移。增量法的实质是将非线性问题分段线性化,然后累加得到总的位移。对于施加第 i 个荷载增量 ΔF_i 后,其荷载为:

$$F_i = \sum_{k=1}^{i} \Delta F_k \tag{3.26}$$

$$K_{i-1}\Delta u_i = \Delta F_i \tag{3.27}$$

由此求得的总的位移和应力分别为:

$$u_i = \sum_{k=1}^{i} \Delta u_k \qquad (3.28)$$

$$\sigma_i = \sum_{k=1}^{i} \Delta \sigma_k \qquad (3.29)$$

增量法的优点是适用范围广泛,通用性强,可以计算出结果的荷载-位移过程曲线。缺点是通常要消耗更多的计算时间,而且在每个荷载增量步的计算中,都回会产生某些误差,造成对真解的漂移,如图 3.5 所示,并且随着求解步数的增加,这种偏差会不断积累,以致最后的解偏离真解较远,无法估计近似解的误差。

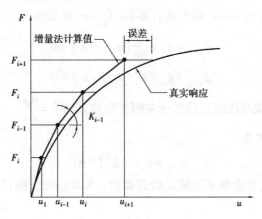

图 3.5　增量法图解

3.3.2　迭代法

迭代法求解非线性问题时,一次施加全部荷载,然后逐步调整位移,使基本方程式(3.25)得到满足。迭代法可分为直接迭代法、牛顿法(N-R 迭代法)、修正的牛顿法(MN-R 迭代法)以及拟牛顿法 4 种。

3.3.2.1　直接迭代法

直接迭代法是将非线性方程经过代数处理后化为迭代形式来求解的最简单的方法。其基本思路是先给出一个初始的近似解 u_0,然后求出刚度矩阵 $K(u_0) = K_0$,由式(3.30)可以求得第一个改进的近似解为:

$$u_0 = K_0^{-1} F \qquad (3.30)$$

从第 i 次近似解求第 $i+1$ 次近似解的公式为:

$$\begin{cases} K_i = K(u_i) \\ u_{i+1} = K_i^{-1} F \end{cases} \qquad (3.31)$$

重复迭代计算,直至前后两次的计算结果充分接近为止。迭代过程如图 3.6 所示,从图2.2 可以看出直接迭代法每步采用的都是割线刚度矩阵。由于每次迭代需要计算和形成新的系数矩阵 K_i,并对它求逆计算,所以只适用于与变形历史无关的非线性问题。

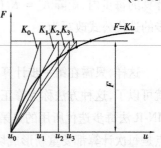

图 3.6　直接迭代法

3.3.2.2 N-R 迭代法与 MN-R 迭代法

N-R(Newton-Raphson)法是数据求解非线性方程组的一个最著名的方法,简称 N-R 法。对于非线性方程组:

$$\psi = K(u) \cdot u - F = P(u) - F = 0 \qquad (3.32)$$

如果 u_i 为第 i 次近似解,则一般有:

$$\psi_i = K(u_i) \cdot u_i - F = P(u_i) - F \neq 0 \qquad (3.33)$$

此时,可以将上式 ψ 在 $u = u_i$ 附近进行泰勒(Taylor)级数展开,并只保留线性项得到:

$$\psi_{i+1} = \psi_i + \frac{\mathrm{d}\psi}{\mathrm{d}u}(u_{i+1} - u_i) = 0 \qquad (3.34)$$

$$\psi_{i+1} = \psi_i + K_i^{\mathrm{T}}(u_{i+1} - u_i) = 0 \qquad (3.35)$$

式中 K_i^{T}——第 i 次迭代结束后的切向刚度矩阵,且 $K_i^{\mathrm{T}} = \dfrac{\mathrm{d}\psi}{\mathrm{d}u}$。

于是,第 $i+1$ 次的近似解为:

$$u_{i+1} = u_i - [K_i^{\mathrm{T}}]^{-1}\psi_i \qquad (3.36)$$

重复迭代上述过程,并求解直至满足收敛要求。N-R 法的求解过程如图 3.7(a)所示。

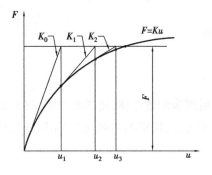

（a）Newton-Raphson法

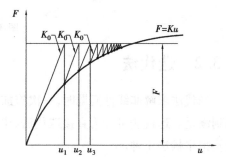

（b）修正的Newton-Raphson法

图 3.7　Newton-Raphson 法图解

虽然 N-R 法具有良好的收敛性,但是 N-R 法在每一次迭代中都必须重新计算刚度矩阵并求出它的逆,对于大型结构非线性问题来说,在计算时间上是不经济的。如果在 N-R 法中,在计算的每步内,矩阵 $K_i^{\mathrm{T}} = K_i^{\mathrm{T}}(u)$ 都用初始矩阵 $K_0^{\mathrm{T}} = K_0^{\mathrm{T}}(u)$ 来代替,即 $K_i^{\mathrm{T}} = K_0^{\mathrm{T}}(u)$,那么第 i 步的迭代公式改写为:

$$u_{i+1} = u_i - [K_0^{\mathrm{T}}]^{-1}\psi_i \qquad (3.37)$$

这样,只需在第一步计算出刚度矩阵,在以后各步迭代中按照式(3.37)进行简单的回代就可以了,这种方法称为修正的牛顿法,简称 MN-R 法。其求解过程如图3.7(b)所示。由于 MN-R 法每步迭代所用的是第一次的切线刚度,所以 MN-R 法又称为等刚度法。N-R 法的特点是每次计算都要重新形成切线刚度,所以计算量大,但收敛快;而修正的 MN-R 法的特点是每次计算都用第一次的切线刚度,所以计算量相对较小,而收敛较慢。

3.3.2.3　弧长法

非线性方程组通常是采用增量的 N-R 迭代法进行求解并结合力或位移控制的方法来跟踪平衡路径。但对于荷载位移曲线存在软化而出现极值点时,采用力控制的方法,会使得切向刚度矩阵在更新中逐渐趋于奇异,出现不收敛的情况,如图3.8(a)所示,对于位移控制失效的情况如图3.8(b)所示。

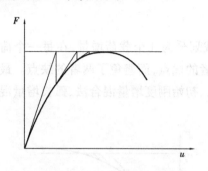
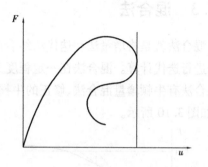

(a)牛顿迭代中力控制准则的失效　　　　　　(b)位移控制失效情况

图 3.8　Newton-Raphson 法图解

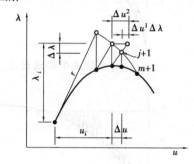

鉴于此,许多学者提出各种混合的力和位移的约束方程以处理平衡路径出现极值的情况,其中,最有效的当是弧长法。其基本思想是:将 λ 作为独立变量,在每个荷载步中进行平衡迭代(自修正法),在迭代过程中自动控制荷载因子的取值,也即假设第 m 荷载增量步计算结果为 u_m 和 λ_m,在 $m+1$ 荷载增量步进行平衡修正的迭代,弧长法的求解过程如图 3.9 所示。

图 3.9　弧长法图解

对于结构为比例加载的情况,式(3.32)中的荷载通常可以写成:

$$F = \lambda Q \tag{3.38}$$

式中　Q——固定的参考荷载向量;

　　　λ——载荷比例因子,反映了荷载的大小。

因此,非线性方程式(3.32)在迭代中的不平衡残余量可以写为:

$$\psi_{\text{res}} = \frac{\partial \psi}{\partial u}\Delta u - \frac{\partial \psi}{\partial F}\Delta F = K_i(u)\Delta u - \Delta \lambda Q = 0 \tag{3.39}$$

于是,弧长法的完整方程可以写成:

$$K_i(u)\Delta u = \Delta \lambda Q + \psi_{\text{res}} \tag{3.40}$$

其中,ψ_{res} 一般由下式确定:

$$\psi_{\text{res}} = P(u) - \lambda Q \tag{3.41}$$

由于增加了未知量 λ,因此,必须增加一个约束方程:

$$C(\Delta u, \Delta \lambda) = 0 \tag{3.42}$$

而约束方程式(3.42)的具体形式因弧长法的不同而不同,这里不再赘述。弧长法作为一种有效的结构非线性分析方法,能有效地克服结构负刚度引起的求解难度,能够在迭代求解过程中自动调节增量步长,跟踪各种复杂的非线性平衡路径全过程,对于求解极值点问题及下降段问题有独到的优势,已被广泛地应用于结构几何非线性分析中的非线性稳定等问题的求解。

3.3.3 混合法

混合法就是将增量法和迭代法结合起来,把荷载划分为几个载荷增量,在每一个荷载增量中进行迭代计算。混合法在一定程度上包含了两者的优点,而避免了两者的缺点。最常见的混合法有牛顿增量混合法、修正的牛顿增量混合法、初始刚度增量混合法、弧长增量混合法等,如图3.10所示。

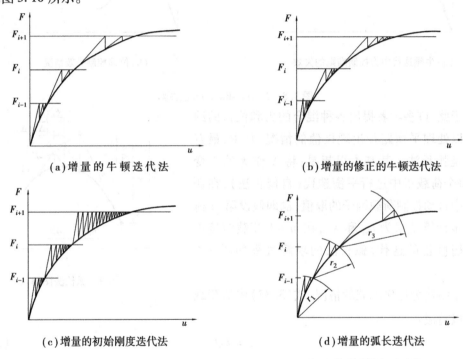

图3.10 混合法图解

3.3.4 收敛准则

在结构分析中,非线性问题的求解过程一般均采用迭代方法,在迭代过程中,必然存在两次迭代间满足什么样的准则可以终止本次迭代的问题,也就说确定一个收敛标准,即收敛准则。收敛准则一般采用向量的范数来表示,即各元素平方和的根。结构分析中常用的收敛准则一般有3种:位移收敛准则;不平衡力收敛准则;能量收敛准则[171]。

3.3.4.1 位移收敛准则

$$\|\Delta u_i\| \leqslant \alpha_d \|u_i\| \tag{3.43}$$

式中 α_d——位移收敛容差,一般可取 $0.1\% \leqslant \alpha_d \leqslant 0.5\%$;

$\|\Delta u_i\|$——同级荷载作用下,第 i 次迭代时节点位移增量向量的范数;

$\|u_i\|$——某级荷载作用下经 i 次迭代后的总节点位移向量的范数。

3.3.4.2　不平衡力收敛准则

$$\|\Delta F_i\| \leqslant \alpha_f \|F\| \tag{3.44}$$

式中　α_f——预定的力收敛容差;

$\|\Delta F_i\|$——节点不平衡力向量的范数,第 i 次迭代时节点位移增量向量的范数;

$\|F\|$——施加荷载向量的范数。

3.3.4.3　能量收敛准则

此准则是同时控制位移与力,使它们处于平衡。即把每次迭代时内能的增量(不平衡力在位移增量上做的功)与初始的内能增量比较。因此,能量收敛准则为:

$$\|[\Delta F_i]^{\mathrm{T}}[\Delta u_i]\| \leqslant \alpha_e \|[F]^{\mathrm{T}}[u_i]\| \tag{3.45}$$

式中　α_e——预定的能量收敛容差;

其他符号同前。

对于这 3 个收敛准则,本书采用 ANSYS 对组合梁进行非线性分析时使用的是程序默认不平衡节点力收敛准则,用户可以根据需求定义是否采用其他收敛准则,或者同时采用几种收敛准则。对于一般结构计算分析,有如下几点建议:

①对于刚度很大的结构,最好采用力的收敛准则,因为在此种情况下,很小的位移也会引起非常大的力的改变,如果遇到收敛困难,可以采用能量的收敛准则;

②对于刚度不大或很柔的结构,最好采用位移的收敛准则,因为此种情况下,较小的外荷载就会引起很大的位移改变;

③如果以上情况都不能收敛,可以采用能量的收敛准则。

3.4　组合梁有限元模型建立

3.4.1　单元的选择

钢梁上、下翼缘采用 Solid45 单元模拟,该单元可以定义 8 个节点和正交各向异性材料,每个节点具有沿着 x、y、z 3 个方向平移的自由度,单元具有塑性、蠕变、膨胀、应力强化、大变形和大应变能力。混凝土翼板采用 8 节点三维实体 Solid65 单元模拟,该单元有 8 个节点,每个节点都具有沿 x、y、z 3 个方向的自由度。在三维等参单元 Solid45 的基础上,Solid65 单元增加了针对混凝土的材料参数和组合式钢筋模型,它可以在三维空间的不同方向分别设定钢筋的位置、角度、配筋等参数,此单元可以考虑混凝土的压碎与开裂,模拟拉伸时产生裂缝受压时压碎,它还有塑性和徐变等非线性特点。混凝土板内的钢筋采用 Link8 单元模拟,不考虑钢筋和混凝土之间的黏结滑移,该单元有两个节点,每个节点上有 3 个自由度,x、y 和 z 方向的位移,只能承受单轴的拉压,具有塑性、徐变、膨胀、应力强化和大变形的特性。钢梁腹板采用 Plane42 单元模拟,本单元有 4 个节点,每个节点有 2 个自由度,分别为 x 和 y 方向的平移,具有塑性、蠕变、辐射膨胀、应力刚度、大变形以及大应变的能力。钢筋混凝土板与钢梁之间的纵向、横向滑移以及竖向掀起作用,采用3个正交弹簧单元Combin39组成的连接单元模拟栓钉,这种单元在空间有位置,而无几何体积,可以方便地插入组合梁交界面。组合梁交界面上的连接单元在未受力的情况下位于同一个空间点,但又分别为钢梁和混凝土板的两个节点,当为弹簧单元设置不同的荷载-滑移(P-D)关系值时,就可以模拟不同的剪力连接件。有限元模型单元选择如图3.11所示。

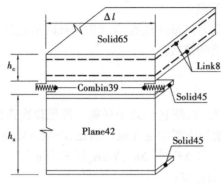

图3.11　有限元模型单元示意图

3.4.2　网格划分建模与求解

考虑到结构的对称性,为简化计算,取1/2模型结构进行分析。腹板开洞组合梁网格划分时对洞口周边单元进行了局部细化以提高计算精度和效率,如图3.12(b)所示。由于理论分析时解析解没有考虑荷载作用在混凝土翼板上的局部效应,对组合梁进行弹性有限元分析时,线均布荷载施加在组合梁梁的轴线上以排除这一影响。对组合梁进行非线性分析时,为防止钢梁腹板发生局部失稳,在集中荷载和支座处设置加劲肋;为防止应力集中造成收敛困难,在加载处及支座处分别设置20 mm厚的刚性垫板;模型加载与试验加载方式相同,在混凝土板的刚性垫板施加集中荷载,采用对组合梁端部施加位移约束和转角约束来实现对组合梁简支约束的模拟,采用力加载方式,位移收敛准则,Mises屈服准则,Newton-Raphson非线性求解器。有限元模型如图3.12所示。

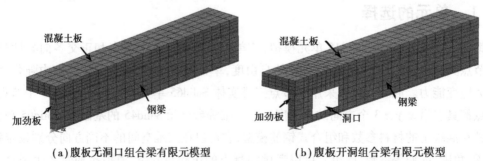

(a)腹板无洞口组合梁有限元模型　　　　(b)腹板开洞组合梁有限元模型

图3.12　组合梁有限元模型

3.5　组合梁弹性计算结果验证

弹性分析和计算是钢-混凝土组合梁设计和应用中的一项重要内容。我国《钢结构设计标准》(GB 50017—2017)规定,对于直接承受动力荷载作用或钢梁中受压板件的宽厚比不符合塑性设计要求的组合梁,则应采用弹性分析法计算[139]。但近来国内外的试验研究表明,当组合梁的变形计算按弹性理论计算时,尤其是采用栓钉等柔性连接件或部分抗剪连接件时,应考虑混凝土翼板和钢梁之间的滑移效应对组合梁挠度的影响,否则将偏于不安全。因此,本书将对不同连接程度的组合梁进行弹性分析,并考虑混凝土翼板与钢梁交界面上的滑移的影响。理论研究内容包括不同连接程度对组合梁界面滑移、组合内力(轴力)、界面纵向剪力流、挠度的影响,并与有限元结果对比。

3.5.1　不同连接程度组合梁弹性受力特征

钢-混凝土组合梁在使用荷载的作用下,钢梁处于弹性工作阶段,混凝土翼板的最大压应力也位于应力-应变曲线的上升段,这已经被大量的试验和数值计算结果所证实[8]。因此为了简化起见,在分析滑移效应时可以近似地将组合梁作为弹性体来考虑,并作以下几点基本假设:

①钢梁、混凝土翼板和抗剪连接件均处于弹性工作状态。

②连接件沿梁长均匀布置,且组合梁界面上的纵向水平剪力与相对滑移成正比例关系。

③钢梁和混凝土翼板具有相同的曲率,并分别符合平截面假定。

自从 Newmark[23]等人提出的"不完全交互作用"理论,由于考虑了交界面上的相对滑移对组合梁受力性能的影响,该方法被广泛地应用。如图 3.13 和图 3.14 所示,根据组合梁微元体单元受力和截面应变关系,利用截面上的平衡条件、物理和变形协调关系,就可以建立滑移、轴力、纵向剪力流的控制微分方程,然后利用弹性力学方法求得考虑滑移效应的组合梁挠度曲线。表 3.1 总结出不同连接程度的组合梁滑移、轴力、纵向剪力流控制微分方程。根据抗剪连接程度的大小,可以分为完全抗剪连接、部分抗剪连接和无抗剪连接 3 种形式。完全抗剪连接是指最大弯矩截面至零弯矩截面之间的全部抗剪连接件(设为 n_f 个)的纵向抗剪承载力,等于由极限平衡条件确定的交界面上纵向剪力,此时界面上没有滑移应变发生;当最大弯矩截面至零弯矩截面之间布置的抗剪连接件个数 n 小于 n_f(即 $n < n_f$)时,称为部分抗剪连接,通常采用抗剪连接程度系数 $\eta = n/n_f$ 来表示,此时界面上有滑移应变发生;当界面上没有布置抗剪连接件,混凝土翼板与和钢梁在界面上可以自由滑动,则为无抗剪连接,此时抗剪连接程度系数 $\eta = 0$,界面上的滑移应变达到最大值,如图 3.15 所示。

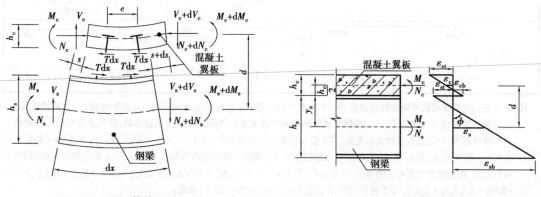

图 3.13　微元体单元受力图　　　　　　　图 3.14　截面应变图

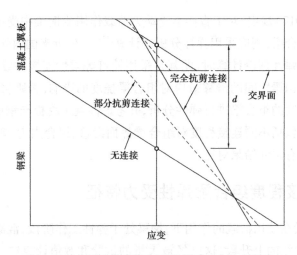

图 3.15 不同连接程度组合梁截面应变分布规律

表 3.1 不同连接程度组合梁受力特征

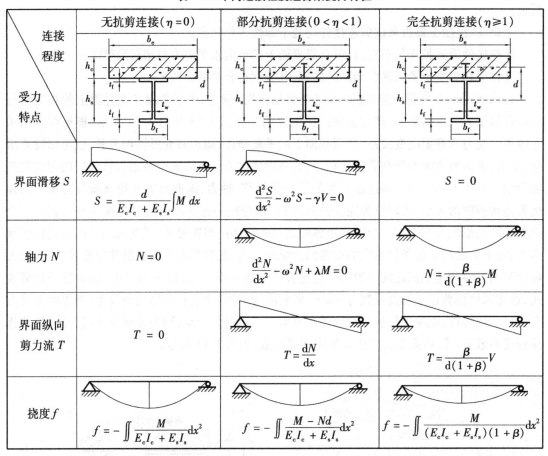

注:M、V 分别为简支梁的弯矩和剪力函数;h_c 为混凝土板厚度;b_e 为混凝土板宽度;h_s 为钢梁高度;b_f 为翼缘宽度;t_w 为腹板厚度;t_f 为翼缘厚度;d 为混凝土翼板形心轴至钢梁形心轴的距离;β 为组合系数,仅与组合梁截面参数和材料特性有关,与荷载形式和大小无关,其 β 值反应组合作用的大小,且 $\beta = E_c A_c E_s A_s d^2 / [(E_c I_c + E_s I_s) \cdot (E_c A_c + E_s A_s)]$,其中:$E_c A_c$、$E_s A_s$、$E_c I_c$、$E_s I_s$ 分别为混凝土翼板与钢梁的轴向刚度和抗弯刚度;ω、γ、λ 是与栓钉抗剪刚度、栓钉间距、组合梁截面等有关的参数,其中:$\omega^2 = (K/e) \cdot (1 + 1/\beta) \cdot d^2 / (E_c I_c + E_s I_s)$,$\gamma = d / (E_c I_c + E_s I_s)$,$\lambda = (K/e) \cdot d / (E_c I_c + E_s I_s)$。$e$ 为栓钉间距,K 为栓钉抗剪刚度,按文献[8]取值。

对于不同的荷载工况和边界条件,表 3.1 中的滑移、轴力控制微分方程和挠度积分表达式有不同的解析解。本书求出了连接件均匀布置时简支组合梁在均布荷载作用下的滑移、轴力、剪力流及挠度的解析解,见表 3.2。

表 3.2　均布荷载作用下组合梁解析解

求解内容	滑移、轴力、剪力流、挠度解析解表达式
滑移 剪力函数:$V(x) = q(L/2 - x)$ 边界条件:$S'(x=0) = 0$ $S(x = L/2) = 0$	$S(x) = \dfrac{\gamma q}{\omega^3}\left[\dfrac{\sinh \omega\left(\dfrac{L}{2}-x\right)}{\cosh\left(\dfrac{\omega L}{2}\right)} - \omega\left(\dfrac{L}{2}-x\right)\right]; \quad (0 \leqslant x \leqslant L)$
轴力 弯矩函数:$M(x) = q/2(Lx - x^2)$ 边界条件:$N(x=0) = 0$ $N'(x = L/2) = 0$	$N(x) = \dfrac{\lambda q}{\omega^2}\left[\dfrac{\cosh \omega\left(\dfrac{L}{2}-x\right)}{\cosh\left(\dfrac{\omega L}{2}\right)} - 1\right] + \dfrac{\lambda q(Lx - x^2)}{2}; \quad (0 \leqslant x \leqslant L)$
剪力流 与轴力函数关系:$T(x) = \dfrac{\mathrm{d}N(x)}{\mathrm{d}x}$	$T(x) = \dfrac{\lambda q}{\omega}\dfrac{\sinh \omega\left(\dfrac{L}{2}-x\right)}{\cosh\left(\dfrac{\omega L}{2}\right)} - \lambda q\left(\dfrac{L}{2}-x\right); \quad (0 \leqslant x \leqslant L)$
挠度 弯矩函数:$M(x) = q/2(Lx - x^2)$ 边界条件:$f(x=0) = 0$ $f'(x = L/2) = 0$	$f = \dfrac{qx(x^3 - 2Lx^2 + L^3)}{24EI(1+\beta)} + \dfrac{\lambda \mathrm{d}q(Lx - x^2)}{2\omega^2 EI} +$ $\dfrac{\lambda \mathrm{d}q}{\omega^4 EI}\left[\dfrac{\cosh \omega\left(\dfrac{L}{2}-x\right)}{\cosh\left(\dfrac{\omega L}{2}\right)} - 1\right]; \quad (0 < x \leqslant L)$

3.5.2　弹性阶段理论与有限元计算结果对比

为研究钢-混凝土组合梁在弹性阶段的受力性能,设计了 4 根不同连接程度的简支组合梁在均布荷载作用下的试件。采用有限元 ANSYS 进行数值模拟计算,研究不同连接程度对组合梁界面滑移、轴力、剪力流、挠度的影响,并与理论解析解进行对比分析,验证弹性阶段组合梁有限元计算结果的正确性。组合梁跨度为 10 m,如图 3.16(a)所示,截面尺寸如图 3.16(b)所示。混凝土强度等级为 C30,钢梁材料为 Q235。栓钉采用 $\Phi 19$,长度 100 mm,按等间距沿梁长均匀布置,4 根试件详细设计参数见表 3.3。弹性阶段的数值分析以组合梁界面的连接程度为主要变化参数,单个栓钉的抗剪承载力 N_v^c 按我国《钢结构设计标准》计算,栓钉的抗

剪刚度 K 按文献[8]确定,即 $K = 0.66n_s N_v^c$,其中 n_s 为同一截面的栓钉列数。本书通过栓钉连接件的间距 e 来实现不同的连接程度。

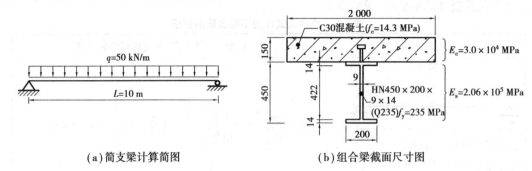

(a)简支梁计算简图　　　　　(b)组合梁截面尺寸图

图 3.16　组合梁试件详图

表 3.3　组合梁试件设计参数

梁编号	梁长 L/m	混凝土 E_c/MPa	钢材 E_c/MPa	栓钉直径 Φ/mm	栓钉间距 e/mm	连接程度 η
SA1	10	3.0×10^4	2.06×10^5	19	@100	完全连接($\eta = 1$)
SA2	10	3.0×10^4	2.06×10^5	19	@200	部分连接($\eta = 0.5$)
SA3	10	3.0×10^4	2.06×10^5	19	@500	部分连接($\eta = 0.2$)
SA4	10	3.0×10^4	2.06×10^5	—	—	无连接($\eta = 0$)

弹性计算得到的理论与有限元结果如图 3.17 所示。计算结果表明:理论结果与有限元结果吻合较好,误差在 6% 以内。通过对理论与有限元结果分析可以得出如下结论:

①简支组合梁在均布荷载作用下,不同连接程度的组合梁,靠近梁两端的界面滑移均达到最大值,而跨中处滑移最小,滑移为零,而且滑移沿跨中基本呈对称分布,这是由于荷载与结构也是对称的原因。当组合梁采用完全抗剪连接($\eta = 1$)时,界面滑移极其微小,一般可以忽略滑移对受力性能的影响。当组合梁采用部分抗剪连接($0 < \eta < 1$)时,界面滑移随着连接度 η 的增大而减小,连接度 η 越大时,滑移分布较为均匀、平缓,如图 3.17(a)所示,说明连接件的数量(也即连接度 η)是影响组合梁界面滑移的重要因素,这种滑移效应将降低组合梁的刚度和承载力。

②简支组合梁在均布荷载作用下,轴力沿跨度方向基本呈抛物线分布,中间大两端逐渐减小,而且左右对称分布。跨中截面上的轴力达到最大值,而支座两端截面上的轴力为零。当采用无抗剪连接($\eta = 0$)时,如果忽略界面上的摩擦力(通常这种摩擦力很小),此时没有任何组合作用,轴力为零,如图 3.17(b)所示,这就是非组合梁,一般称为叠合梁,其承载力由混凝土板的承载力和钢梁的承载力简单叠加得到。当采用部分抗剪连接($0 < \eta < 1$)时,截面上承担的轴力随着连接度 η 的增大而增大,说明连接件的数量(也即连接度 η)是影响组合作用大小的重要因素,组合作用越大,组合内力(即混凝土板轴向压力和钢梁轴向拉力)就越大,这种组合内力产生的力偶抵抗外荷载的作用也就越大,组合梁的承载力就越高。

③简支组合梁在均布荷载作用下,剪力流沿梁长方向基本呈两端大中间小分布形式,说明靠近梁端栓钉承担的纵向水平剪力较大,而梁中部栓钉承担的纵向剪力相对较小,弹性阶

段出现界面上的栓钉受力不均匀现象。当采用无抗剪连接($\eta=0$)时,如果忽略界面上的摩擦力,此时界面上没有纵向水平剪力,剪力流为零,如图 3.17(c)所示。当采用部分抗剪连接($0<\eta<1$)时,界面上的剪力流随着连接度 η 的增大而增大,剪力流的增大也就意味着组合作用的增大。当采用完全抗剪连接($\eta=1$)时,剪力流呈斜直线分布。

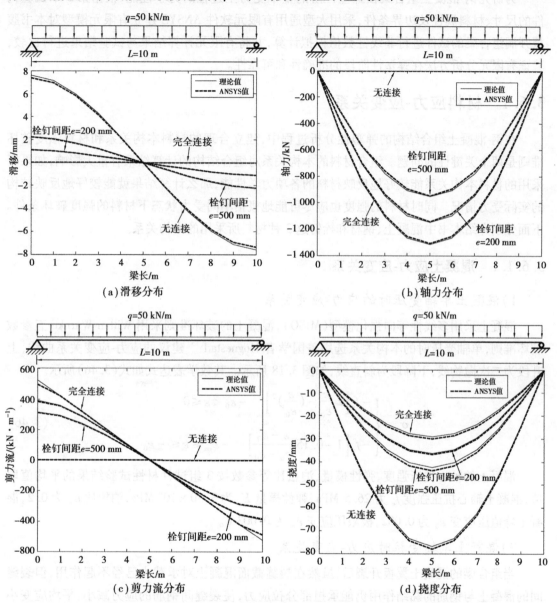

图 3.17 组合梁弹性分析结果对比

④简支组合梁在均布荷载作用下,最大挠度在跨中截面处。当采用无抗剪连接($\eta=0$)时,此时没有任何组合作用,其刚度等于混凝土板的刚度 $E_c I_c$ 与钢梁的刚度 $E_s I_s$ 之和,挠度最大,如图 3.17(d)所示。当采用部分抗剪连接($0<\eta<1$)时,组合梁的挠度随着连接度 η 的增大而明显减小,说明抗剪连接度 η 对组合梁的挠度影响比较大,连接度 η 增大,界面滑移减小,组合作用就越大,组合梁的刚度和承载力明显提高。

3.6　组合梁弹塑性计算结果验证

为研究钢-混凝土组合梁在弹塑性阶的整个受力全过程的力学性能,根据第 2 章试验构件的尺寸、材料属性及边界条件,采用大型通用有限元软件 ANSYS 建立有限元模型对本书腹板开洞组合梁的试件进行非线性数值模拟计算,并将有限元计算结果与试验结果进行比较,验证有限元分析方法在弹塑性阶段的准确性和可靠性。

3.6.1　材料应力-应变关系

在钢-混凝土组合结构的弹塑性分析过程中,建立合理的材料本构关系和材料强度破坏准则是两个关键性的问题。组合材料的本构关系对组合结构的计算结果有重大影响,如果所采用的材料本构关系能较好地反映材料的各项力学性能,那么计算结果就能较好地反映结构的实际受力情况。同时材料的强度也应尽可能地概括不同受力状态下材料的强度破坏条件。下面分别介绍本书中混凝土、钢材和栓钉这 3 种材料所采用的本构关系。

3.6.1.1　混凝土应力-应变关系

1)混凝土单轴受压时的应力-应变关系

混凝土采用多线性等向强化模型(MISO),混凝土的破坏准则采用 Willan-Warnke 五参数破坏准则,单轴受压时的本构关系选用美国学者 Hognestad[15]建议的应力-应变关系曲线,上升段为二次抛物线,下降段为斜直线,如图 3.18 所示。其数学表达式如式(3.46)所示。

$$\sigma_c = \begin{cases} -f_c \left[2\dfrac{\varepsilon}{\varepsilon_0} - \left(\dfrac{\varepsilon}{\varepsilon_0}\right)^2 \right] & -\varepsilon_0 < \varepsilon \leqslant 0 \\ -f_c \left[1 - 0.15\dfrac{\varepsilon - \varepsilon_0}{\varepsilon_u - \varepsilon_0} \right] & -\varepsilon_{cu} \leqslant \varepsilon \leqslant -\varepsilon_0 \end{cases} \quad (3.46)$$

混凝土的轴心抗压强度、弹性模量、泊松比等参数按 3 组试件材性试验结果的平均值取值,混凝土轴心抗压强度 f_c 为 26.5 MPa,弹性模量 E_c 为 3.30×10^4 MPa,泊松比 μ_c 为 0.2,混凝土峰值压应变 ε_0 为 0.002,极限压应变 ε_{cu} 为 0.003 8。

2)混凝土单轴受拉时应力-应变关系

当组合梁的混凝土翼板开裂后,虽然在裂缝截面混凝土对承载力已经不起作用,但裂缝间的混凝土与钢筋的黏结作用仍能承担部分拉应力,使裂缝间钢筋的应力减小,平均应变小于裂缝截面钢筋的应变,从而提高了构件的刚度,即产生了受拉刚化效应。因此本书对钢筋和混凝土之间的相互作用采用受拉刚化模型来近似模拟。文献[173]给出了钢-混凝土组合梁中考虑受拉刚化效应的混凝土受拉应力-应变关系模型,模型中假设混凝土开裂前拉应力为线弹性增长,超过开裂应变 ε_t 后拉应力随裂缝的展开,即混凝土的软化线性降低为 0,最终应变达到极限拉应变 ε_{tu},如图 3.18 所示。ε_{tu} 的取值受到配筋率、黏结力和混凝土骨料相对于钢筋直径的尺寸比例的影响。对于配筋率较大的钢筋混凝土板,ε_{tu} 通常取为混凝土开裂应变的 10 倍[174-175],即 $\varepsilon_{tu} = 10\varepsilon_t$。其数学表达式如式(3.47)所示。

$$\sigma_t = \begin{cases} f_t \cdot \dfrac{\varepsilon}{\varepsilon_t} & 0 < \varepsilon \leqslant \varepsilon_t \\[3mm] f_t \cdot \dfrac{\varepsilon_{tu} - \varepsilon}{\varepsilon_{tu} - \varepsilon_t} & \varepsilon_t \leqslant \varepsilon \leqslant \varepsilon_{tu} \end{cases} \tag{3.47}$$

混凝土的抗拉强度 f_t 由式(2.2)确定,按 3 组试件材性试验结果的平均值取值,抗拉强度 f_t 为 2.37 MPa。混凝土峰值拉应变,即开裂应变 $\varepsilon_t = f_t / E_c$,$E_c$ 为混凝土初始弹性模量。张开裂缝的剪力传递系数 $\beta_t = 0.5$,闭合裂缝的剪力传递系数 $\beta_c = 0.95$,拉应力释放系数 $T_c = 0.6$。

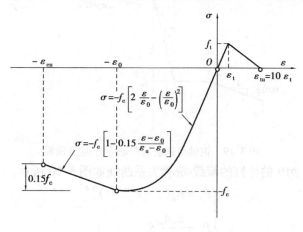

图 3.18　混凝土的单轴应力-应变曲线

3.6.1.2　钢材应力-应变关系

钢梁、钢筋均采用多线性等向强化模型(MISO),采用 Von Mises 屈服准则。本构关系选用弹塑性本构模型,其应力-应变关系数学表达式见式(3.48),采用三折线模型,应力-应变关系曲线如图 3.19 所示。

$$\sigma = \begin{cases} E_s \varepsilon & 0 < \varepsilon < \varepsilon_y \\ f_y & \varepsilon_y \leqslant \varepsilon < \varepsilon_h \\ f_y + E_s'(\varepsilon - \varepsilon_h) & \varepsilon \geqslant \varepsilon_h \end{cases} \tag{3.48}$$

钢材的弹性模量 E_s 为 2.06×10^5 MPa,泊松比 μ_s 为 0.3,钢材屈服强度 f_y 按材性试验结果的平均值取值,即钢梁的屈服强度 f_y 为 240 MPa;钢筋的屈服强度 f_y 为 300 MPa。ε_y 为钢材的屈服应变,且 $\varepsilon_y = f_y / E_s$,$\varepsilon_h$ 为钢材强化时的应变,对于钢材可取 $\varepsilon_h = 12\varepsilon_y$[176],钢材的强化模量取弹性模量的 0.01 倍[177],即 $E_s' = 0.01 E_s$。屈服面采用 Mises 屈服面,流动法则为关联流动法则,强化准则为等向强化准则。

3.6.1.3　栓钉荷载-滑移曲线

栓钉连接件是一种柔性连接件,具有较大的变形能力,在组合结构中被广泛采用的一种抗剪连接件。栓钉连接件的荷载-滑移曲线,即栓钉的本构关系是反映栓钉承载能力和变形性能的一个很重要的物理量。目前众多学者对栓钉连接件的荷载-滑移曲线关系进行了研究,在有限元分析中,本书采用 Ollgaard[178] 在推出试验基础上通过回归分析得到的数学模型

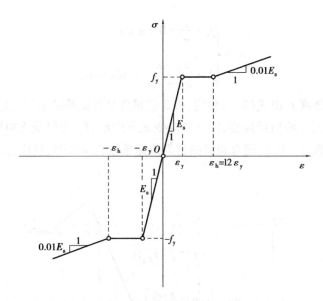

图 3.19 钢梁与钢筋的单轴应力-应变曲线

见式(3.49)，其直径 $\Phi19$ 的栓钉的荷载-滑移关系曲线如图 3.20 所示。

$$\begin{cases} P_x = N_v^c (1 - e^{-0.71S_x})^{0.4} \\[2mm] P_y = \dfrac{E_s A_{sd}}{L_s} S_y \\[2mm] P_z = N_v^c (1 - e^{-0.71S_z})^{0.4} \end{cases} \tag{3.49}$$

$$N_v^c = 0.43 A_{sd} \sqrt{E_c f_c} \leqslant 0.7 A_{sd} \gamma f \tag{3.50}$$

式中 S_x, S_y, S_z ——分别为 x、y、z 方向的相对滑移量；

L_s ——栓钉的长度，$L_s = 80$ mm；

A_{sd} ——栓钉横截面面积；

N_v^c ——单个栓钉抗剪承载力[139]；

f ——栓钉抗拉强度设计值；

γ ——栓钉材料抗拉强度最小值与屈服强度之比。

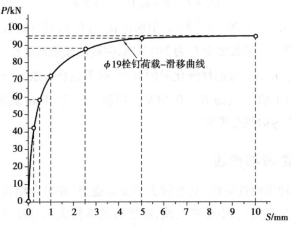

图 3.20 栓钉的荷载-滑移关系

3.6.2　腹板开洞组合梁试验与有限元计算结果对比

3.6.2.1　试件破坏形态与裂缝比较

钢-混凝土组合梁主要由钢梁和混凝土翼板通过栓钉连接件组合而成,故其破坏形态可能发生弯曲破坏、斜截面剪切破坏、交界面纵向剪切破坏等几种破坏形式[179]。而腹板开洞组合梁由于洞口处的受力复杂,除了以上破坏形式外,还可能发生四铰空腹破坏形式。

弯曲破坏特征一般为完全剪切连接组合梁在弯曲应力作用下,最大弯矩截面处钢梁受拉首先屈服,最后受压区混凝土翼板压碎而丧失承载力,试件破坏时,钢梁塑性发展较充分,表现出良好的延性。本次试验中,腹板无洞组合梁试件 A1 的破坏形态为典型的弯曲破坏,如图3.21 所示。当钢梁下翼缘应力达到屈服后,截面中和轴不断上升,最大弯矩截面处板顶出现第一批微小的横向裂缝,如图 3.21(a)所示;随着荷载的继续增加,钢梁大部分截面已屈服,如图 3.21(b)所示,混凝土翼板横向裂缝逐渐增多、扩展,裂缝主要集中在最大弯矩截面周围,如图 3.21(d)所示,直到极限荷载时,混凝土翼板压碎,试件达到承载力极限状态。通过比较可以发现,试件 A1 的有限元数值模拟与试验结果较为接近,且试件的破坏形态、混凝土翼板的裂缝与试验现象也非常接近,说明有限元分析能够较准确地模拟构件受力过程。

（a）试件A1破坏形态(试验)

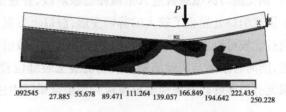

| .092545 | 27.885 | 55.678 | 89.471 | 111.264 | 139.057 | 166.849 | 194.642 | 222.435 |
| | | | | | | | | 250.228 |

（b）试件A1变形与等效应力云图(有限元)

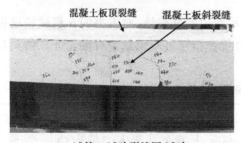

混凝土板顶裂缝　　混凝土板斜裂缝

（c）试件A1试验裂缝图(试验)

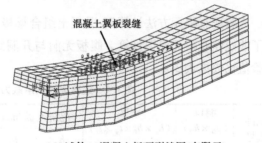

混凝土翼板裂缝

（d）试件A1混凝土板顶裂缝图(有限元)

图 3.21　无洞组合梁试件 A1 有限元分析结果与试验现象比较

本次试验中,5 根腹板开洞组合梁试件的破坏形态为 4 个塑性铰的空腹破坏模式,如图3.22 所示。其破坏特征为组合梁洞口区域在弯曲和剪切应力作用下,洞口 4 个角部首先屈服,随着荷载的继续增大,逐步形成 4 个塑性铰,如图 3.22(b)所示,洞口处由于剪切变形较大从而导致混凝土板出现斜向劈裂裂缝而丧失承载力。限于篇幅,本书选取混凝土板配筋率为 1.5% 的腹板开洞组合梁试件 B2 的实验结果与有限元数值模拟结果进行对比。

由于组合梁腹板开洞较大,当荷载达到 $0.48P_u$ 时,钢梁腹板洞口角部开始屈服,洞口上方混凝土翼板的侧面开始出现斜向裂缝,随着荷载的增加,斜向裂缝从板底逐渐向板顶方向

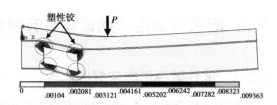

（a）试件B2破坏形态(试验)　　　　　（b）试件B2变形与等效应力云图(有限元)

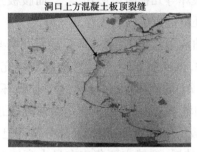
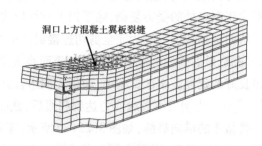

（c）试件B2试验裂缝图(试验)　　　　　（d）试件B2混凝土板顶裂缝图(有限元)

图3.22　典型的腹板开洞组合梁有限元分析结果与试验现象比较

发展,同时洞口上方混凝土翼板上表面出现纵向裂缝,如图3.21(c)所示。接近极限荷载 P_u 时,钢梁洞口区域腹板进入全截面屈服阶段,并逐渐形成4个塑性铰,如图3.21(b)所示。由于钢梁洞口处发生了较大的剪切变形,洞口上方混凝土板发生剪切破坏,最终丧失承载能力。通过比较可以发现,腹板开洞组合梁的有限元数值模拟计算的破坏形态与试验现象也非常接近,同时有限元与实验结果都表明混凝土裂缝位置主要集中在洞口上方混凝土翼板,说明有限元分析能够较准确地模拟腹板开洞组合梁受力过程。

3.6.2.2　极限承载力验证

为验证有限元方法计算钢-混凝土组合梁极限承载力的准确性,对本书的6根试验梁进行了非线性有限元模拟计算。腹板无洞与开洞组合梁弹塑性极限承载力有限元计算结果与试验值比较见表3.4。

表3.4　组合梁极限承载力有限元与实验结果对比

试件编号	洞口 ($a_0 \times h_0$) /mm	钢梁 ($h_s \times b_f \times t_w \times t_f$) /mm	混凝土板/mm		配筋率 ρ		实验结果/kN	有限元结果/kN	有限元/实验
			h_c	b_e	纵向	横向			
A1	无洞口	$250 \times 125 \times 6 \times 9$	100	600	0.5%	0.5%	319	326	1.02
A2	300×150	$250 \times 125 \times 6 \times 9$	100	600	0.5%	0.5%	172	176	1.02
A3	300×150	$250 \times 125 \times 6 \times 9$	115	600	0.5%	0.5%	194	208	1.07
A4	300×150	$250 \times 125 \times 6 \times 9$	130	600	0.5%	0.5%	219	221	1.01
B1	300×150	$250 \times 125 \times 6 \times 9$	100	600	1.0%	0.5%	183	184	1.01
B2	300×150	$250 \times 125 \times 6 \times 9$	100	600	1.5%	0.5%	192	195	1.02

注: h_c 为混凝土板厚度, b_e 为混凝土板宽度, h_s 为钢梁高度, b_f 为翼缘宽度, t_w 为腹板厚度, t_f 为翼缘厚度,洞口中心与钢梁形心轴重合。

图 3.23 给出了腹板开洞组合梁随着板厚和配筋率变化时极限承载力的柱状图。从表 3.4 和图 3.23 可以看出,不同参数变化时有限元计算的腹板开洞组合梁极限承载力与试验结果吻合良好,误差在 7% 以内,验证了有限元方法的准确性。

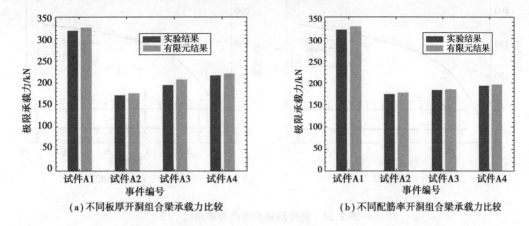

（a）不同板厚开洞组合梁承载力比较　　　　　（b）不同配筋率开洞组合梁承载力比较

图 3.23　腹板开洞组合梁极限承载力有限元与试验结果比较

3.6.2.3　荷载-挠度曲线验证

为验证非线性有限元方法模拟钢-混凝土组合梁的受力全过程的准确性,本书采用加载点处荷载-挠度曲线的试验测量结果与有限元模拟计算结果进行比较,如图 3.24 所示。

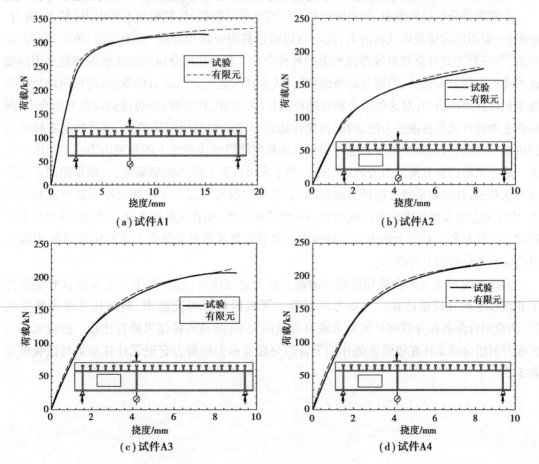

（a）试件A1　　　　　　　　　　　　　　　（b）试件A2

（c）试件A3　　　　　　　　　　　　　　　（d）试件A4

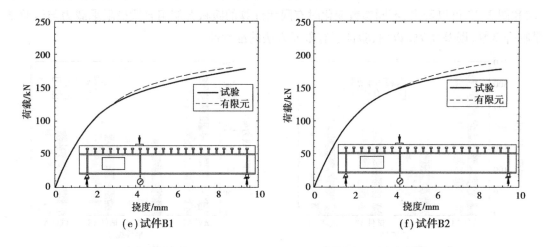

(e)试件B1　　　　　　　　　　　　　(f)试件B2

图3.24　挠度沿梁长方向分布曲线

从图3.24可以看出,各试件有限元模拟计算的荷载-挠度曲线与试验测量的荷载-挠度曲线在弹性阶段和塑性阶段吻合较好,说明本书所建立的非线性有限元模型能够反映钢-混凝土组合梁的受力全过程,进一步验证了数值模拟结果的可靠性和正确性。

3.6.2.4　抗剪承载力验证

在有限元分析后处理中,当实际结构采用实体单元模拟时,其截面上的内力(轴力、剪力、弯矩)一般不能直接获取这些内力,此时可以通过截面分块积分法、面操作法、单元节点力求和法[159]三种方式计算获取构件截面上的各种内力。其中截面分块积分法的原理是采用路径技术将截面划分为条状,当划分的条很窄时,认为其在宽度上的应力相等,从而可用路径获得每条长度方向的应力,对这些应力沿着路径运算(如求和、积分等)即可得到该条上的合力,而截面上的内力就是各条合力的总和;面操作法的原理是根据所定义的面,通过映射各种应力到该面上,然后对该面上的应力进行积分或求和便能得到该截面上的各种内力。上述两种方法一般可求得任意截面上内力的近似值。为了求得截面上内力的精确值,一般可采用单元节点力求和法,其原理是通过选择节点和单元,然后对单元节点力求和即可得到某个截面的内力,由于该方法需要所求内力的截面为一列单元的边界,或者说截面不穿过单元(节点分布在截面上),这样所求截面上的内力是精确的。本书就是采用单元节点力求和法得到钢-混凝土组合梁各部分截面上的内力。

为研究腹板无洞组合梁和腹板开洞组合梁的竖向抗剪性能,对本书的6根试验梁进行了非线性有限元模拟计算。主要考虑混凝土翼板的板厚与配筋率、洞口尺寸等参数变化时,研究组合梁各部分截面对抗剪承载力贡献的大小,并与实验结果进行比较。腹板无洞与腹板开洞组合梁试件在极限荷载作用下各部分截面承担的剪力有限元计算结果与试验值见表3.5。

表 3.5　洞口处部分截面上承担的剪力值

试件编号	混凝土翼板 V_c^t/kN			洞口上 T 形截面钢梁 V_t^t/kN			洞口下 T 形截面钢梁 V_b/kN		
	试验	有限元	有限元/实验	试验	有限元	有限元/实验	试验	有限元	有限元/实验
A1	64.30	52.56	0.82	148.7	164.78	1.11	—	—	—
A2	62.58	70.45	1.13	37.27	27.82	0.75	16.82	18.34	1.09
A3	72.86	86.14	1.18	35.36	27.02	0.76	21.24	18.44	0.87
A4	87.19	101.53	1.16	35.10	26.30	0.75	23.91	18.12	0.76
B1	64.12	78.16	1.22	34.39	26.74	0.78	24.56	18.62	0.76
B2	70.66	83.19	1.18	33.28	28.80	0.87	24.39	18.85	0.77

注：表中 V_c^t 为混凝土板承担的剪力；V_t^t 为洞口上 T 形截面承担的剪力；V_b 为洞口下 T 形截面承担的剪力。

从表 3.5 可以看出，各试件在极限荷载作用下各部分截面承担的剪力有限元计算结果与试验值基本吻合。混凝土板横截面上承担的剪力实验值与有限元结果误差较大，其主要原因是，组合梁在接近极限荷载时，混凝土翼板裂缝较大，贴在混凝土翼板上的应变片大部分已超过其最大量程而出现断裂，从而导致测量上具有一定的误差。

3.7　组合梁截面上承担的剪力沿跨度方向的变化规律

实验与有限元结果证明了腹板开洞组合梁洞口区域混凝土翼板承担了该截面上大部分剪力，那么洞口区域以外横截面上承担的剪力变化情况如何？由于实验条件有限，如果按照沿试件长度方向（跨度方向）每隔一定间距布置一定数量应变片方法来计算得到不同截面上内力，这样不仅需要大量的实验经费，而且给应变数据测量带来不便，也没有这种必要。而有限元数值模拟计算却不受此条件的限制，只需要采用单元节点力求和法就能得到不同截面上的内力，这给我们研究腹板开洞组合梁各部分截面上的内力沿试件长度方向变化规律带来了极大的方便。

图 3.25 所示为腹板无洞组合梁与腹板开洞组合梁在不同荷载作用下，混凝土板与钢梁承担的剪力沿梁长度方向的分布规律。同样可以看出，腹板无洞组合梁的钢梁与混凝土板承担的剪力都随着荷载的不断增加而增加，但是钢梁承担的剪力增长明显较快，在极限荷载 P_u 作用下，混凝土板仅承担了截面总剪力的 21.28% ~ 22.29%，而钢梁承担了总剪力的 77.71% ~ 78.72%，可见腹板无洞组合梁的剪力主要由钢梁承担如图 3.25(a) 所示。而腹板开洞组合梁，在洞口区域内，荷载作用初期，钢梁与混凝土板承担的剪力都随着荷载的增加而增加。当荷载达到极限荷载 P_u 的 50% 左右时，钢梁承担的剪力几乎不再增加，而混凝土板承担的剪力随着荷载的增加而不断增加，其原因是钢梁洞口区域 4 个角部的应力集中现象加剧，开始屈服，并逐渐形成了塑性区，洞口区域的内力逐渐被转移到塑性区以外的混凝土截面上去，从而引起了沿截面高度方向的内力发生重分布现象。当荷载达到极限荷载 P_u 时，洞口

区域内混凝土板承担了截面总剪力的77.48%,钢梁承担了截面总剪力的22.54%,可见洞口区域内的剪力主要由混凝土翼板承担,如图3.25(b)所示。但是在洞口区域外,钢梁与混凝土板承担的剪力都随着荷载的不断增加而增加,在极限荷载作用下,混凝土板承担了截面总剪力的21.94%,钢梁承担了截面总剪力的78.06%,可见洞口区域外的剪力主要由钢梁承担。

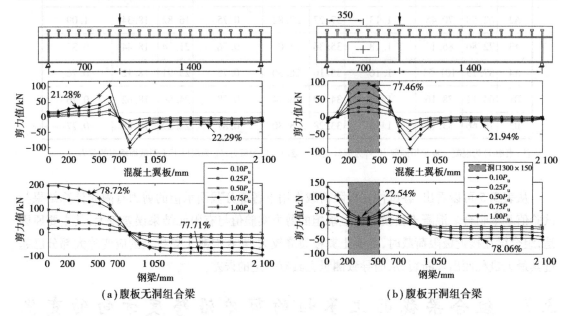

图3.25 混凝土翼板与钢梁承担的剪力沿梁长方向的分布

3.8 腹板开洞组合梁不同横截面上的应变分布规律

实验结果已证明腹板开洞组合梁洞口左、右边缘截面的应变呈S形分布,不满足平截面假定,那么洞口区域以外横截面上的应变是否满足平截面假定?为此,本书采用有限元方法对腹板开洞组合梁的洞口左边缘、中部、右边缘及跨中截面的应变分布进行研究。

图3.26所示为典型的腹板开洞组合梁在各级荷载作用下不同横截面上的应变分布。从有限元分析结果可以看出:

①洞口区域内3个截面应变分布具有一个共同特点,当荷载接近$0.75P_u$时,钢梁和混凝土翼板交界面上出现了应变突变,即交界点处混凝土板底的应变与钢梁上翼缘顶部的应变不相等,如图3.26(a)~(c)所示,其原因是交界面上出现较大的滑移现象而引起的;而跨中截面基本上没有出现明显的应变突变现象,如图3.26(d)所示,说明洞口区域内的栓钉受力明显大于洞口区域外的栓钉,在结构设计时应引起重视,即在洞口上方应该布置较多的栓钉连接件,减小洞口上方交界面上的滑移,提高组合作用。

②洞口左边缘截面A—A应变分布特点:随着荷载的增加,混凝土翼板的应变基本呈线性分布,而钢梁的应变呈S形分布,如图3.26(a)所示,其原因是腹板开洞后,剪切变形较大、应力集中现象等原因引起的,其应变分布特点与实验测量结果基本吻合。

③洞口中部截面 *B—B* 应变分布特点:随着荷载的增加,在混凝土翼板、洞口上 T 形截面和洞口下 T 形截面钢梁中,各部分截面上的应变基本呈线性分布,如图 3.26(b)所示。

④洞口右边缘截面 *C—C* 应变分布特点:其截面上的应变分布特点与截面 *A—A* 应变分布类似,但方向相反,呈反 S 形分布[图 3.26(b)],同样与实验测量结果基本吻合。

⑤跨中截面 *D—D* 应变分布特点:随着荷载的增加,不管是混凝土翼板还是钢梁截面的应变基本呈线性分布图[3.26(d)],也就是说跨中横截面上的应变满足平截面假定。

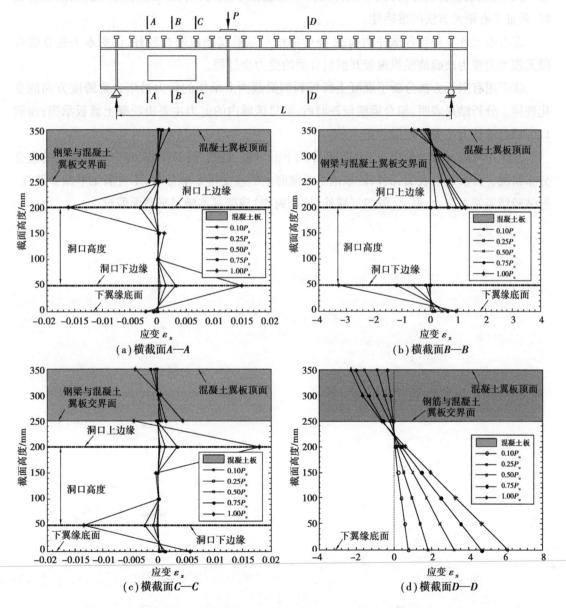

图 3.26　不同横截面上的应变沿截面高度的分布规律

3.9　本章小结

本章首先求解出部分剪切连接组合梁的滑移、轴力、剪力流及挠度的解析解,采用通用有限元软件 ANSYS 对部分剪切连接组合梁进行了弹性分析,将其结果与解析解进行了对比;同时对腹板开洞组合梁试验模型进行了弹塑性分析,得到以下结论:

①不同连接程度的组合梁弹性阶段的界面滑移、轴力、剪力流及挠度有限元计算结果均与解析解吻合较好,说明本书建立的有限元模型是可靠的。

②对 6 个腹板开洞组合梁试验模型进行了弹塑性有限元模拟计算,得出了试件的破坏形态,与试验现象吻合较好;得到了试件的弹塑性极限承载力,有限元结果与试验结果吻合较好,验证了有限元方法的准确性。

③有限元计算得到各试件的荷载-挠度曲线与试验实测值吻合较好,说明本书建立的有限元模型能较为准确地模拟腹板开洞组合梁的受力全过程。

④采用有限元方法分析了混凝土翼板和钢梁截面上承担的剪力沿组合梁跨度方向的变化规律。分析结果表明:组合梁腹板开洞后,洞口区域内的剪力主要由混凝土翼板承担;而洞口区域外的剪力主要由钢梁承担。

⑤采用有限元方法分析了不同荷载作用下洞口左、右侧、洞口中心、跨中等截面上的应变分布情况。分析结果表明:洞口区域范围横截面上的应变呈 S 形分布,不再满足平截面假设,与试验结果基本吻合;但是,洞口区域外(比如跨中)应变基本满足平截面假设。

第4章

腹板开洞组合梁承载力影响参数分析

4.1 引 言

通过对 1 根无洞组合梁和 5 根腹板开洞组合梁的试验研究,并采用有限元方法对其进行了数值模拟计算,试验结果和数值模拟结果吻合良好。由于影响腹板开组合梁的受力性能影响因素较多,比如洞口尺寸(即洞口宽度、高度)、洞口位置(即洞口中心处的弯剪比 M/V)、洞口偏心、洞口形状、混凝土板厚与配筋率、荷载位置等,所有这些因素对结构性能的影响都用试验的方法进行研究,显然是困难和不经济的,可以借助数值计算方法进行分析,譬如有限元方法。

由有限元数值模拟计算与实验研究对比分析可知,采用有限元软件 ANSYS 可以较为准确地模拟腹板开洞组合梁的受力全过程。因此本章主要研究不同参数变化时对组合梁受力性能的影响,找出影响腹板开洞组合梁受力性能的主要因素。解决实际工程中如何在腹板上开洞,开什么形状的洞口,在什么位置开洞等一系列相关的问题,以便实现日常生活中的各种管道能从组合梁腹板洞口通过,从而达到增大房屋净高、降低层高、减轻结构自重、降低工程造价、节约建设资金等目的,为腹板开洞组合梁的工程应用中提供有意义的指导性的建议。

4.2 腹板开洞组合梁的破坏形式及其受力特征

腹板开洞组合梁的受力性能和破坏模式一般与洞口中心处的弯剪比(M/V)有关。当洞口中心处的弯剪比(M/V)较大时,洞口截面上承担的弯矩较大,剪力相对较小(若洞口在纯弯区时,剪力为零),此时,弯矩起控制作用,破坏形式主要表现为钢梁首先屈服,然后洞口上方混凝土板的压碎破坏,如图 4.1(a)所示,这一破坏形式与腹板无洞洞组合梁相似;当洞口中心处的弯剪比(M/V)较小时,洞口截面上承担的剪力较大,而弯矩相对较小(若洞口在弯矩反弯点处时,弯矩为零),此时,剪力起控制作用,一般洞口区域剪切变形较大,洞口上方混凝土板与钢梁由于抗剪承载力不足,在形成塑性铰之前洞口上方混凝土板与钢梁首先受剪屈服,然后洞口下方 T 形截面钢梁在洞口两端形成塑性铰,组合梁发生剪切破坏,如图 4.1(b)所示。工程中最常见的情况是组合梁在弯矩和剪力共同作用下,此时,洞口两端空腹弯矩对组合梁受力影响较大,破坏形式主要表现为洞口4个角部由于空腹弯矩作用首先形成塑性铰,然后洞口上方混凝土板出现斜向受拉破坏,如图4.1(c)所示。

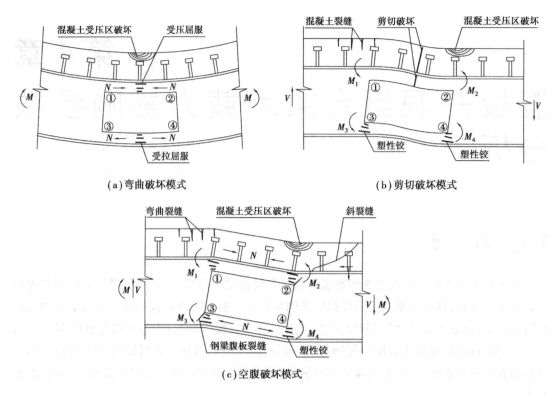

(a)弯曲破坏模式　　　　　　　　　　　(b)剪切破坏模式

(c)空腹破坏模式

图 4.1　腹板开洞组合梁破坏模式

4.2.1　洞口设置在弯剪区段时受力特征

当洞口设在组合梁的弯剪区段时,由于洞口上、下方截面将受到轴力、剪力、弯矩共同作用,受力比较复杂,试验已证明典型的破坏形式是在洞口4个角部形成4个塑性铰的空腹破坏,这种破坏形式与 Vierendeel 结构受力特点基本一致,Vierendeel 结构为无斜腹杆的空腹桁架梁,且各节点均为刚性连接。该结构的受力特征为:剪力传递时要引起次弯矩,并且每根杆件内同时有轴力、弯矩和剪力的存在[135]。因此,本书将采用空腹桁架模型(Vierendeel mechanism)对洞口区域进行受力分析,如图4.2所示。洞口区域的弯矩可分解为主弯矩和次弯矩两部分。主弯矩是由洞口上、下方截面中的轴力形成的力偶引起的,本书把这个力偶称为主弯矩 M_{pr},其值等于洞口上、下截面中的轴力与力臂乘积;而次弯矩则是由洞口上、下方截面中的剪力沿洞口宽度方向传递而引起的,其剪力与洞口宽度的乘积称为次弯矩 M_{se}。根据全截面的平衡条件和叠加原理,洞口区域的总弯矩 M_g 由主弯矩 M_{pr} 和次弯矩 M_{se} 叠加得到,即 $M_g^L = M_{pr} - M_1 - M_3$,$M_g^H = M_{pr} + M_2 + M_4$;洞口区域的总剪力由洞口上、下 T 形截面的剪力叠加得到,即 $V_g = V_t + V_b$,如图4.2所示。主弯矩和次弯矩正负号的规定,本书采用与材料力学一致的方法,即使梁下部受拉的弯矩为正,反之为负。根据此规定,在简支组合梁腹板开洞时,此时洞口设置在正弯矩区域时,则洞口左侧的次弯矩 M_1、M_3 为负弯矩,而洞口左侧的次弯矩 M_2、M_4 为正弯矩。

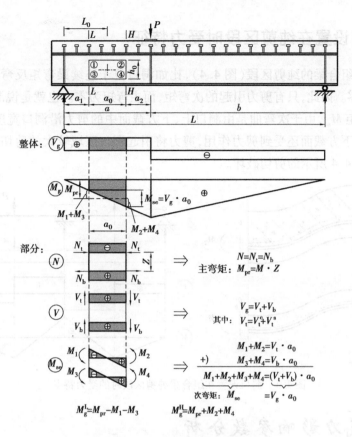

图 4.2　洞口区域受力示意图

4.2.2　洞口设置在纯弯区段时受力特征

当洞口设在组合梁的纯弯区段,如图 4.3 所示,只有弯矩作用,剪力为零。因此,剪力引起的次弯矩也为零,只有主弯矩。也就是说洞口区域的总弯矩 M_{g} 等于主弯矩 M_{pr},由于主弯矩是由洞口上、下方截面中的轴力引起的,所以洞口上、下方截面只受到轴力作用,此种情况通常会发生如图 4.3 所示的弯曲破坏。

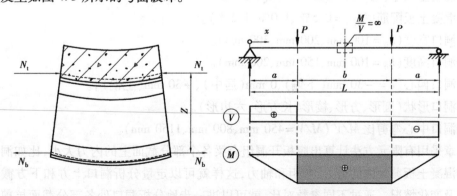

图 4.3　洞口设置在组合梁纯弯区段时的受力特点

4.2.3　洞口设置在纯剪区段时受力特征

当洞口设在组合梁的纯剪区段(图4.4),比如洞口位于连续梁弯矩反弯点处时,只有剪力作用,弯矩为零。因此,只有剪力引起的次弯矩,而主弯矩为零。也就是说洞口区域的总弯矩 M_g 等于次弯矩 M_{se},由于次弯曲是由洞口上、下方截面中的剪力沿洞口宽度方向传递引起的,所以洞口上、下方截面还受到剪力作用,剪力将引起洞口区域较大的剪切变形,此种情况通常会发生如图4.4所示的剪切破坏。

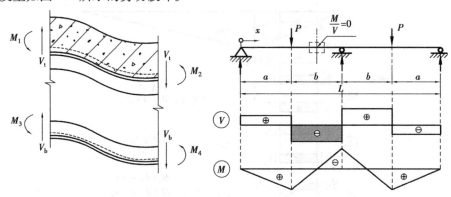

图 4.4　洞口设置在组合梁纯剪区段时的受力特点

4.3　承载力影响参数分析

对无洞组合梁来说,栓钉的抗剪连接度、剪跨比、截面尺寸及材料强度等参数是影响组合梁承载力的主要因素。与无洞组合梁相比,由于腹板开洞组合梁的洞口上、下截面受到剪力、轴力和次弯矩的共同作用,洞口区域受力较为复杂,因此影响腹板开洞组合梁承载力的参数众多且更复杂。为了研究腹板开洞组合梁的承载力,根据腹板开洞组合梁受力特点,本章将从以下几个方面对腹板开洞组合梁进行系统的参数分析:

①混凝土板厚(h_c = 100 mm、115 mm、130 mm)。

②混凝土板配筋率(ρ_x = 0.5%、1.0%、1.5%)。

③洞口宽度(a_0 = 100 mm、200 mm、300 mm)。

④洞口高度(h_0 = 100 mm、150 mm、200 mm)。

⑤洞口偏心[e = -30 mm(下偏)、0 mm(居中)、+30 mm(上偏)]。

⑥洞口形状(圆形、方形、棱形、长方形、六边形)。

⑦洞口中心弯剪比 M/V(M/V = 450 mm、800 mm、1150 mm)。

本章采用有限元方法计算出腹板开洞组合梁各个部分截面上的内力大小,比如洞口区域钢梁和混凝土板截面内的剪力、弯矩和轴力,这样就可以定量分析洞口上方和下方截面中内力大小及变化情况。通过不同参数对比,就可以进一步地分析洞口处各部分截面抗剪承载力的大小,即洞口上方和下方截面各自传递多少剪力?洞口上方的剪力在混凝土板和洞口上方的钢梁中又各占多少比例?通过这些定量的分析就知道剪力是如何从洞口的上方和下方截面传向支座的,然后根据空腹桁架模型就能确定由剪力引起的次弯矩大小。若我们再能定量地知道各部分截面中的轴力大小,就能确定由轴力引起的主弯矩的大小。从以上几个方面对不同参数腹板开洞组合梁的受力性能进行研究,找出影响腹板开洞组合梁受力性能的主要因素。

4.3.1　混凝土板厚的影响

组合梁腹板开洞后,由于钢梁截面面积的减小,组合梁的承载力有不同程度的降低,且破坏模式是以洞口区域的抗剪承载力不足最终导致洞口上方混凝土板发生剪切破坏。那么,是否能通过增加混凝土板厚来提高腹板开洞组合梁的承载力呢?从理论上讲,混凝土板的抗剪承载力随着板厚的增加而增大。然而混凝土板厚对腹板开洞组合梁的抗剪承载力会带来多大的影响,这是本书研究的重点之一。为此,共设计了3个不同板厚的试件,同时设计了1个无洞组合梁作为对比试件。试件均为完全剪切连接,试件的几何尺寸如图4.5和图4.6所示。本章有限元分析的混凝土、钢材、栓钉材料采用第3.6.1节所介绍的本构方程,其材料的本构关系如图3.18、图3.19和图3.20所示。

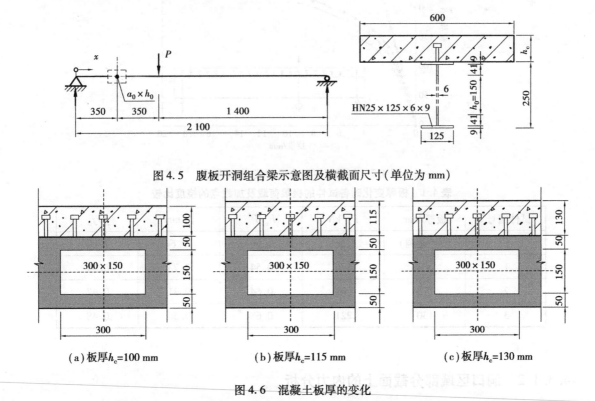

图4.5　腹板开洞组合梁示意图及横截面尺寸(单位为 mm)

（a）板厚h_c=100 mm　　　（b）板厚h_c=115 mm　　　（c）板厚h_c=130 mm

图4.6　混凝土板厚的变化

4.3.1.1　极限承载力和变形能力分析

极限荷载和刚度是衡量结构构件受力性能的两个重要指标。结构弹性工作阶段性能反映结构在正常使用阶段的结构行为,结构塑性工作阶段性能反映结构达到承载能力极限状态时的结构行为,都是结构的重要性能,是结构设计的重要依据。试件的荷载-变形曲线能反映出构件的弹塑性阶段的受力全过程,将不同参数的试件荷载-变形曲线绘制在同一图形中,便能直观地看出其极限承载力和变形能力的大小。

通过对不同混凝土板厚的腹板开洞钢-混凝土组合梁的非线性数值模拟计算,得到试件的荷载-变形曲线如图4.7和表4.1所示,通过对比得到如下结论:

①从荷载-变形曲线图可以看出,在板厚相同的情况下,腹板开洞组合梁试件1与无洞组合梁相比,极限承载力和刚度均有较大的下降(54%)。另外,组合梁的变形能力也明显减小了很多(39%)。

②当组合梁腹板开洞后,在洞口大小相同情况下,腹板开洞组合梁的极限承载力和刚度随着板厚的增加而增加,说明增加混凝土板厚度能有效地提高开洞组合梁承载力。

③随着混凝土板厚的增加组合梁的变形能力有所增加,但增长幅度不大,说明通过增加板厚来提高组合梁的变形能力不是十分有效。

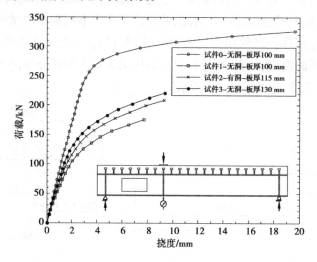

图4.7 不同板厚组合梁荷载-挠度曲线

表4.1 板厚变化时各试件的极限荷载及加载点的挠度比较

试件编号 i	板厚/mm	P_u^i/kN	P_u^i/P_u^0	f_i/mm	f_i/f_0
0	100(无洞)	326	1.00	19.64	1.00
1	100	176	0.54	7.73	0.39
2	115	208	0.64	9.31	0.47
3	130	221	0.68	9.36	0.48

4.3.1.2 洞口区域部分截面上的内力分析

通过计算出各试件洞口区域部分截面上承担的剪力值,这样就可以定量分析混凝土板厚变化时洞口上方和下方截面中剪力大小及剪力在洞口处引起次弯矩的大小,研究混凝土板对组合梁抗剪承载力贡献的大小。计算结果见表4.2,可以得到如下结论:

①腹板无洞组合梁的剪力主要由钢梁承担(76%),但混凝土板对竖向抗剪承载力也有较大的贡献(24%);而腹板开洞组合梁的剪力主要由混凝土板承担(60%~70%)。

②腹板开洞组合梁的抗剪承载力随着板厚的增加而增加,而且抗剪承载力的增加主要来自洞口上方混凝土板抗剪承载力的增长(60%~70%)。洞口下方截面钢梁仅承担了截面总

剪力的 12% ~ 16%,说明腹板开洞后钢梁部分的抗剪作用是很有限的。

表 4.2　板厚变化时各试件洞口上、下方截面承担的剪力

试件编号	板厚/mm	V_t/kN		V_b/kN	V_g/kN	V_t^c/V_g	V_t^s/V_g	V_b/V_g
		V_t^c	V_t^s					
0	100	52.56	164.78	—	217.34	0.24	0.76	0.00
1	100	70.45	27.82	18.34	116.61	0.60	0.24	0.16
2	115	86.14	27.02	18.44	131.60	0.65	0.21	0.14
3	130	101.53	26.30	18.12	145.95	0.70	0.18	0.12

当采用空腹桁架模型对洞口区域进行受力分析时(图 4.2),通过计算出洞口处的剪力和轴力值,就能分析出各参数引起的主弯矩 M_{pr} 和次弯矩 M_{se} 的变化规律。表 4.3 为混凝土板厚变化时腹板开洞组合梁洞口区域的次弯矩 M_{se} 和洞口下方截面钢梁承担的轴力值 N_b,其中 $N_{pl,b}$ 为洞口下方截面钢梁能承担的最大塑性轴力,即 $N_{pl,b} = b_f t_f \sigma_{yf} + s_b t_w \sigma_{yw}$。

表 4.3　板厚变化时各试件洞口区域次弯矩及轴力值

试件编号 i	板厚/mm	$M_s^i = (V_t + V_b) \times a_0$ /kN·m	M_s^i/M_s^1	N_b/kN	$N_{pl,b}$/kN	$N_b/N_{pl,b}$
1	100	34.98	1.00	123.21	329.04	0.37
2	115	39.48	1.13	136.87	329.04	0.42
3	130	43.79	1.25	141.04	329.04	0.43

通过计算出不同板厚组合梁洞口区域次弯矩和轴力值可以得到以下受力现象:

①随着混凝土板厚的增加,引起主弯矩的轴力和引起次弯矩的剪力都有所增长,但次弯矩的增长幅度明显比主弯矩快,主要原因是抗剪承载力随着板厚的增加而增大。

②3 个试件洞口下方截面引起主弯矩的轴力还没有发挥最大塑性轴力 $N_{pl,b}$,可见开洞组合梁发生破坏时主要是由次弯矩较大而引起的空腹破坏。

4.3.2　混凝土板配筋率的影响

一般情况下,腹板无洞简支组合梁受力特点是钢梁处于受拉区而混凝土板处于受压区。承载力计算时,只考虑受压区混凝土板的抗压作用而忽略板中的钢筋的抗压作用。目前,我国《钢结构设计标准》(GB 50017—2017)对连续组合梁在距中间支座两侧各 $0.15l$ (l 为梁的跨度)范围内,考虑了混凝土翼板有效宽度 b_e 范围内配置的纵向钢筋的作用。对腹板开洞组合梁而言,由于洞口处存在正、负次弯矩的作用,即洞口上方混凝土板中存在受拉区[图 4.1(c)],处于这一受拉区,如果设置一定数量的纵向钢筋就能起到承受拉力的作用,从而提高洞口处的抗剪能力。基于腹板开洞组合梁这一受力特点,本书通过设置不同纵向配筋率对腹板开洞组合梁进行研究。为此,共设计了 3 个不同混凝土板配筋率的试件,混凝土板中纵向钢筋的配筋率分别为 $\rho_x = 0.5\%$,1.0%,1.5%,其变化范围在左支座和集中荷载之

间,其余部分配筋率为 $\rho_x = 0.5\%$,如图 4.8 和图 4.9 所示。

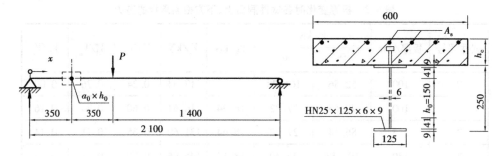

图 4.8　腹板开洞组合梁示意图及横截面尺寸(单位为 mm)

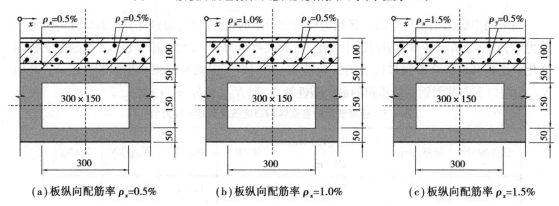

(a)板纵向配筋率 $\rho_x = 0.5\%$　　(b)板纵向配筋率 $\rho_x = 1.0\%$　　(c)板纵向配筋率 $\rho_x = 1.5\%$

图 4.9　混凝土板配筋率的变化

4.3.2.1　极限承载力和变形能力分析

图 4.10 给出了不同混凝土板配筋率的腹板开洞钢-混凝土组合梁的荷载-变形曲线,通过对比得到如下结论:

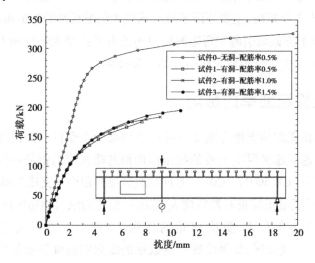

图 4.10　不同板厚组合梁荷载-挠度曲线

①从荷载-变形曲线图可以看出,随着混凝土板配筋率的增加,组合梁的承载力和刚度都有所增加,但增长的幅度不大(6%),说明通过增大纵向钢筋的配筋率来提高腹板开洞组合梁

的承载力不是十分有效。其原因是混凝土板的纵向钢筋仅在洞口上方左端负次弯矩受拉区发挥作用。

②随着混凝土板配筋率的增加,组合梁的变形能力有较大幅度提高(16%),说明增加混凝土板配筋率能有效地提高组合梁的变形能力。

表4.4 配筋率变化时各试件的极限荷载及加载点的挠度比较

试件编号 i	配筋率 ρ_x	P_u^i/kN	P_u^i/P_u^0	f_i/mm	f_i/f_0
0	0.5%	326	1.00	19.64	1.00
1	0.5%	176	0.54	7.73	0.39
2	1.0%	184	0.56	9.14	0.47
3	1.5%	195	0.60	10.78	0.55

4.3.2.2 洞口区域部分截面上的内力分析

表4.5计算出不同混凝土板配筋率的腹板开洞组合梁洞口区域部分截面上承担的剪力值,通过对比可以看出:

表4.5 配筋率变化时各试件洞口上、下方截面承担的剪力值

试件编号 i	纵向配筋率 ρ_x	V_t/kN		V_b/kN	V_g/kN	V_t^c/V_g	V_t^s/V_g	V_b/V_g
		V_t^c	V_t^s					
0	0.5%	52.56	164.78	—	217.34	0.24	0.76	0.00
1	0.5%	70.45	27.82	18.34	116.61	0.60	0.24	0.16
2	1.0%	78.16	26.74	18.62	123.52	0.63	0.22	0.15
3	1.5%	83.19	28.80	18.85	130.84	0.64	0.22	0.14

①组合梁洞口上方截面承担的剪力随着混凝土板配筋率的增加而增长,而洞口下方的部分截面内的剪力反而呈下降的趋势。

②若再进一步对洞口上方截面承担的剪力进行分析发现,截面上方增加的剪力主要是混凝土板内剪力在增加(60% ~64%),而钢梁部分截面中的剪力却未发生变化。可见,纵向配筋率在洞口受拉区发挥了作用,从而达到了提高抗剪承载力的目的。

表4.6 配筋率变化时各试件洞口区域次弯矩及轴力值

试件编号 i	纵向配筋率 ρ_x	$M_{12}^i = V_t \times a_0$ /kN·m	M_{12}^i/M_{12}^1	$M_{34}^i = V_b \times a_0$ /(kN·m)	M_{34}^i/M_{34}^1	N_b/kN	$N_{pl,b}$/kN	$N_b/N_{pl,b}$
1	0.5%	29.48	1.00	5.50	1.00	123.21	329.04	0.37
2	1.0%	31.47	1.07	5.59	1.02	127.57	329.04	0.39
3	1.5%	33.60	1.14	5.66	1.03	132.09	329.04	0.40

为了分析混凝土板配筋率对次弯矩的影响,故对次弯矩做进一步的细分,即洞口上方次

弯矩 M_{12} 和洞口下方次弯矩 M_{34},计算结果见表4.6。通过对比可以得到如下结论:

①洞口上方截面内的次弯矩 M_{12} 随配筋率的增加而增大,而下方截面内的次弯矩 M_{34} 却没有变化,其主要原因是配筋率较大时能充分发挥了钢筋的抗拉作用。

②洞口下方截面内的轴力随着混凝土板配筋率的增加而增加,但还没有发挥最大塑性轴力 $N_{\mathrm{pl,b}}$。

4.3.3 洞口宽度的影响

由于洞口大小决定了腹板面积的削弱程度,因此,洞口大小是影响腹板开洞组合梁极限承载力和刚度的重要参数。当采用空腹桁架模型对腹板开洞组合梁进行受力分析时,洞口处的次弯矩是由洞口宽度和剪力大小决定的。为研究洞口宽度对承载力的影响,共设计了3个不同洞口宽度的试件,如图4.11和图4.12所示。

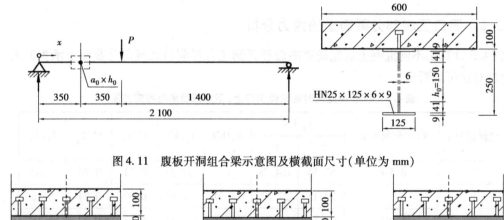

图 4.11　腹板开洞组合梁示意图及横截面尺寸(单位为 mm)

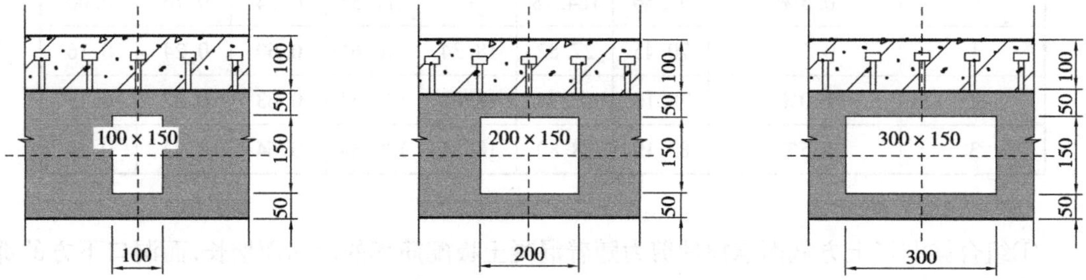

(a)洞口宽度 a_0=100 mm　　　(b)洞口宽度 a_0=200 mm　　　(c)洞口宽度 a_0=300 mm

图 4.12　洞口宽度的变化

4.3.3.1 极限承载力和变形能力分析

通过计算得出不同洞口宽度的腹板开洞钢-混凝土组合梁的荷载-变形曲线如图4.13和表4.7所示,可以得到如下结论:

①随着洞口宽度的增大,组合梁的承载力和刚度有较大幅度降低(89%~54%),说明洞口宽度是影响组合梁承载力重要因素。

②随着洞口宽度的增大,组合梁的变形能力有所降低(48%~39%),但降低幅度不大,说明洞口宽度对组合梁的变形能力影响较小。

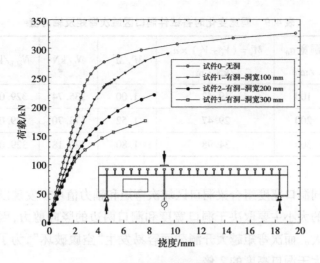

图 4.13　不同洞宽组合梁荷载-挠度曲线

表 4.7　洞宽变化时各试件的极限荷载及加载点的挠度比较

试件编号 i	洞宽 a_0/mm	P_u^i/kN	P_u^i/P_u^0	f_i/mm	f_i/f_0
0	—	326	1.00	19.64	1.00
1	100	291	0.89	9.50	0.48
2	200	221	0.68	8.39	0.43
3	300	176	0.54	7.73	0.39

4.3.3.2　洞口区域部分截面上的内力分析

表 4.8 计算出不同洞口宽度的腹板开洞组合梁洞口区域部分截面上承担的剪力值,通过对比可以看出:

表 4.8　洞宽变化时各试件洞口上、下方截面承担的剪力值

试件编号 i	洞宽 a_0/mm	V_t/kN		V_b/kN	V_g/kN	V_t^c/V_g	V_t^s/V_g	V_b/V_g
		V_t^c	V_t^s					
0	—	52.56	164.78	—	217.34	0.24	0.76	0.00
1	100	88.20	54.83	51.12	194.15	0.45	0.28	0.26
2	200	81.00	35.36	30.98	147.34	0.55	0.24	0.21
3	300	70.45	27.82	18.34	116.61	0.60	0.24	0.16

①随着洞口宽度的增大,洞口上方混凝土板承担的剪力逐渐增加(45%~60%),说明洞口宽度较大时组合梁抗剪承载力主要来自混凝土板。

②随着洞口宽度的增大,钢梁承担的剪力呈下降的趋势(26%~16%)。说明随着洞口宽度的增大,钢梁腹板截面严重削弱,对抗剪承载力不利。

③由于洞口宽度的增大,钢梁承担的剪力逐渐被转移到混凝土板内,说明洞口宽度的变化对组合梁抗剪承载力有较大的影响。

表 4.9　洞宽变化时各试件洞口区域次弯矩及轴力值

试件编号 i	洞宽 a_0 /mm	$M_s^i = (V_t + V_b) \times a_0$ /kN·m	M_s^i/M_s^1	N_b/kN	$N_{pl,b}$/kN	$N_b/N_{pl,b}$
1	100	19.42	1.00	235.74	329.04	0.72
2	200	29.47	1.52	173.70	329.04	0.53
3	300	34.98	1.80	120.18	329.04	0.37

通过计算出不同洞口宽度组合梁洞口区域次弯矩和轴力值可以发现以下受力现象：

①由于次弯矩的大小主要取决于洞口宽度和洞口两边的竖向剪力，因此，次弯矩随着洞口宽度的增大而增大。而次弯矩越大开洞截面容易发生"空腹破坏"，为了避免次弯矩过大，建议洞口宽度不应大于洞口高度的 2 倍。

②随着洞口宽度的增大，洞口下方截面引起主弯矩的轴力不断减小。这说明主弯矩随着洞口宽度的增大而减小，可见洞口宽度的变化对组合梁的抗弯承载力也有较大的影响。

4.3.4　洞口高度的影响

目前，我国《钢结构设计标准》GB 50017—2017 假设组合梁截面上的全部竖向剪力仅由钢梁腹板承担，不考虑混凝土翼板对抗剪承载力的贡献。而对腹板开洞组合梁来说，腹板开洞后，特别是洞口高度较大时，腹板面积会大大减少，此时开洞后剩余的钢梁腹板承担的剪力会发生什么样的变化？为研究洞口高度对抗剪承载力的影响，共设计了 3 个不同洞口高度的试件，如图 4.14 和图 4.15 所示。

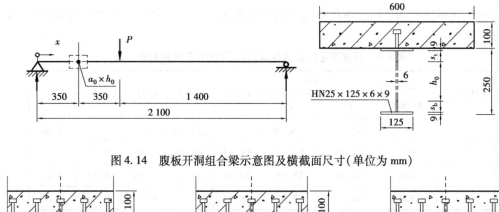

图 4.14　腹板开洞组合梁示意图及横截面尺寸（单位为 mm）

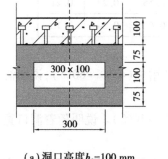
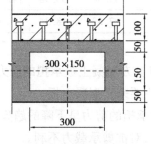
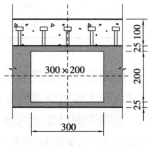

(a)洞口高度 h_0=100 mm　　　　(b)洞口高度 h_0=150 mm　　　　(c)洞口高度 h_0=200 mm

图 4.15 洞口高度的变化

4.3.4.1　极限承载力和变形能力分析

通过计算得出不同洞口高度的腹板开洞钢-混凝土组合梁的荷载-变形曲线如图 4.16 和表 4.10 所示,可以得到如下结论:

①在洞口宽度相同的情况下,组合梁的承载力和刚度随着洞口高度的增大而减小(75% ~48%),说明洞口高度越大,组合梁刚度越小,承载力就小。

②随着洞口高度的增大,组合梁的变形能力有较大幅度降低(62% ~37%),说明洞口高度对组合梁的变形能力影响较大。

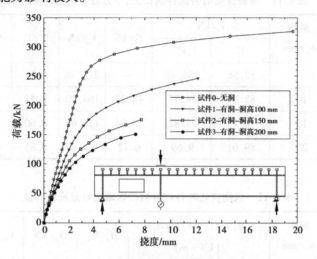

图 4.16　不同洞高组合梁荷载-挠度曲线

表 4.10　洞高变化时各试件的极限荷载及加载点的挠度比较

试件编号 i	洞高 h_0/mm	P_u^i/kN	P_u^i/P_u^0	f_i/mm	f_i/f_0
0	—	326	1.00	19.64	1.00
1	100	246	0.75	12.13	0.62
2	150	176	0.54	7.73	0.39
3	200	157	0.48	7.26	0.37

4.3.4.2　洞口区域部分截面上的内力分析

表 4.11 计算出不同洞口宽度的腹板开洞组合梁洞口区域部分截面上承担的剪力值,通过对比可以看出:

①当洞口高度 h_0 =100 mm、150 mm 时,混凝土板承担了 54% ~60% 截面总剪力。可见,当洞口高度小于钢梁高的 2/3 时,洞口对部分截面的抗剪承载力影响较小;而当洞口高度大于钢梁高的 2/3 时(h_0 =200 mm),混凝土板承担了 85% 截面总剪力,剪力主要由混凝土板承担。由于混凝土板承担较大的剪力而导致洞口处发生剪切破坏,降低了承载力。为了避免混凝土板过早发生剪切破坏,建议洞口高度不应大于钢梁腹板高度的 1/2 倍。

②随着洞口高度的增大,洞口下方截面钢梁承担的剪力明显减小(25% ~ 6%)。特别是洞口高度 $h_0 = 200$ mm 时,洞口下方截面钢梁几乎不再承担剪力(仅6%),说明随着洞口高度的增大,剪力主要由洞口上方截面来承担,而洞口下方截面钢梁主要承担弯矩(或轴力)。

③随着洞口高度的增大,即剩余腹板净面积相对减小,钢梁承担的剪力逐渐被转移到混凝土板截面内,其原因是洞口4个角部应力集中加剧而开始屈服并逐渐形成了塑性区,洞口区域的内力逐渐被转移到塑性区以外的混凝土截面上去,从而引起了截面上内力重分布。特别是洞口高度大于钢梁高的2/3时($h_0 = 200$ mm),见表4.11,钢梁仅承担了15%的剪力,而混凝土板承担了85%的剪力,说明洞口高度的变化对组合梁抗剪承载力有较大的影响。

表4.11 洞高变化时各试件洞口上、下方截面承担的剪力值

试件编号 i	洞高 h_0/mm	V_t/kN		V_b/kN	V_g/kN	V_t^c/V_g	V_t^s/V_g	V_b/V_g
		V_t^c	V_t^s					
0	—	52.56	164.78	—	217.34	0.24	0.76	0.00
1	100	88.94	34.77	40.29	164.00	0.54	0.21	0.25
2	150	70.45	27.82	18.34	116.61	0.60	0.24	0.16
3	200	89.01	9.69	6.12	104.82	0.85	0.09	0.06

表4.12 洞高变化时各试件洞口区域次弯矩及轴力值

试件编号 i	洞高 h_0/mm	$M_s^i = (V_t + V_b) \times a_0$ /(kN·m)	M_s^i/M_s^1	N_b/kN	$N_{pl,b}$/kN	$N_b/N_{pl,b}$
1	100	49.20	1.00	178.91	365.04	0.49
2	150	34.98	0.71	164.18	329.04	0.50
3	200	31.45	0.64	150.13	293.04	0.51

根据表4.12计算结果,可以得到以下结论:

①当洞口宽度相同时,次弯矩随着洞口高度的增大而逐渐减小,这主要是洞口高度较大时,腹板净面积会大大减少,剩余截面承担的剪力明显减小而导致的。

②随着洞口高度的增大,洞口下方截面内的轴力没有多大变化(49% ~ 51%),说明洞口高度变化对主弯矩的影响较小。

4.3.5 洞口偏心的影响

由于组合梁的抗剪承载力与腹板净面积有直接的关系,从理论上讲腹板面积相等,抗剪承载力应该相同。组合梁腹板开洞后,洞口中心与钢梁形心轴之间的位置有3种情况,即重合、向上偏心、向下偏心。当洞口的大小和形状保持不变,由于洞口发生了偏心,洞口上方截面和洞口下方截面的面积就发生了变化,但是钢梁腹板剩余截面的净面积没有变化,这样是否对腹板开洞组合梁的受力性能带来影响?为研究洞口偏心对组合梁承载力的影响,共设计了3个不同洞口偏心距的试件,如图4.17和图4.18所示。为便于研究,作如下规定:向上偏

心时,偏心距为正值;向下偏心时,偏心距为负值。

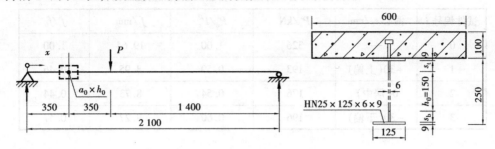

图 4.17 腹板开洞组合梁示意图及横截面尺寸(单位为 mm)

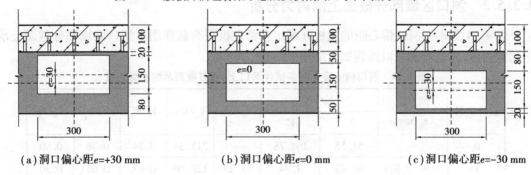

(a)洞口偏心距 e=+30 mm   (b)洞口偏心距 e=0 mm   (c)洞口偏心距 e=-30 mm

图 4.18 洞口偏心的变化

4.3.5.1 极限承载力和变形能力分析

通过计算得出不同洞口高度的腹板开洞钢-混凝土组合梁的荷载-变形曲线如图 4.19 和表 4.13 所示,可以得到如下结论:

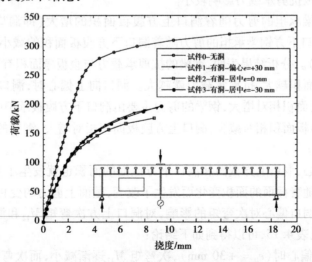

图 4.19 不同洞宽组合梁荷载-挠度曲线

①在洞口大小相同的情况下,洞口向上偏心和洞口向下偏心后组合梁的承载力有所提高,但提高幅度不大(54% ~60%),说明洞口偏心对承载力影响较小。

②在洞口大小相同的情况下,洞口偏心后组合梁的变形能力有所提高,但提高幅度不大(44% ~47%),同样说明洞口偏心对其变形能力没产生多大的影响。

表 4.13　洞高变化时各试件的极限荷载及加载点的挠度比较

试件编号 i	偏心 e_0/mm	P_u^i/kN	P_u^i/P_u^0	f_i/mm	f_i/f_0
0	—	326	1.00	19.64	1.00
1	+30(上偏)	193	0.59	8.95	0.46
2	0(居中)	176	0.54	8.73	0.44
3	−30(下偏)	196	0.60	9.27	0.47

4.3.5.2　洞口区域部分截面上的内力分析

表 4.14 为不同洞口偏心距的腹板开洞组合梁在极限荷载作用下洞口区域部分截面上承担的剪力值,通过对比可以得到如下结论:

表 4.14　洞口偏心变化时各试件洞口上、下方截面承担的剪力值

试件编号	偏心距 e_0/mm	V_t/kN		V_b/kN	V_g/kN	V_t^c/V_g	V_t^s/V_g	V_b/V_g
		V_t^c	V_t^s					
0	—	52.56	164.78	—	217.34	0.24	0.76	0.00
1	+30(上偏)	86.43	3.94	38.29	128.66	0.67	0.03	0.30
2	0(居中)	70.45	27.82	18.34	116.61	0.60	0.24	0.16
3	−30(下偏)	84.00	40.69	5.98	130.67	0.64	0.31	0.05

①3 种不同的洞口偏心距试件一致表明混凝土板承担了截面总剪力的 60% ~67%,说明洞口偏心对混凝土板抗剪承载力影响较小。

②洞口上方钢梁承担的剪力随着洞口上方腹板面积的增大(即洞口向下偏心)而增加(3% ~31%);而洞口下方钢梁承担的剪力随着洞口下方腹板面积的减小(即洞口向下偏心)而减小(30% ~5%)。分析结果表明,钢梁的抗剪承载力与腹板净面积有直接的关系,钢梁部分截面上的腹板净面积越大,抗剪承载力就越大。洞口向上偏心时,洞口上方腹板面积相对减少,洞口下方腹板面积相对增大,钢梁的剪力主要由洞口下方腹板承担(30%);而洞口向下偏心时,洞口下方腹板面积相对减少,洞口上方腹板面积相对增大,钢梁的剪力主要由洞口上方腹板承担(31%)。

随着洞口的偏心,洞口上方截面和洞口下方截面的面积也就发生了变化,洞口处各部分截面承担的剪力也随着截面的面积变化而发生了改变,截面上剪力的变化必然会引起次弯矩的变化。为了分析洞口偏心对次弯矩的影响,对洞口上方次弯矩 M_{12} 和洞口下方次弯矩 M_{34} 分别进行了分析,见表 4.15,可以得到如下结论:

①当洞口向上偏心时($e_0 = +30$ mm),次弯矩 M_{12} 逐渐减小,而次弯矩 M_{34} 逐渐增大;相反,当洞口向下偏心时($e_0 = -30$ mm),次弯矩 M_{12} 逐渐增大,而次弯矩 M_{34} 逐渐减小。可见,洞口偏心对次弯矩有较大的影响。其主要原因是洞口上方和下方钢梁承担的剪力随着洞口偏心的不同而发生了变化,从而导致次弯矩也发生了相应的变化。

②洞口偏心对洞口下方截面内的轴力没有产生多大的影响,而且都没有发挥最大塑性轴力 $N_{pl,b}$(37% ~47%)。说明洞口偏心变化对主弯矩的影响较小。

表 4.15　洞口偏心变化时各试件洞口区域次弯矩及轴力值

试件编号 i	偏心距 e_0/mm	$M_{12}^i = V_t \times a_0$ /(kN·m)	M_{12}^i/M_{12}^1	$M_{34}^i = V_b \times a_0$ /(kN·m)	M_{34}^i/M_{34}^1	N_b/kN	$N_{pl,b}$/kN	$N_b/N_{pl,b}$
1	+30	27.11	1.00	11.49	1.00	136.85	372.24	0.37
2	0	29.48	1.09	5.50	0.48	136.87	329.04	0.42
3	−30	37.41	1.38	1.79	0.16	134.60	285.84	0.47

图 4.20 为不同洞口偏心的组合梁主应力迹线分布。根据洞口区域主应力迹线的分布和方向可以看出洞口偏心时剪力在洞口处的传递路径。在剪弯区段截面上任一点都有正应力和剪应力存在,由单元体应力状态可知,它们的共同作用将产生主拉应力 σ_1 和主压应力 σ_3。从主应力迹线分布图中可以看出,洞口四角区域主应力迹线较密且迹线矢量较长,说明组合梁腹板开洞后四角存在应力突变与应力集中现象。当洞口向上偏心时($e_0 = +30$ mm),洞口上方钢梁的主应力迹线与梁轴线方向基本平行,说明剪应力较小,所传递的剪力很小;而洞口下方钢梁的主应力迹线与梁轴线方向基本呈 45°,如图 4.20(a)所示,说明剪应力较大,钢梁的剪力主要是从洞口下方传递到支座上。当洞口居中时($e_0 = 0$),洞口上方和下方钢梁的主应力迹线均与梁轴线方向基本呈 45°,如图 4.20(b)所示,说明剪应力较大,钢梁的剪力从洞口上方和下方分别传递到支座上。当洞口向下偏心时($e_0 = -30$ mm),洞口上方钢梁的主应力迹线与梁轴线方向基本呈 45°,如图 4.20(c)所示,说明剪应力较大,钢梁的剪力主要是从洞口上方传递到支座上;而洞口下方钢梁的主应力迹线与梁轴线方向基本平行,说明洞口下方钢梁主要承担弯矩(或轴力),而传递的剪力很小。

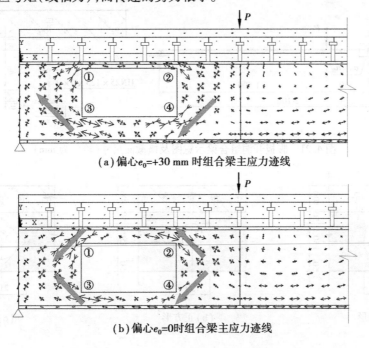

(a) 偏心 e_0=+30 mm 时组合梁主应力迹线

(b) 偏心 e_0=0 时组合梁主应力迹线

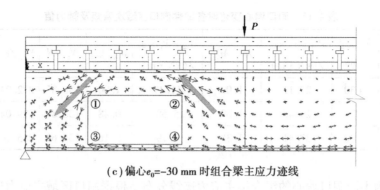

（c）偏心$e_0 = -30$ mm 时组合梁主应力迹线

图 4.20　不同洞口偏心距的组合梁主应力迹线分布图

4.3.6　洞口形状的影响

矩形洞口由于在工厂加工过程中具有施工方便的特点，在实际工程被广泛应用。但是在矩形洞口四角处由于截面的急剧变化而引起局部范围内应力显著增大的现象，即应力集中，从而削弱了构件的强度，降低了构件的承载能力。弹性理论研究表明，通过改变洞口形状能有效缓和洞口局部范围内应力集中程度。基于此受力特点，在洞口面积相同的情况下，为研究不同形状的洞口对组合梁承载力的影响，洞口形状包括圆形、正方形、棱形、六边形、长方形等，找出受力较为合理的一种或者几种洞口形状提供实际工程参考。为此，共设计了 6 个不同洞口形状的试件，其中洞口面积 $A = 22\,500$ mm^2，如图 4.21 和图 4.22 所示。为提高计算精度，对不同洞口形状组合梁单元进行了局部网格划分如图 4.23 所示。

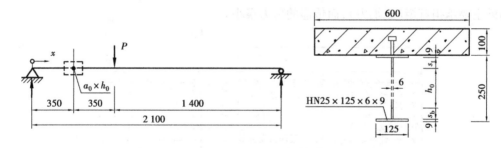

图 4.21　腹板开洞组合梁示意图及横截面尺寸（单位为 mm）

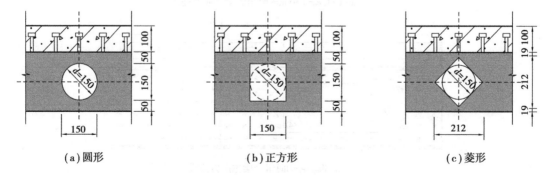

（a）圆形　　　　　　　　　（b）正方形　　　　　　　　　（c）菱形

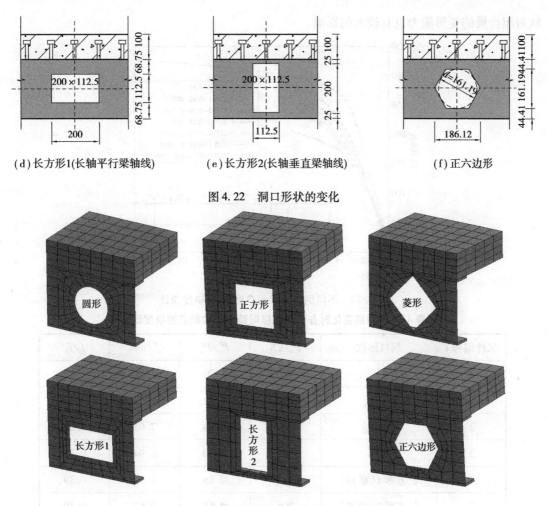

（d）长方形1(长轴平行梁轴线)　　　（e）长方形2(长轴垂直梁轴线)　　　（f）正六边形

图 4.22　洞口形状的变化

图 4.23　不同洞口形状组合梁局部单元网格划分图

4.3.6.1　极限承载力和变形能力分析

通过计算得出不同洞口形状的腹板开洞钢-混凝土组合梁的荷载-变形曲线如图 4.24 和表 4.16 所示，可以得到如下结论：

①在洞口面积相同的情况下，腹板开圆形、菱形、六边形洞口组合梁的承载力(78% ~ 92%)明显高于长方形、正方形(63% ~ 76%)，说明洞口形状对腹板开洞组合梁承载力有较大的影响。由于圆形洞口有效地缓和洞口局部范围内应力集中程度如图 4.26(a)所示，受力较为合理，所以与其他洞口形状相比设置圆形洞口组合梁承载力最高(92%)，同样菱形和正六边形与长方形相比，在一定程度上也减小了洞口局部范围内应力集中程度，如图 4.26(c)和4.26(f)所示。对于设置长方形洞口而言，长轴平行于梁轴线的承载力(76%)明显高于长轴垂直于梁轴线的承载力(63%)，因此，在实际工程中应避免将矩形洞口的长轴配置在垂直于受弯构件的轴线方向上，洞口的长轴平行于受弯构件的轴线方向有利于缓和洞口局部范围内应力集中程度如图 4.26(d)、(e)所示，受力较为合理。

②从 6 种不同洞口形状的试件变形能力同样可以看出，设置圆形洞口的试件变形能力较好(52%)，而其他 5 种洞口形状试件的变形能力有较大幅度降低(39% ~ 36%)，说明洞口形

状对组合梁的变形能力也有较大的影响。

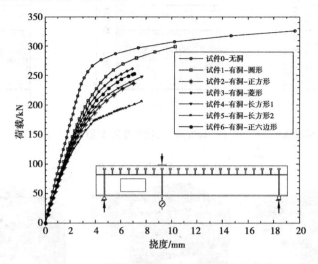

图 4.24　不同洞口形状组合梁荷载-挠度曲线

表 4.16　洞高变化时各试件的极限荷载及加载点的挠度比较

试件编号 i	洞口形状	P_u^i/kN	P_u^i/P_u^0	f_i/mm	f_i/f_0
0	—	326	1.00	19.64	1.00
1	圆形	299	0.92	10.28	0.52
2	正方形	237	0.73	7.01	0.36
3	菱形	261	0.80	6.94	0.35
4	长方形1(横向)	248	0.76	7.66	0.39
5	长方形2(竖向)	206	0.63	7.67	0.39
6	正六边形	253	0.78	7.09	0.36

4.3.6.2　洞口区域部分截面上的内力分析

表 4.17 为不同洞口形状的腹板开洞组合梁在极限荷载作用下部分截面上承担的剪力值,图 4.25 所示为洞口上、下方截面的抗剪承载力占总抗剪承载力的比例,通过对比可以得到如下结论:

表 4.17　洞口偏心变化时各试件洞口上、下方截面承担的剪力值

试件编号	洞口形状	V_t/kN		V_b/kN	V_g/kN	V_t^c/V_g	V_t^s/V_g	V_b/V_g
		V_t^c	V_t^s					
0	—	52.56	164.78	—	217.34	0.24	0.76	0.00
1	圆形	88.36	58.03	52.95	199.34	0.44	0.29	0.27
2	正方形	87.71	34.15	36.11	157.97	0.56	0.22	0.23
3	菱形	79.92	47.75	46.32	173.99	0.46	0.27	0.27

续表

试件编号	洞口形状	V_t/kN		V_b/kN	V_g/kN	V_t^c/V_g	V_t^s/V_g	V_b/V_g
		V_t^c	V_t^s					
4	长方形1	83.33	39.65	42.34	165.32	0.50	0.24	0.26
5	长方形2	80.24	29.18	28.58	138.00	0.58	0.21	0.21
6	正六边形	82.28	44.44	42.08	168.80	0.49	0.26	0.25

①6种相同洞口面积($A = 22\ 500\ \text{mm}^2$)而不同洞口形状的试件一致表明:组合梁腹板开洞后,剪力主要由洞口上方截面承担($V_t/V_g = 73\% \sim 79\%$),而洞口下方截面仅承担了截面总剪力的 $21\% \sim 27\%$,如图4.25所示。

②对洞口上方截面承担的剪力进一步分析发现:洞口上方截面的抗剪承载力又主要来自混凝土板($44\% \sim 58\%$),见表4.17,这说明混凝土对抗剪承载力有较大的贡献。

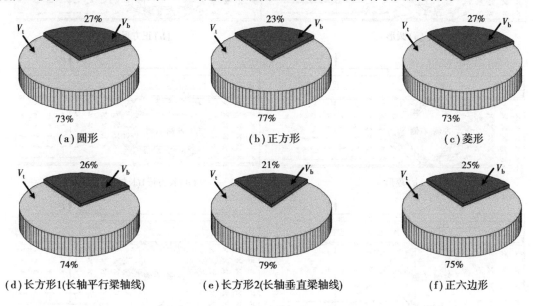

图4.25 洞口上、下方截面的抗剪承载力占总抗剪承载力的比例饼状图

图4.26所示为不同洞口形状的组合梁主应力迹线分布,根据洞口区域主应力迹线的分布和方向可以看出不同洞口形状引起的应力集中的程度以及剪力在洞口处的传递路径。从洞口区域主应力迹线矢量长度和密集程度可以看出不同洞口形状的洞口区域存在不同程度的应力集中现象。其中圆形、菱形和正六边形洞口周边主应力矢量长度较均匀,在一定程度上缓和洞口局部范围内应力集中程度如图4.26(a)、(c)和(f)所示;而正方形和长方形洞口四角处主应力矢量出现明显的峰值,洞口四角处存在明显的应力集中现象如图4.26(b)、(d)和(e)所示,从而导致承载力有较大的降低。再从洞口区域主应力迹线方向可以判断剪力在洞口处是如何传递的,如图4.26所示。洞口上方的剪力主要通过钢梁和混凝土板传递,其中一部分以主拉应力从洞口右侧通过钢梁传递到洞口左侧,并以主压应力传递到支座;另一部分通过栓钉连接件的组合作用,以主拉应力从洞口右侧通过混凝土板传递到洞口左侧,同样以主压应力传递到支座。而洞口下方的剪力主要通过钢梁传递,以主压应力形式从洞口右侧

通过钢梁传递到洞口左侧,并以主拉应力传递到支座。剪力在洞口上下方传递引起了相应的次弯矩,从而改变了洞口区域的主应力方向,而且主应力方向与 4 个次弯矩方向一致,进一步证明了采用空腹桁架模型分析腹板开洞组合梁的合理性。从不同洞口形状组合梁洞口区域的主应力迹线方向可以看出,圆形、菱形和正六边形洞口区域的主应力方向与梁轴线基本呈45°,且与洞口边界线基本平行,传力路径清晰,形成了一种类似于桁架腹部的拉-压杆受力模式;而正方形和长方形洞口区域的主应力方向与梁轴线大致呈 60°,在洞口边界线处部分主应力迹线发生了局部中断而不连续,特别是洞口高度大于钢梁高的 2/3 时,由于截面严重削弱,不利于力的传递,从而导致承载力有较大的降低。

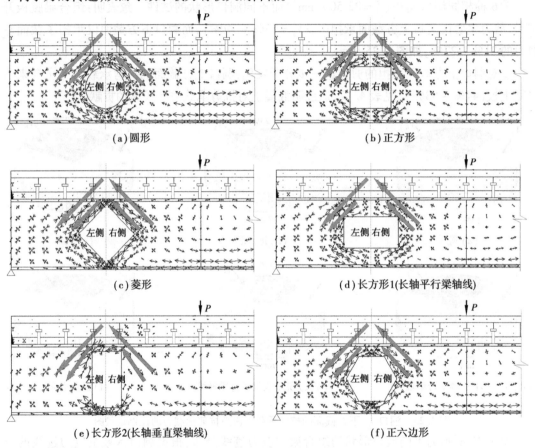

图 4.26　不同洞口形状组合梁主应力迹线分布

表 4.18 所示为不同洞口形状的腹板开洞组合梁在极限荷载作用下洞口区域的次弯矩和轴力值,通过对比可以看出:

表 4.18　洞口偏心变化时各试件洞口区域次弯矩及轴力值

试件编号 i	洞口形状	$M_s^i = (V_t + V_b) \times a_0$ $/(\text{kN} \cdot \text{m})$	M_s^i/M_s^1	N_b/kN	$N_{pl,b}/\text{kN}$	$N_b/N_{pl,b}$
1	圆形	29.90	1.00	219.99	329.04	0.67
2	正方形	23.69	0.79	191.28	329.04	0.58
3	菱形	26.10	0.87	134.60	284.40	0.47

续表

试件编号 i	洞口形状	$M_s^i = (V_t + V_b) \times a_0$ /(kN·m)	M_s^i / M_s^1	N_b/kN	$N_{pl,b}$/kN	$N_b / N_{pl,b}$
4	长方形 1	33.06	1.11	195.67	356.04	0.55
5	长方形 2	15.53	0.52	174.46	293.04	0.60
6	正六边形	25.32	0.85	208.41	320.99	0.65

①在洞口面积相同的情况下,长方形洞口对次弯矩影响较大,长轴平行于梁轴线的长方形 1 次弯矩最大,长轴垂直于梁轴线的长方形 2 次弯矩最小。

②由于洞口下方截面面积大小是影响主弯矩大小的重要因素,因此不同洞口形状的试件对洞口下方截面内的轴力有较大的影响(47% ~ 67%),而且都没有发挥最大塑性轴力 $N_{pl,b}$,说明洞口形状变化对主弯矩有一定的影响。

4.3.7　洞口中心弯剪比 M/V 的影响

洞口中心截面处的弯剪比 M/V 反映了洞口处弯矩与剪力的相对大小。当 M/V 较小时说明洞口处受到弯矩作用较小而剪力较大,当 M/V 较大时说明洞口处受到弯矩作用较大而剪力较小,因此洞口中心弯剪比 M/V 是决定腹板开洞组合梁受力性能的重要因素,主要影响包括洞口区域主弯矩和次弯矩的大小、组合梁的承载力和变形能力。为此共设计了 3 个不同弯剪比的跨中集中荷载作用下简支组合梁试件,洞口中心弯剪比分别为 $M/V = 0.45$ m、0.80 m、1.15 m,试件尺寸如图 4.27 所示。

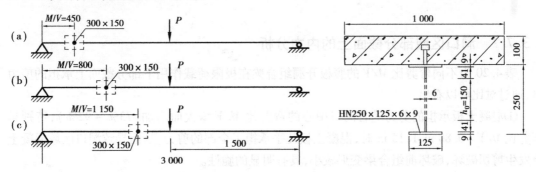

图 4.27　开洞组合梁试件详图与横截面尺寸(单位为 mm)

4.3.7.1　极限承载力和变形能力分析

为了研究洞口中心的弯剪比 M/V 对组合梁承载力的影响,对 3 个不同弯剪比试件进行了非线性有限元模拟计算,并与无洞组合梁比较。荷载-变形曲线如图 4.28 所示,各试件的极限荷载和跨中挠度值见表 4.19。通过对比可以得到如下结论:

①从荷载-变形曲线图可以看出,组合梁的承载力随着洞口中心弯剪比 M/V 的增大而减小 (86% ~ 67%)。在荷载作用初期($P < 158$ kN),3 个开洞组合梁试件的荷载-变形曲线基本重合,说明在荷载作用初期洞口中心的弯剪比对组合梁的刚度影响较小。

②随着洞口中心弯剪比 M/V 的增大,组合梁的变形能力有较大幅度降低($61\% \sim 22\%$),说明洞口中心弯剪比对组合梁的变形能力有较大的影响。

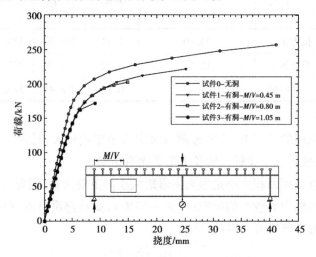

图 4.28　不同弯剪比组合梁荷载-挠度曲线

表 4.19　洞口中心弯剪比 M/V 变化时各试件的极限荷载及跨中挠度

试件编号 i	$M/V/m$	P_u^i/kN	P_u^i/P_u^0	f_i/mm	f_i/f_0
0	—	257	1.00	41.16	1.00
1	0.45	221	0.86	25.10	0.61
2	0.80	202	0.79	14.90	0.36
3	1.15	171	0.67	9.02	0.22

4.3.7.2　洞口区域部分截面上的内力分析

表 4.20 为不同弯剪比 M/V 的腹板开洞组合梁在极限荷载作用下部分截面上承担的剪力值,通过对比可以看出:

①混凝土板承担的剪力随着洞口中心的弯剪比 M/V 增大而增加($73\% \sim 92\%$),特别是弯剪比 $M/V = 0.80\ m$、$1.15\ m$ 时,混凝土板几乎承担了全部的剪力,从而导致洞口区域混凝土板发生剪切破坏,破坏前组合梁变形较小,具有明显的脆性。

②钢梁承担的剪力随着洞口中心的弯剪比 M/V 增大而减小($27\% \sim 8\%$)。特别是弯剪比 $M/V = 0.80\ m$、$1.15\ m$ 时,洞口下方钢梁几乎不再承担剪力(仅 $5\% \sim 1\%$)。

表 4.20　洞口中心弯剪比 M/V 变化时各试件洞口上、下方截面承担的剪力值

试件编号 i	$M/V/m$	V_t/kN		V_b/kN	V_g/kN	V_t^c/V_g	V_t^s/V_g	V_b/V_g
		V_t^c	V_t^s					
0	—	35.36	93.14	—	128.50	0.28	0.72	0.00
1	0.45	80.72	13.85	16.32	110.89	0.73	0.12	0.15
2	0.80	87.75	7.98	5.16	100.89	0.87	0.08	0.05
3	1.15	79.39	6.35	0.11	85.85	0.92	0.07	0.01

表 4.20 为不同弯剪比 M/V 的腹板开洞组合梁在极限荷载作用下洞口区域的次弯矩和轴力值，通过对比可以看出：

①随着洞口中心的弯剪比 M/V 的增大，次弯矩逐渐减小（91%～77%），如图 4.29 所示，其主要原因弯剪比较大时，洞口截面上承担的剪力相对减小了。

②随着洞口中心的弯剪比 M/V 的增大，洞口下方截面内的轴力不断增加（48%～98%），特别是弯剪比 $M/V=0.80$ m、1.15 m 时，洞口下方截面几乎达到了最大塑性轴力 $N_{pl,b}$（96%～98%），说明轴力引起的主弯矩也已经达到极限值 $M_{pl}=N_{pl,b}\times Z$，如图 4.29 所示。此时，洞口下方截面的材料强度全被轴力消耗了，几乎不再承担剪力，见表 4.20。

洞口中心弯剪比 M/V 变化时各试件洞口区域次弯矩及轴力值见表 4.21。

表 4.21　洞口中心弯剪比 M/V 变化时各试件洞口区域次弯矩及轴力值

试件编号 i	M/V /m	$M_s^i=(V_t+V_b)\times a_0$ /(kN·m)	M_s^i/M_s^1	N_b/kN	$N_{pl,b}$/kN	$N_b/N_{pl,b}$
1	0.45	33.27	1.00	159.30	329.04	0.48
2	0.80	30.26	0.91	316.80	329.04	0.96
3	1.15	25.76	0.77	322.58	329.04	0.98

以上分析表明洞口中心弯剪比 M/V 是影响洞口区域主弯矩和次弯矩、组合梁承载力的重要因素。然而不同弯剪比 M/V 腹板开洞组合梁的受力情况可以用空腹桁架模型来分析。

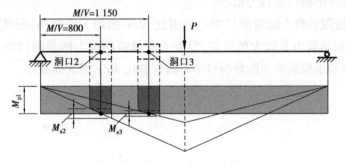

图 4.29　不同洞口弯剪比的受力模型

根据腹板开洞组合梁的受力特点可知：当洞口较大时，一般是由于洞口区域承载力不足而发生破坏。当采用空腹桁架模型进行分析时，洞口区域的承载力由主弯矩和次弯矩的大小决定，即 $M_g=M_{pr}+M_{se}$。为研究不同弯剪比 M/V 腹板开洞组合梁对承载力的影响，选以上洞口中心弯剪比 $M/V=0.80$ m、1.15 m 两种情况进行分析，如图 4.29 所示。假设这两种情况的极限荷载分别为 P_2 和 P_3。从表 4.21 可知，当弯剪比 $M/V\geqslant0.80$ m，轴力引起的主弯矩都已经达到极限值 M_{pr}，如图 4.29 中阴影部分表示这两种情况在洞口中心处都有相同的主弯矩 M_{pr}。但是随着洞口中心弯剪比 M/V 的增加，剪力相对减小，同样次弯矩也逐渐减小。洞口中心弯剪比小时，次弯矩就大；相反，洞口中心弯剪比大时，次弯矩就小，即 $M_{s2}>M_{s3}$，如图 4.29 中两个深灰色梯形部分。而这两种情况洞口中心的总弯矩分别为：$M_{g2}=M_{pl}+M_{s2}$，$M_{g3}=M_{pl}+M_{s3}$，于是 $M_{g2}>M_{g3}$，所以 $P_2>P_3$，如图 4.29 所示。这就是腹板开洞组合梁的承载力随着洞口中心弯剪比 M/V 的增大而减小的主要原因。

4.4　本章小结

本章对影响腹板开洞组合梁受力性能的因素:混凝土板厚度、配筋率、洞口宽度、洞口高度、洞口偏心、洞口形状、洞口中心弯剪比等进行了参数分析,得出如下主要结论:

①随着混凝土板厚的增加,混凝土板承担的剪力逐渐增加,而钢梁承担的剪力相对减小;并且轴力也随着混凝土板厚的增加而增加,组合梁承载力有较大幅度提高。

②混凝土板配筋率的增大提高了组合梁的变形能力,但对组合梁的剪力和轴力的影响较小。

③随着洞口宽度的增大,组合梁的承载力明显降低,而且次弯矩随着洞口宽度的增大而增大,组合梁在洞口处容易发生"空腹破坏",因此本书建议洞口宽度不宜大于洞口高度的2倍。

④随着洞口高度的增大,钢梁腹板净面积相对减小,剪力主要由混凝土板承担,组合梁在洞口处容易发生"剪切破坏",因此本书建议洞口高度不宜大于钢梁高度的1/2倍。

⑤洞口偏心对组合梁的极限承载力和变形能力影响较小,但对抗剪承载力有较大的影响。洞口向上偏心时,钢梁的剪力主要由洞口下方腹板承担;洞口向下偏心时,钢梁的剪力主要由洞口上方腹板承担。

⑥在开洞面积相同的情况下,洞口形状对组合梁的承载力有较大的影响,其中圆形洞口承载力最大,而长方形洞口承载力最小。

⑦组合梁的极限承载力随着洞口中心弯剪比 M/V 的增大而减小,而且洞口中心弯剪比 M/V 对组合梁抗剪承载力有较大的影响,混凝土板承担的剪力随着洞口中心的弯剪比 M/V 增大而增加,而钢梁承担的剪力随着洞口中心的弯剪比 M/V 增大而减小。

第5章
腹板开洞组合梁的加强方法研究

5.1 引 言

在多层或高层房屋结构设计中,采用腹板开洞组合梁或钢梁等构件代替实腹梁构件,让各种管道从腹板洞口处穿过,便能减少这些管道设施对建筑空间的占用,在层高不变的情况下,房屋净高得到了提高。因此腹板开洞组合梁在实际工程中有着广阔的应用前景。但是,试验研究和有限元分析表明,由于洞口的存在削弱了组合梁的截面,使得组合梁的刚度和承载力明显降低。如何提高腹板开洞组合梁承载力一直是研究人员所关心的问题。

目前,国内外对腹部开洞钢筋混凝土梁和钢梁的加强措施研究相对较多[180-186],我国《高层建筑混凝土结构技术规程》[187]和《高层民用建筑钢结构技术规程》[188]对开洞钢筋混凝土梁和开洞钢梁在节点构造上规定了一些相关的构造要求。而对腹板开洞组合梁的加强措施缺乏研究,也没有相关的规范和规程可循。鉴于这种情况,本书首先总结出钢筋混凝土梁和钢梁开洞口后一些传统的加强方法,然后对腹板开洞组合梁的加强方法进行研究,提出更有效的洞口加强方法,比如在洞口处设置斜向人字形加劲肋形成斜腹杆或设置弧形加劲肋形成小拱跨越洞口等,以达到减小由于开洞对承载力的损失,最大限度地提高腹板开洞组合梁的承载力,为开洞组合梁在实际工程中的应用提供参考。

5.2 不同类型构件的洞口加强方法

5.2.1 钢筋混凝土梁腹部开洞构造要求

1)洞口尺寸和位置

当管道穿过钢筋混凝土梁时,可以在梁腹部预留孔洞,其洞口必须满足相应的构造措施。洞口位置应避开梁端塑性铰区,尽可能设置在剪力较小的跨中 $l/3$ 区域内,必要时也可以设置在梁端 $l/3$ 区域。洞口一般居中设置,当梁截面较高时,必要时洞口偏心宜偏向受拉区。对于矩形洞口,偏心距 e_0 不宜大于 $0.05h$,如图 5.1(a)所示;对于圆形洞口,偏心距 e_0 不宜大于

0.1h,如图 5.1(b)所示。

矩形洞口的尺寸及位置应满足表 5.1 的规定。洞口长度与高度之比值 a_0/h_0 应满足:跨中 $l/3$ 区域内不大于 6;梁端 $l/3$ 区域内不大于 3。

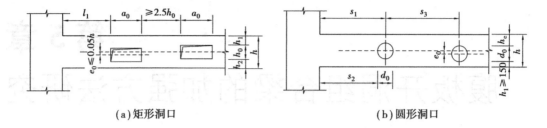

(a)矩形洞口　　　　　　　　　　　　　　　(b)圆形洞口

图 5.1　钢筋混凝土梁洞口尺寸和位置设置示意图

表 5.1　矩形洞口尺寸及位置

分类	跨中 $l/3$ 区域			梁端 $l/3$ 区域			
	h_0/h	a_0/h	h_1/h	h_0/h	a_0/h	h_1/h	l_1/h
非抗震设计	≤0.40	≤1.60	≥0.30	≤0.30	≤0.80	≥0.35	≥1.00
抗震设计	≤0.40	≤1.60	≥0.30	≤0.30	≤0.80	≥0.35	≥1.50

圆形洞口的尺寸及位置应满足表 5.2 的规定。对于 $d_0/h \leq 0.2$ 及 150 mm 的小直径洞口,圆形洞口中心的偏心距位置应满足: $-0.1h \leq e_0 \leq 0.2h$(负号表示偏向受压区)和 $s_2 \geq 0.25h$ 的要求;对于抗震设防地区,圆形洞口的梁端塑性铰位置宜向跨中偏移 $1.0h$ 的距离。

表 5.2　圆形洞口尺寸及位置

分类	跨中 $l/3$ 区域			梁端 $l/3$ 区域			
	d_0/h	h_c/h	s_3/d_0	d_0/h	h_c/h	s_2/h	s_3/d_0
非抗震设计	≤0.40	≥0.30	≥2.00	≤0.30	≥0.35	≥1.00	≥2.00
抗震设计	≤0.40	≥0.30	≥2.00	≤0.30	≥0.35	≥1.50	≥3.00

2)腹部开洞钢筋混凝土梁洞口配筋构造要求

(1)矩形洞口

①当矩形洞口的高度小于 $h/6$ 或 100 mm,且洞口长度 a_0 小于时 $h/3$ 或 200 mm 时,其洞口周边加强筋可按构造设置。上、下弦杆纵向钢筋 A_{s2}、A_{s3} 可采用 2ϕ10 ～ 2ϕ12,箍筋采用不小于 ϕ6 或与该梁本区域箍筋直径相同,间距不应大于 0.5h_1 或 0.5h_2 及 50 mm,洞口边竖向箍筋在 l_a 范围内应加密,间距 50 mm,如图 5.2 所示。

②当矩形洞口尺寸超过上述规定时,洞口上、下弦杆纵向配筋应按计算确定,但不应小于按构造要求设置的配筋。

(2)圆形洞口

①当圆形洞口的直径 d_0 小于 $h/10$ 或 100 mm,洞口周边可不设置补强钢筋。

②当圆形洞口的直径 d_0 小于 $h/5$ 或 150 mm,洞口周边加强筋可按构造设置,上、下弦杆

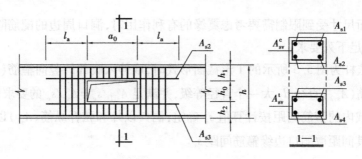

图 5.2　矩形洞口配筋构造

纵向钢筋 A_{s2}、A_{s3} 可采用 $2\phi10 \sim 2\phi12$,箍筋采用不小于 $\phi6$ 或与该梁本区域箍筋直径相同,其间距不应大于 $0.5h_1$ 或 $0.5h_2$ 及 50 mm;洞口两侧补强钢筋宜靠近洞口两侧放置,其直径不小于 $2\phi12$。

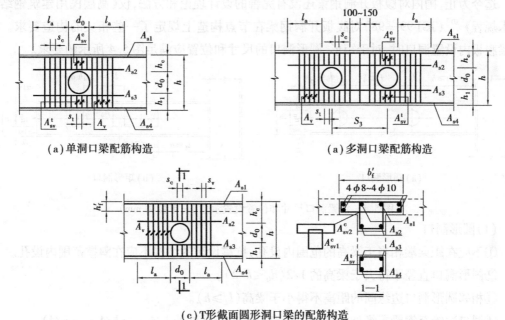

（a）单洞口梁配筋构造　　　　　　　（a）多洞口梁配筋构造

（c）T形截面圆形洞口梁的配筋构造

图 5.3　圆形洞口周边配筋构造（单位为 mm）

③当圆形洞口的直径 d_0 超过上述规定时,洞口周边的配筋应按计算确定,但不应小于按构造要求设置的钢筋。同时,弦杆纵筋不宜小于 $2\phi12$。

洞口上、下弦杆纵向钢筋 A_{s2}、A_{s3} 可按下列原则进行选用,并不得小于梁受压区纵向钢筋 A_{s1}:

当 $d_0 \leq 200$ mm 时,采用 $2\phi12$;

当 200 mm $< d_0 \leq 400$ mm 时,采用 $2\phi14$;

当 400 mm $< d_0 \leq 600$ mm 时,采用 $2\phi16$。

洞口两侧的箍筋应布置在加密范围 l_a 内,并尽量靠近洞口边缘,靠近洞口边缘的竖向箍筋不小于 $\phi6$ 或与该梁本区域箍筋直径相同,其与第二个竖向箍筋的间距宜和弦杆内箍筋间距一致。

④T 形截面梁当翼缘位于受压区时,一般可按矩形截面梁设计,而不考虑翼缘的有利作

用。当由于截面尺寸受到限制需要考虑翼缘的有利作用时,洞口周边的配筋除满足上述构造要求外,尚应满足下列要求:

a. 当受压弦杆为图 5.3 所示的 T 形截面形式时,取伸入腹部的竖向箍筋(A_{sv1}^c)直径 d_1 比在翼缘内的箍筋(A_{sv2}^c)直径 d_2 大一个直径等级,并满足 $A_{sv1}^c/s_c = A_{sv}^c/s_c$ 的要求;

b. 洞口区域内的箍筋间距按计算值 s_c 确定;洞口以外和弦杆纵筋(A_{s2})以内的翼缘宜设置箍筋(A_{sv2}^c),其间距取洞口边缘箍筋间距 s_v。

5.2.2 钢梁腹板开洞构造要求

1)洞口尺寸和位置

迄今为止,国内对腹板开洞钢梁还没有完善的设计理论和方法,仅《高层民用建筑钢结构技术规程》[20](JGJ 99—98)对腹板开洞钢梁在节点构造上规定了一些相关的构造要求。在钢梁腹板内设置洞口时,对于矩形、圆形洞口的尺寸和位置应满足图 5.4 所示的要求。

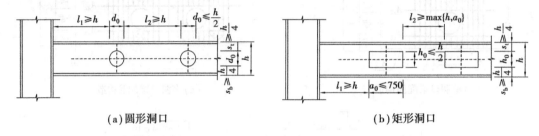

(a)圆形洞口　　　　　　　　　　(b)矩形洞口

图 5.4　钢梁洞口尺寸和位置设置示意图(单位为 mm)

(1)圆形洞口

①不应在距梁端相当于梁高的范围内设孔,抗震设防的结构不应在隔撑范围内设孔。

②圆形洞口直径不得大于梁高的 $1/2(d_0 \leqslant h/2)$。

③相邻圆形洞口边缘间的距离不得小于梁高($l_2 \geqslant h$)。

④洞口边缘至钢梁翼缘外皮之间的距离不得小于梁高的 $1/4(s_t \geqslant h/4, s_b \geqslant h/4)$。

(2)矩形洞口

①矩形洞口与相邻洞口边缘之间的距离 l_2 不得小于梁高 h 或矩形洞口长度 a_0 中之较大值($l_2 \geqslant \max\{h, a_0\}$)。

②洞口上、下边缘至钢梁翼缘外皮之间的距离不得小于梁高的 $1/4(s_t \geqslant h/4, s_b \geqslant h/4)$。

③矩形洞口高度不得大于梁高的 $1/2(h_0 \leqslant h/2)$。

④矩形洞口长度不得大于 750 mm($a_0 \leqslant h/2$)。

2)腹板开洞钢梁洞口补强措施

当管道穿过钢梁时,腹板中的洞口应予补强。补强时,弯矩可仅由翼缘承担,剪力由开洞后剩余腹板和补强板共同承担。

(1)圆形洞口

①当圆形洞口的直径小于或等于 1/3 梁高($d_0 \leqslant h/3$)时,洞口周边可不予补强。

②当圆形洞口的直径大于 1/3 梁高($d_0 > h/3$)时,可用套管加强[图 5.5(a)]或环形加劲

肋加强［图 5.5(b)］。

③圆形洞口用套管补强时,其厚度不宜小于钢梁腹板厚度($t_s \geqslant t_w$)。

④圆形洞口的加劲肋截面不宜小于 $100\ mm \times 10\ mm$,加劲肋边缘至洞口边缘的距离不宜大于 $12\ mm(s_e \leqslant 12\ mm)$。

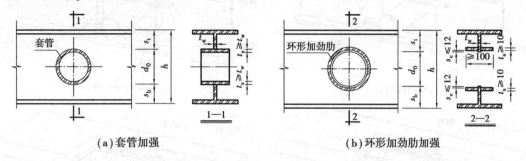

(a)套管加强　　　　　　　　　　　　　(b)环形加劲肋加强

图 5.5　钢梁圆形洞口的补强(单位为 mm)

(2)矩形洞口

①矩形洞口上下边缘的纵向加劲肋端部伸至洞口边缘以外各 $300\ mm(l_a = 300\ mm)$。

②当矩形洞口长度大于梁高($a_0 > h$)时,其横向加劲肋应沿梁全高设置。

③矩形洞口的加劲肋截面不宜小于 $120\ mm \times 12\ mm$。

④当洞口长度大于 $500\ mm(a_0 > 500\ mm)$时,应在梁腹板两面设置加劲肋。

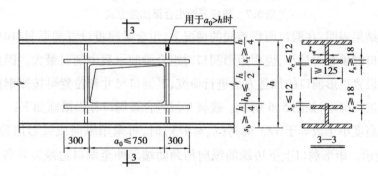

图 5.6　钢梁矩形洞口的补强(单位为 mm)

5.2.3　组合梁腹板开洞加强方法

　　由以上两种构件洞口加强方法可知:传统加强方式的特点是在洞口周边设置加强钢筋或加劲肋,在一定程度上提高了开洞构件的承载力和变形能力。但由于洞口周边加强钢筋间距较密或加劲肋较多从而导致施工难度较大。鉴于目前我国对腹板开洞组合梁还缺乏该方面的研究,也没有相关的设计理论和方法。因此本书在传统的加强方式(纵向加劲肋和横向加劲肋)基础上,针对腹板开洞组合梁提出两种更有效的洞口加强方法,比如在洞口处设置斜向人字形加劲肋形成斜腹杆或设置弧形加劲肋形成小拱跨越洞口,如图 5.7 所示,使洞口处的抗剪能力得到进一步的提高,以达到减小由于开洞对承载力的损失,最大限度地提高腹板开洞组合梁的承载力。

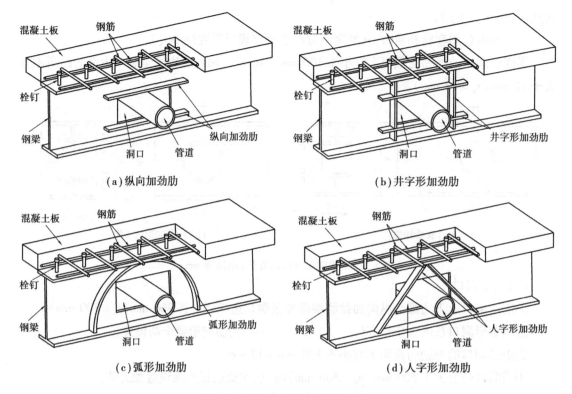

（a）纵向加劲肋　　　　　　　　　　　（b）井字形加劲肋

（c）弧形加劲肋　　　　　　　　　　　（d）人字形加劲肋

图 5.7　腹板开洞组合梁加强方式

数值计算结果表明:在洞口面积相同的情况下,组合梁腹板设置圆形洞口时承载力最大,而设置矩形洞口时承载力最小,说明矩形洞口对组合梁的承载力削弱最大。因此本书主要针对组合梁腹板设置矩形洞口的加强方法进行研究,其洞口尺寸和位置可按照钢梁腹板设置矩形洞口的要求进行确定,如图 5.6 所示。腹板开洞组合梁洞口补强措施如下:

①当洞口高度小于或等于 1/3 梁高($h_0 \leq h/3$)时,可采用纵向或弧形加劲肋补强,如图 5.7(a)、(c)所示。矩形洞口上下边缘的纵向加劲肋端部伸至洞口边缘以外各 300 mm($l_a = 300$ mm)。

②当洞口高度大于 1/3 梁高($h_0 > h/3$)或洞口长度大于梁高($a_0 > h$)时,应采用井字形或人字形加劲肋补强,如图 5.7(b)、(d)所示。其横向加劲肋应沿梁全高设置,人字形加劲肋与翼缘的夹角保持在 45°～60°为宜。

③矩形洞口的加劲肋截面不宜小于 120 mm × 12 mm。

④当洞口长度大于 500 mm($a_0 > 500$ mm)时,应在梁腹板两面设置加劲肋。

5.3　不同加强方式对腹板开洞组合梁受力性能的影响分析

根据本书提出的几种不同腹板开洞组合梁的洞口加强方式,采用有限元方法对其进行非线性数值模拟计算,研究不同洞口加强方式对组合梁受力性能的影响,找出最有效的洞口加强方法。试件的几何尺寸如图 5.8 所示,洞口加强方式如图 5.9 所示,所有加劲肋均采用

120 mm×12 mm 钢板,其材料各项力学性能参数取值与钢梁母材的试验结果相同。各试件的加劲肋布置方式包括以下几种情况:

①洞口下方设置纵向加劲肋,即加强洞口下边。

②洞口上方设置纵向加劲肋,即加强洞口上边。

③洞口两侧设置横向加劲肋,即加强洞口左、右两边。

④洞口周边设置井字形加劲肋,即加强洞口上、下、左、右 4 边。

⑤洞口周边设置弧形加劲肋,即在洞口区域形成小拱。

⑥洞口周边设置人字形加劲肋,即在洞口区域形成斜腹杆。

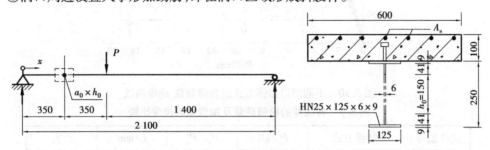

图 5.8　腹板开洞组合梁示意图及横截面尺寸(单位为 mm)

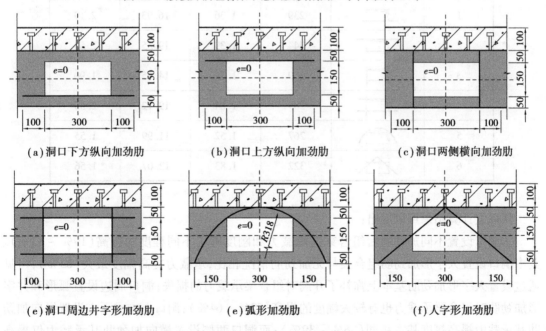

（a）洞口下方纵向加劲肋　　　（b）洞口上方纵向加劲肋　　　（c）洞口两侧横向加劲肋

（e）洞口周边井字形加劲肋　　　（e）弧形加劲肋　　　（f）人字形加劲肋

图 5.9　洞口加强方式

5.3.1　极限承载力和变形能力比较

为了研究不同洞口加强方式对组合梁承载力和变形能力的影响,对图 5.9 中 6 个试件进行了非线性有限元模拟计算,并与洞口没有设置加劲肋的组合梁进行比较。各试件的荷载-变形曲线如图 5.10 所示,最大极限荷载及相应的挠度值见表 5.3。

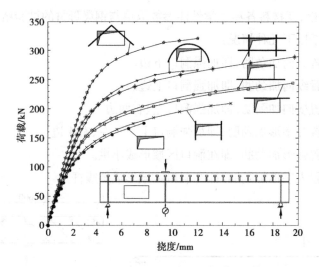

图 5.10　不同洞口加强方式组合梁荷载-挠度曲线

表 5.3　各试件的极限荷载及加载点的挠度比较

试件编号 i	加强方式	P_u^i/kN	P_u^i/P_u^0	f_i/mm	f_i/f_0
0		176	1.00	7.73	1.00
1		239	1.36	16.93	2.19
2		244	1.39	19.55	2.53
3		209	1.19	14.65	1.90
4		289	1.64	19.72	2.55
5		267	1.52	11.99	1.55
6		322	1.83	12.07	1.56

从以上计算结果可以看出：

①洞口设置不同加劲肋后组合梁的承载力和刚度有了不同程度的提高（19%～83%）。其中洞口设置人字形加劲肋组合梁与无加劲肋情况相比，承载力提高幅度最大（83%），可见通过设置人字形加劲肋基本上弥补了开洞对组合梁承载力的损失；洞口周边设置弧形和井字形加劲肋时组合梁承载力也有较大幅度的提高（52%～64%）；洞口上方或下方设置纵向加劲肋其承载力提高幅度基本相同（36%～39%）；而洞口两侧设置横向加劲肋其承载力仅提高（19%）。从承载力提高幅度方面分析，人字形、弧形和井字形加劲肋是最有效的洞口加强方式。

②同样，洞口设置加劲肋后组合梁的变形能力均有较大幅度的提高，其中洞口设置纵向、横向加劲肋时变形能力最大，试件从屈服阶段直到最大承载力整个过程经历了较大的塑性变形，试件具有较好的延性；洞口设置弧形和人字形加劲肋时变形能力也有较大幅度的提高（55%～56%），说明洞口设置加劲肋对组合梁的变形能力有较大的影响。

5.3.2　不同加强方式对抗剪承载力的影响

　　试验和有限元结果表明:实腹组合梁(无洞组合梁)的剪力主要由钢梁腹板承担(76%)。但是在组合梁的腹板上开洞后,原可承担剪力的大部分腹板面积已不存在,所以钢梁腹板仅承担小部分剪力(30% ~ 40%),而剪力主要由混凝土板来承担(60% ~ 70%)。虽然可以通过增加混凝土板厚或配筋率等方式来提高腹板开洞组合梁的抗剪承载力,但是提高幅度有限。那么是否在钢梁洞口周边通过设置加劲肋来提高抗剪承载力? 表5.4 为不同洞口加强方式的腹板开洞组合梁在极限荷载作用下部分截面上承担的剪力值,图 5.11 所示为混凝土板、钢梁的抗剪承载力占总抗剪承载力的比例。

表5.4　不同洞口加强方式各试件洞口上、下方截面承担的剪力值

试件编号 i	加强方式	V_t/kN		V_b/kN	V_g/kN	V_t^c/V_g	V_t^s/V_g	V_b/V_g
		V_t^c	V_t^s					
0	▱	70.45	27.82	18.34	116.61	0.60	0.24	0.16
1	┌─┐	87.91	20.46	50.76	159.13	0.55	0.13	0.32
2	┌─┐	88.19	54.81	19.95	162.95	0.54	0.34	0.12
3	┝─┤	82.73	27.82	29.18	139.73	0.59	0.20	0.21
4	╫─╫	88.73	55.59	48.31	192.63	0.46	0.29	0.25
5	⌒	87.44	57.31	33.22	177.97	0.49	0.32	0.19
6	∧	64.79	119.80	30.51	215.10	0.30	0.56	0.14

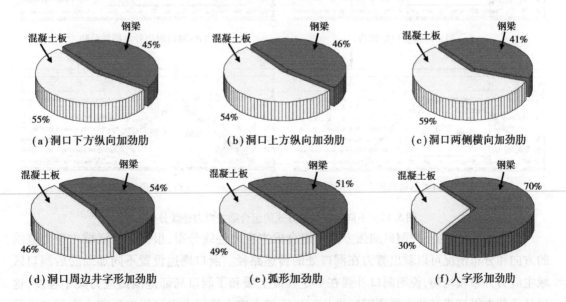

(a)洞口下方纵向加劲肋　　(b)洞口上方纵向加劲肋　　(c)洞口两侧横向加劲肋

(d)洞口周边井字形加劲肋　　(e)弧形加劲肋　　(f)人字形加劲肋

图5.11　混凝土板、钢梁的抗剪承载力分别占总抗剪承载力的比例饼状图

从以上计算结果可以看出：

①当洞口下方设置纵向加劲肋时(洞口下方得到加强)，钢梁的剪力主要由洞口下方腹板与加劲肋共同承担(32%)；相反，当洞口上方设置纵向加劲肋时(洞口上方得到加强)，钢梁的剪力主要由洞口上方腹板与加劲肋共同承担(34%)。可见，纵向加劲肋对抗剪承载力有较大的贡献。而洞口两侧设置横向加劲肋时(洞口左、右边得到加强)，洞口上、下方钢梁承担的剪力没有什么变化，说明横向加劲肋对抗剪承载力没有多大的贡献。

②当洞口周边设置井字形(在洞口区域形成封闭式框架)、弧形(在洞口区域形成小拱)、人字形(在洞口区域形成斜腹杆)加劲肋时，钢梁的抗剪承载力有了较大幅度的提高(51% ~ 70%)(图5.11)，特别是设置人字形加劲肋时，钢梁与加劲肋承担了截面上大部分的剪力(70%)，可见设置人字形加劲肋时基本上弥补了腹板开洞对组合梁抗剪承载力的损失。因此，当开洞组合梁抗剪承载力不足时建议采用人字形加劲肋对洞口进行补强。

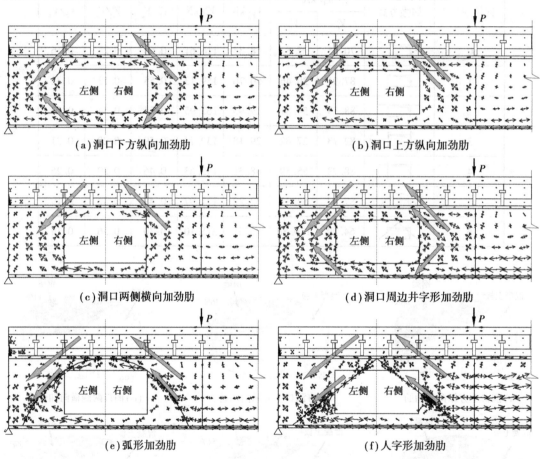

(a)洞口下方纵向加劲肋　　　　　　　　　(b)洞口上方纵向加劲肋

(c)洞口两侧横向加劲肋　　　　　　　　　(d)洞口周边井字形加劲肋

(e)弧形加劲肋　　　　　　　　　　　　　(f)人字形加劲肋

图5.12　不同洞口加强方式的组合梁主应力迹线分布

图5.12所示为不同洞口加强方式的组合梁主应力迹线分布，根据洞口区域主应力迹线的方向和分布情况可以看出剪力在洞口处的传递路径。洞口周边设置不同加劲肋后洞口区域主应力分布较均匀，说明洞口补强在一定程度上缓和了洞口局部范围内应力集中程度，这也是承载力得到提高的主要原因。再从洞口区域主应力迹线方向可以判断剪力在洞口处是如何传递的，水平方向的主应力主要是弯矩或轴力引起的，与梁轴线呈一定倾角的主应力主

要是剪力引起的。当洞口下方设置纵向加劲肋时,一部分剪力是主要通过洞口下方的加劲肋和腹板传递,以主压应力形式从洞口右侧传递到洞口左侧,并以主拉应力传递到支座;另一部分剪力通过栓钉连接件的组合作用,以主拉应力从洞口右侧通过混凝土板传递到洞口左侧,以主压应力传递到支座,如图 5.12(a)所示。当洞口上方设置纵向加劲肋时,剪力主要是通过洞口上方截面传递,其中一部分以主拉应力从洞口右侧通过洞口上方的加劲肋和腹板传递到洞口左侧,并以主压应力传递到支座;另一部分通过栓钉连接件的组合作用,以主拉应力从洞口右侧通过混凝土板传递到洞口左侧,同样以主压应力传递到支座;而洞口下方的主应力迹线基本呈水平方向,说明主要承担轴力或弯矩,如图 5.12(b)所示。当洞口两侧设置横向加劲肋时,剪力主要通过栓钉连接件的组合作用从洞口上方混凝土板传递;洞口上、下方的钢梁主应力迹线基本呈水平方向,传递的剪力较小,如图 5.12(c)所示。当洞口周边设置井字形加劲肋时,洞口上方的剪力主要通过加劲肋、腹板和混凝土板传递,其中一部分以主拉应力从洞口右侧通过钢梁传递到洞口左侧,并以主压应力传递到支座;另一部分通过栓钉连接件的组合作用,以主拉应力从洞口右侧通过混凝土板传递到洞口左侧,同样以主压应力传递到支座。而洞口下方的剪力通过加劲肋、腹板传递,以主压应力形式从洞口右侧通过钢梁传递到洞口左侧,并以主拉应力传递到支座,如图 5.12(d)所示,可见钢梁、加劲肋和混凝土板整个截面均参与了抗剪,所以抗剪承载力有了较大幅度的提高。当洞口周边设置弧形和人字形加劲肋时,剪力在洞口处的传递形式基本相同,如图 5.12(e)、(f)所示,这两种加劲肋在洞口区域形成了一种类似于桁架腹部的拉-压杆受力模式,其中洞口下方 T 形截面钢梁为拉杆(洞口下方的主应力迹线基本呈水平方向),弧形或人字形加劲肋为斜腹杆,洞口上方混凝土板为压杆,是一种合理的受力模式。

5.3.3　不同加强方式对组合梁挠度的影响

在组合梁腹板上开洞后,由于洞口的存在削弱了组合梁的截面,使得组合梁的刚度明显降低,变形增大,而且洞口区域的变形主要以剪切变形为主,变形发生突变现象,洞口处的挠度急剧增大。设置不同加劲肋后洞口区域组合梁的刚度有不同程度的提高,那么加劲肋对洞口处的变形产生多大的影响? 能否减小这种挠度突变现象呢? 为此,本书对设置井字形和人字形加劲肋的腹板开洞组合梁的挠度沿梁长方向的分布进行分析,如图 5.13 所示。从图中可以看出:

①在荷载作用初期(小于 $0.5P_u$ 时),设置井字形和人字形加劲肋的腹板开洞组合梁均处于弹性受力状态,挠度与荷载呈线性增长,挠度分布较为平缓,且挠度较小。由此可见,洞口补强后组合梁刚度明显增大,减小了组合梁的变形。

②设置井字形加劲肋的组合梁,随着荷载的增加(大于等于 $0.5P_u$ 时),洞口两端挠度曲线的斜率明显的增大,挠度曲线发生了突变现象,如图 5.13(a)所示。可见,组合梁的洞口区域的剪切变形较大。随着荷载的继续增加($0.75P_u$ 时),挠度发展速率明显加快,试件进入塑性发展阶段。在极限荷载(P_u =289 kN)作用下最大挠度出现在荷载作用点与洞口右端之间,最大挠度点的位置发生了偏移。

③设置人字形加劲肋的组合梁,在各级荷载作用下,挠度分布较为平缓,洞口区域的挠度曲线没有明显的突变现象[图 5.13(b)],说明设置人字形加劲肋的组合梁以弯曲变形为主,

挠度分布曲线与无洞组合梁相似。当荷载接近极限荷载时,挠度发展速率明显加快,试件进入塑性发展阶段。而且在极限荷载(P_u = 322 kN)作用下,最大挠度出现在弯矩最大点处。可见设置人字形加劲肋基本弥补了开洞对组合梁截面的削弱,是一种合理的洞口补强方式。

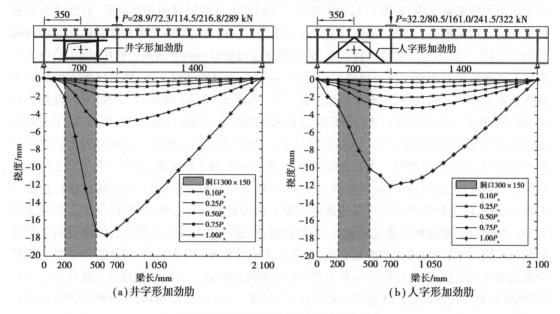

图 5.13　挠度沿梁跨度方向分布曲线

5.4　本章小结

本章首先总结了腹部开洞钢筋混凝土梁和钢梁的洞口加强方法,在此基础上提出了腹板开洞组合梁的洞口加强方法和构造要求,并对 4 种洞口加强方式的组合梁承载力进行了分析,得到以下结论:

①洞口设置加劲肋有效地缓和了洞口区域的应力集中现象,同时在一定程度上提高了组合梁的承载力(19% ~ 83%),其中人字形加劲肋受力合理,承载力提高了 83%;而且变形能力均也有较大幅度的提高。

②洞口设置加劲肋对钢梁的抗剪承载力有较大的影响,当洞口周边设置井字形加劲肋(在洞口区域形成封闭式框架)、弧形加劲肋(在洞口区域形成小拱)、人字形加劲肋(在洞口区域形成斜腹杆)时,钢梁的抗剪承载力有了较大幅度的提高;而洞口两侧设置横向加劲肋时对抗剪承载力影响较小。

③设置不同形式的加劲肋对洞口区域的变形也有一定的影响,当洞口周边设置井字形,虽然组合梁洞口区域的刚度明显增大,洞口处的剪切变形较大,洞口两端挠度曲线有明显的突变现象;而设置人字形加劲肋时,洞口区域形成带斜腹杆的桁架结构,受力合理,洞口处以弯曲变形为主,是一种合理的洞口补强方式。

第 6 章

无加劲肋腹板开洞组合梁极限承载力理论分析

6.1 引 言

目前国内外规范[137-139]普遍采用简化塑性理论计算组合梁的极限抗弯强度,简化塑性理论近似地认为在承载能力极限状态时,组合梁全截面达到了完全塑性,并根据截面等效矩形应力图来计算弯矩的大小。简化塑性理论应用于组合梁极限抗弯强度的计算,得到的计算公式不仅物理概念明确,形式简单,便于应用。组合梁的腹板开洞后对受力性能带来了一定的影响,由于洞口的存在削弱了组合梁的截面(图6.1),使得组合梁的承载力和刚度明显降低。因此,开洞组合梁不仅在弯矩或剪力最大处发生破坏,而且可能在洞口处发生破坏。所以,对于腹板开洞组合梁来说,除了按照一般组合梁验算其最大弯矩和剪力处的承载力外,还要验算洞口处的承载力。本章将解决洞口处无加劲肋时承载力计算问题。当组合梁在洞口区域以外(比如最大弯矩及剪力处)发生破坏时可以按我国《钢结构设计规范》(GB 50017—2003)简化塑性理论对组合梁进行极限承载力计算;当组合梁在洞口处发生破坏时,本书将简化塑性理论计算方法应用于腹板开洞组合梁的承载力计算。因此,本书采用空腹桁架力学模型,根据腹板开洞组合梁在承载能力极限状态下的洞口区域塑性应力分布,建立洞口4个次弯矩函数,提出一种腹板开洞组合梁的极限承载力计算方法。

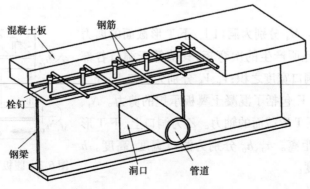

图6.1 腹板开洞组合梁示意图

6.2 腹板开洞组合梁破坏模式及力学模型

6.2.1 腹板开洞组合梁破坏模式

试验研究表明,腹板开洞组合梁在弯矩和剪力共同作用下,当洞口中心处的弯剪比(M/V)相对较小或洞口两端的剪力相对较大时,洞口两端次弯矩对组合梁受力影响较大,破坏形式主要表现为洞口4个角部在次弯矩和轴力作用下首先形成塑性铰,然后洞口上方混凝土板出现斜向裂缝,最终发生如图6.2所示的四铰空腹破坏(Vierendeel Failure)模式。

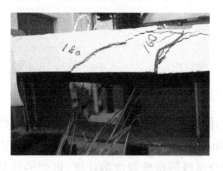
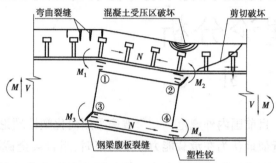

(a)试件破坏图片   (b)四铰空腹破坏模式

图6.2 腹板开洞组合梁的空腹破坏模式

6.2.2 腹板开洞组合梁力学模型

为研究腹板开洞组合梁的极限承载力,本书基于四铰空腹破坏模式建立腹板开洞组合梁力学模型(图6.3),洞口区域由上、下两根T形截面短梁构成(本书简称为上弦杆和下弦杆),各截面上同时承受轴力、剪力、次弯矩作用,同时考虑了洞口上方混凝土板对抗剪承载力的贡献,即洞口处的剪力由钢梁和混凝土翼板共同承担。该计算模型可近似地认为在承载能力极限状态时,在弯矩和剪力共同作用下,钢梁截面达到了完全塑性,各点应力均为屈服强度,混凝土翼板塑性受压区各点均达到塑性极限应变,此时钢梁和混凝土翼板均满足理想的塑性假设。

图中 M_1、M_2、M_3、M_4 分别为洞口上、下T形截面的剪力沿洞口宽度方向传递所产生的次弯矩,其值等于洞口各部分截面上的剪力与洞口宽度之积;V_t、V_b 分别为洞口上、下T形截面的剪力,其中 V_t 包括了混凝土翼板承担的剪力。N_t、N_b 分别为洞口上、下T形截面的轴力。Z 为洞口上、下T形截面形心轴之间的距离。a_0、h_0 分别为洞口宽度、高度。h 为组合梁截面总高度。

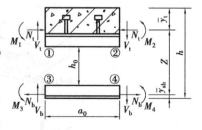

图6.3 腹板开洞组合梁力学模型

6.2.2.1　基本假定

试验和有限元结果表明:在组合梁的腹板上开洞后,由于腹板净面积的减小,所以钢梁腹板仅承担小部分剪力(30% ~ 40%),而剪力主要由混凝土板来承担(60% ~ 70%)。因此,在建立腹板开洞组合梁的力学模型时考虑了混凝土板对抗剪承载力的贡献。计算模型中洞口上、下截面内分别承受轴力、剪力、次弯矩作用,受力复杂。为简化计算,对腹板开洞组合梁进行极限承载力分析时,可作以下几点假设:

①组合梁采用完全剪切连接,不考虑界面滑移的影响。

②洞口处于正弯矩区,且钢梁各板件在达到极限状态前不发生局部屈曲。

③组合梁在承载力极限状态时,洞口四角均形成塑性铰,如图 6.2 所示。

④钢梁腹板在剪应力和弯曲正应力共同作用下服从 Mises 屈服准则。

⑤考虑洞口上方混凝土翼板的抗剪作用,而且混凝土翼板在剪应力和正应力的共同作用下,采用 Kupfer、Hilsdorf、Rüsch 的破坏条件[189],即混凝土翼板中的正应力由于剪应力的存在需要进行折减。

6.2.2.2　混凝土翼板有效宽度的确定

在钢-混凝土组合梁中,钢梁与混凝土板是通过栓钉连接在一起而共同工作的,钢梁与混凝土板交界面上存在纵向剪力。混凝土翼缘板在纵向剪力的作用下产生剪力滞后现象,又称"剪力滞效应",即在混凝土翼缘板横截面中,纵向应变从钢梁正上方向混凝土板两侧逐渐减小。由于剪力滞后效应,导致混凝土翼板宽度范围内的纵向压应力分布不均匀,距离钢梁中心轴线越远时应力越小,如图 6.4 所示。如果已知钢-混凝土组合梁混凝土翼板中正应力 $\sigma(z)$ 的分布状态后,假设在混凝土翼板中,b_e 宽度范围内正应力沿板宽度方向是均匀分布的(图 6.3 中阴影部分),且等于钢梁中轴线上方混凝土翼板的应力 σ_{max},并假设 b_e 宽度范围内应力的合力等于实际总宽度为 b 的混凝土板中的应力的合力,则 b_e 称为混凝土翼板的有效宽度或计算宽度。其混凝土翼板的有效宽度 b_e 可按下式计算:

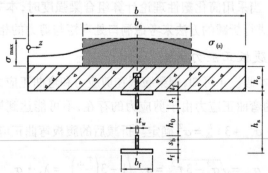

图 6.4　混凝土翼板应力分布示意图

$$b_m = \frac{\int_A \sigma(z)\,\mathrm{d}A}{h_c \sigma_{max}} \tag{6.1}$$

式中　$\sigma(z)$——混凝土翼板中弯曲应力;

      b——混凝土翼板的宽度;

      h_c——混凝土翼板的厚度。

影响混凝土翼板有效宽度的主要因素有:组合梁的跨度与混凝土翼板宽度之比,荷载类型、混凝土翼板厚度、栓钉连接件的连接程度(栓钉数量)等。混凝土翼板有效宽度的取值对钢-混凝土组合梁的刚度、承载能力和变形的计算结果均有一定影响。国内外学者对各种影响混凝土翼板有效宽度的因素进行了较多的研究[190-192],取得了一定的研究成果,并提出了实用的计算方法。我国《钢结构设计标准》(GB 50017—2017)规定混凝土翼缘板有效宽度 b_e 应按下式计算:

$$b_e = b_0 + b_1 + b_2 \tag{6.2}$$

式中 b_0——钢梁上翼缘宽度或者板托顶部宽度;

      b_1、b_2——梁外侧和内侧的混凝土翼板计算宽度,各取梁跨度 l 的 1/6 和混凝土翼板厚度 h_c 的 6 倍中的较小值。

此外,b_1 不应超过混凝土翼板实际外伸宽度 s_1;b_2 不应超过相邻钢梁上翼缘或板托之间净距 s_0 的 1/2。当为中间梁时,公式(6.2)中的 b_1 等于 b_2,如图 6.5 所示。

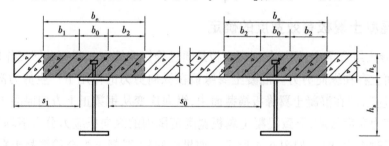

图 6.5　混凝土翼板有效宽度

6.2.2.3　弯矩与剪力共同作用时弯曲正应力的折减

当洞口处于组合梁的弯剪区段时,截面上任一点都有剪应力和正应力存在,若剪应力增大,则正应力必然减小。当采用简化塑性理论计算组合梁强度时,本书采用对钢梁腹板和混凝土翼板的弯曲正应力进行折减的方法来考虑洞口处弯矩与剪力的相互影响。

1)洞口下方钢梁腹板正应力折减

由 6.2.2.1 节的基本假设 4 可知,钢梁腹板在剪应力和弯曲正应力共同作用下服从Mises屈服准则。因此,腹板的弯曲正应力由于剪应力的存在,不可能达到屈服强度 σ_y 值,而有所降低,由 Mises 屈服条件 $\sigma_{yw}^2 + 3\tau_{sb}^2 = \sigma_y^2$ 确定。折减后的腹板弯曲正应力按下式确定:

$$\sigma_{yw} = \sqrt{\sigma_y^2 - 3\tau_{sb}^2} = \sigma_y \underbrace{\sqrt{1 - 3\left(\frac{\tau_{sb}}{\sigma_y}\right)^2}}_{\text{折减系数}\lambda_b} = \lambda_b \cdot \sigma_y \tag{6.3}$$

式中 σ_y——钢材的屈服应力;

      σ_{yw}——折减后的腹板弯曲正应力;

      τ_{sb}——洞口下方钢梁腹板的剪应力,其值为 $\tau_{sb} = \dfrac{V_b}{t_w \cdot s_b}$;

V_b——洞口下方钢梁的剪力；

λ_b——腹板正应力折减系数。

有时为了避免在计算过程中使用两个不同的屈服应力，也可以采用对腹板的厚度进行折减方法，折减后的腹板厚度按下式确定：

$$\bar{t}_w = \lambda_b \cdot t_w \tag{6.4}$$

式中　$\bar{t}_w$——折减后的腹板厚度，也可以理解为被剪应力"耗用后"所剩下的供弯曲应力使用的腹板面积，这一面积与其他部分的截面（比如翼缘）一起供弯矩（或轴力）使用。

2）洞口上方混凝土翼板与钢梁腹板正应力折减

根据基本假设5，考虑洞口上方混凝土翼板的抗剪作用时，采用 Kupfer、Hilsdorf、Rüsch 的破坏条件来分析混凝土翼板中剪应力和正应力的相互作用，即混凝土翼板中的正应力由于剪应力的存在需要进行折减。折减后混凝土翼板与钢梁腹板的正应力按下式确定：

$$\sigma'_c = \sigma_c \left[0.72 + \sqrt{0.076 - 0.34 \cdot \frac{\tau_c}{\sigma_c}} \right] \tag{6.5}$$

$$\sigma_{yw} = \sqrt{\sigma_y^2 - 3\tau_{st}^2} = \sigma_y \underbrace{\sqrt{1 - 3\left(\frac{\tau_{st}}{\sigma_y}\right)^2}}_{\text{折减系数}\lambda_t} = \lambda_t \cdot \sigma_y \tag{6.6}$$

式中　σ_c——混凝土抗压强度；

σ'_c——折减后的混凝土抗压强度；

τ_c——混凝土翼板中的剪应力，且$\tau_c \leqslant 0.24\sigma_c$；

τ_{st}——洞口上方钢梁腹板的剪应力。

其中，混凝土翼板中的剪应力τ_c和洞口上方钢梁腹板的剪应力τ_{st}根据图 6.6 所示进行计算。由于混凝土翼板的受剪面积主要集中在钢梁中心轴附近，Kupfer 等[189]提出混凝土翼板有效受剪宽度b_r为 1～3 倍的混凝土板厚h_c。因此本书建议：当洞口高度小于 1/3 梁高（$h_0 \leqslant h/3$）时，$b_r = h_c$；当洞口高度大于 1/3 梁高而小于 1/2 梁高（$h/3 < h_0 \leqslant h/2$）时，$b_r = 2h_c$；当

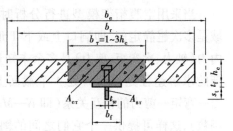

图 6.6　洞口上方截面受剪面积示意图

洞口高度大于 1/2 梁高（$h_0 > h/2$）时，$b_r = 3h_c$。当混凝土翼板和钢梁腹板的受剪面积确定以后，洞口上方的剪力V_t将根据各截面的受剪面积按刚度分配到混凝土翼板和钢梁腹板截面上。最后根据各截面承担的剪力就能得到剪应力的大小。则混凝土翼板和钢梁腹板的剪应力按下式确定：

$$\tau_c = \frac{\alpha G_c}{\alpha G_c A_{cr} + G_s A_{st}} V_t \tag{6.7}$$

$$\tau_{st} = \frac{G_s}{\alpha G_c A_{cr} + G_s A_{st}} V_t \tag{6.8}$$

式中　G_c——混凝土的剪切模量；

G_s——钢材的剪切模量；

α——分配系数,取值为 0.5;

A_{cr}——混凝土翼板有效剪切面积,且 $A_{cr} = b_r h_c$;

A_{st}——洞口上方钢梁腹板有效剪切面积,且 $A_{st} = t_w s_t$;

V_t——洞口上方的剪力。

由于混凝土翼板中出现两个不同的混凝土抗压强度。因此,本书采用混凝土翼板的宽度折减方法来考虑剪应力和正应力的相互作用,折减后的混凝土翼板的宽度按下式确定:

$$b_r = b_e - b_r \left(1 - \frac{\sigma'_c}{\sigma_c} \right) = b_e - b_r \left[1 - \underbrace{\left(0.72 + \sqrt{0.076 - 0.34 \cdot \frac{\tau_c}{\sigma_c}} \right)}_{\text{混凝土翼板宽度折减系数} \lambda_c} \right]$$

$$= b_e - b_r (1 - \lambda_c) \tag{6.9}$$

式中 b_r——折减后的混凝土翼板的宽度;

b_e——混凝土翼板有效宽度,按我国《钢结构设计规范》(GB 50017—2003)确定;

b_r——混凝土翼板有效受剪宽度,取值为 $1 \sim 3h_c$,如图 6.6 所示;

λ_c——混凝土翼板宽度折减系数。

6.3 腹板开洞组合梁承载力求解方法

在荷载作用下,洞口区域将产生 Vierendeel 内力,即洞口上方截面内有轴力 N_t,剪力 V_t,次弯矩 M_1、M_2;洞口下方截面内有轴力 N_b,剪力 V_b,次弯矩 M_3、M_4,如图 6.7 所示。其中洞口左侧的次弯矩 M_1、M_3 使得截面上部受拉、下部受压,称之为负的次弯矩;而洞口右侧的次弯矩 M_2、M_4 使得截面上部受压、下部受拉,称之为正的次弯矩。

当采用空腹桁架模型进行分析时,洞口区域是多次超静定的,即洞口上或下 T 形截面的内力(轴力、次弯矩、剪力)是多余未知量。一个新的求解途径是在洞口处 4 个截面上建立轴力—弯矩—剪力的相互关系(即 N—M—V 关系函数),这样可提供一个它们之间的耦联关系。如果能将 N—M—V 关系以函数的形式 $M = f(N, V)$ 来反映截面的全塑性状态,那么就可得

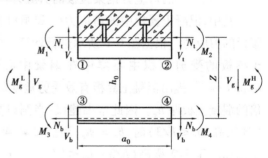

图 6.7 洞口区域受力示意图

到 4 个函数关系,即 $M_1 = f_1(N_t, V_t), M_2 = f_2(N_t, V_t), M_3 = f_3(N_b, V_b), M_4 = f_4(N_b, V_b)$。这些函数代表了洞口上、下杆端的次弯矩,本书也称之为次弯矩函数。由弯矩平衡条件可得:

$$\begin{cases} f_1(N_t, V_t) + f_2(N_t, V_t) = V_t \times a_0 \\ f_3(N_b, V_b) + f_4(N_b, V_b) = V_b \times a_0 \end{cases} \tag{6.10}$$

式(6.10)中每个方程中各有两个未知量,分别是 N_t, V_t 和 N_b, V_b,若考虑到洞口上方和下方截面内的轴力平衡条件,可得:

$$\sum N = 0 \Rightarrow N_t = N_b = N \tag{6.11}$$

将式(6.11)代入式(6.10)中便可减少一个未知量,则式(6.10)可写成:

$$\begin{cases} f_1(N,V_t) + f_2(N,V_t) = V_t \times a_0 \\ f_3(N,V_b) + f_4(N,V_b) = V_b \times a_0 \end{cases} \tag{6.12}$$

式(6.12)中的两个方程共含有 3 个未知量,通常是无解的,如果给定的 3 个未知量中的某个未知量一个定值,便可求解出其余两未知量。求解过程中由于需要考虑整个结构的轴力平衡条件,一般是洞口上方或下方截面中面积较小的承载力起控制作用。通常洞口下方的截面小于洞口上方的截面,如果给定洞口下方杆内一个剪力值,就可以求出洞口下方杆内轴力,然后利用洞口上方和下方截面内的轴力平衡条件,即可求出洞口上方杆内的轴力和剪力。其求解的思路和顺序如图 6.8 所示。

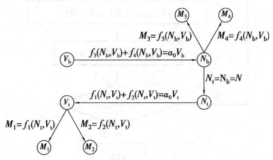

图 6.8　求解思路与顺序

从图 6.8 中可以看出,如果给洞口下方剪力 V_b 一个定值,便能求得相应的 N_b,当洞口下方的剪力和轴力全部求出后,洞口下方对应的次弯矩 M_3 和 M_4 均可求出。然后根据洞口上方和下方截面内的轴力平衡关系($N_t = N_b = N$),求出洞口上方截面内的轴力 N_t,由已知的 N_t 又可求出洞口上方的剪力 V_t,当洞口上方的轴力和剪力全部求出后,同样洞口上方对应的次弯矩 M_3 和 M_4 也可以求出。

当洞口上方、下方截面内所有内力,即剪力、轴力和次弯矩全部求出后,根据全截面上的平衡条件,如图 6.7 所示,就可以得到洞口处的总弯矩 M_g 和总剪力 V_g:

$$V_g = V_t + V_b \tag{6.13}$$

$$M_g^L = M_{pr} - M_1 - M_3 \tag{6.14}$$

$$M_g^H = M_{pr} + M_2 + M_4 \tag{6.15}$$

式中　M_g^L、M_g^H——分别为洞口左、右端的总弯矩;

　　　M_{pr}——主弯矩,且 $M_{pr} = N \cdot z$;

　　　N——洞口处的轴力;

　　　z——洞口上方与下方截面塑性中心轴之间的距离;

　　　V_g——洞口处的总剪力。

求解过程中洞口下方截面中的剪力 V_b 的取值范围为 $0 \sim V_{b,max}$,整个求解过程需要用迭代方法来完成,当 $V_b \geqslant V_{b,max}$ 停止迭代。其计算程序流程图如图 6.9 所示。

关于洞口下方截面承担的最大剪力 $V_{b,max}$ 问题,可根据截面上的应力分布,如图 6.10 所示,当轴力等于零时,此时 T 形截面的面积平分轴与塑性中性轴重合,洞口下方截面剪力将达到最大值 $V_{b,max}$,然后根据洞口下方截面上两端的次弯矩与剪力沿洞口宽度方向传递而产生的力矩平衡就可以求解出最大剪力值 $V_{b,max}$。

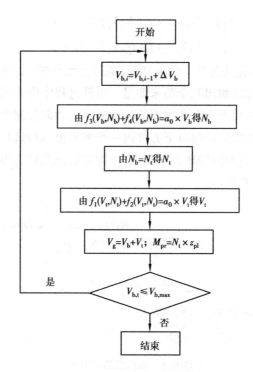

图 6.9　计算程序流程图

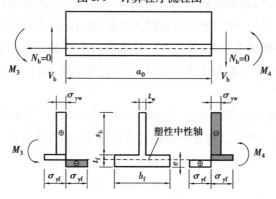

图 6.10　洞口下方截面最大剪力求解示意图

设 e 为塑性中性轴至翼缘外边缘的距离,则 $e = \dfrac{s_b t_w + b_f t_f}{2b_f}$。此时面积平分轴与塑性中性轴重合,截面上的轴力为零,剪力达到最大值,折减后的腹板弯曲正应力由下式确定:

$$\sigma_{yw} = \sqrt{\sigma_{yf}^2 - 3\left(\frac{V_b}{t_w s_b}\right)^2} \tag{6.16}$$

根据图 6.10 中截面上的应力分布图,可得到洞口两端的次弯矩 M_3 和 M_4 为:

$$M_4 = M_3 = s_b t_w (0.5 s_b + t_f - e) \sigma_{yw} + 0.5 b_f (t_f - e)^2 \sigma_{yf} + 0.5 b_f e^2 \sigma_{yf} \tag{6.17}$$

最后由弯矩平衡条件可得:

$$M_3 + M_4 = V_b a_0 \tag{6.18}$$

将式(6.16)和式(6.17)代入式(6.18)中,得到一个含有变量 V_b 的非线性方程:

$$f(V_b) = M_3 + M_4 - V_b a_0 = 0 \tag{6.19}$$

满足式(6.19)条件的剪力值 V_b 即为最大剪力 $V_{b,max}$。可采用 Newton 迭代法求解,程序如下:

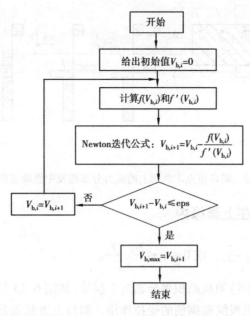

图 6.11　最大剪力计算流程图

6.4　无加劲肋腹板开洞组合梁次弯矩函数的推导

本书将根据洞口 4 个角端截面全塑性状态下的应力分布图形推导出 4 个次弯矩函数。并引入如下符号:SA 为截面形心轴;NA 为塑性中性轴;FA 为虚拟应力状态下的假想面积平分轴;g 为截面形心轴至塑性中心轴的距离;y_{ij} 是截面参数,第一个下标 i 表示洞口角点的位置,第二个下标 j 表示中和轴所在的区域。n_t、n_b 为无量纲的相对轴力,即洞口上、下截面所承受的轴力与最大塑性轴力的比值;a 为虚拟应力状态下用于产生轴力的折算截面高度;σ_{yf} 为翼缘或加劲板屈服应力;σ_{yw} 为腹板的弯曲的正应力,根据 Mises 屈服条件确定;σ_c 为混凝土的抗压强度。

6.4.1　次弯矩函数 M_1

由于洞口角点①截面上的轴力和次弯矩均为负值,中性轴只可能从面积平分轴(FA)向上移动,且中性轴可经过 3 个区域,即在钢梁翼缘内(a)和(b)、在钢筋区域下的混凝土板内(c)、在钢筋区域内(d)和(e),如图 6.12 所示。所以次弯矩函数 M_1 需要分三段建立。

图 6.12(a)中的应力状态,次弯矩达到最大值,轴力为零;图 6.12(e)中的应力状态,次弯矩为零,轴力达到最大值;图 6.12(b)~(d)的应力的分布代表的是介于前面两种应力状态之间,即截面上既有轴力又有次弯矩的存在。

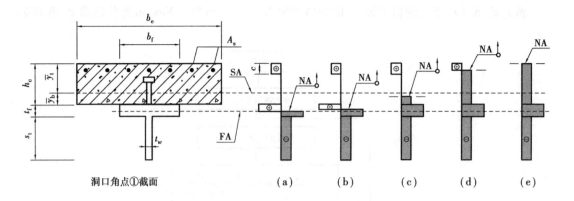

洞口角点①截面   (a)   (b)   (c)   (d)   (e)

图 6.12   洞口角点①截面上的应力分布图及中性轴变化情况

6.4.1.1   中性轴 NA 在上翼缘内

此时满足：$0 \leqslant a \leqslant (y_{12} - \overline{y}_b)$ 或 $0 \leqslant n_t \leqslant \dfrac{y_{12} - \overline{y}_b}{y_{11}}$。

轴力从零开始增长，中性轴从面积平分轴向上移动，如图 6.13 所示。忽略混凝土翼板的抗拉作用，仅考虑混凝土翼板纵向钢筋的受拉作用。洞口上方截面是由混凝土和钢梁两种材料组成的，各自有不同的强度，为了研究方便，须换算成同一种材料的截面尺寸，这就需要一种虚拟的假想应力状态来实现，即虚拟应力图。

①确定洞口上方截面的形心轴位置：

$$\overline{y}_t = \frac{0.5 b_e h_c^2 \sigma_c + A_{ft}\sigma_{yf}(h_c + 0.5t_f) + A_{wt}\sigma_{yw}(h_c + t_f + 0.5s_t)}{A_c \sigma_c + A_{ft}\sigma_{yf} + A_{wt}\sigma_{yw}} \tag{6.20}$$

$$\overline{y}_b = h_c - \overline{y}_t \tag{6.21}$$

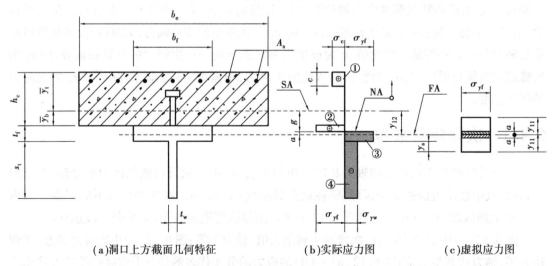

(a)洞口上方截面几何特征   (b)实际应力图   (c)虚拟应力图

图 6.13   中性轴 NA 在钢梁上翼缘时洞口角点①截面上的应力分布图

②为了简化，将混凝土翼板受拉钢筋面积(其中 σ_s 为钢筋屈服强度)，换算成板宽为 b_e，高度为 c 的混凝土面积，这一区域称为钢筋区域，其换算关系式为：

$$c = \frac{A_s \sigma_s}{b_e \sigma_c} \tag{6.22}$$

③为了满足虚拟应力图的假想面积平分轴与实际的截面面积平分轴的位置相同,将钢梁腹板和混凝土截面的实际高度换算成钢梁上翼缘的折算高度 y_s:

$$y_s = \frac{A_{wt} \sigma_{yw}}{b_f \sigma_{yf}} + \frac{(h_c - c) b_e \sigma_c}{2 b_f \sigma_{yf}} \tag{6.23}$$

④确定虚拟应力图中假想面积平分轴 y_{11}:

$$y_{11} = \frac{N_{plt}}{2 b_f \sigma_{yf}} \tag{6.24}$$

式中　$N_{plt} = A_c \sigma_c + A_{ft} \sigma_{yf} + A_{wt} \sigma_{yw}$——洞口上方截面的最大塑性轴力。

⑤计算形心轴 SA 至面积平分轴 FA 的距离 y_{12}:

$$y_{12} = \overline{y}_b + t_f + y_s - y_{11} \tag{6.25}$$

⑥洞口上方截面承担的轴力与最大塑性轴力的比值,即相对轴力(无量纲轴力)为:

$$n_t = \frac{N}{N_{plt}} = \frac{2 a b_f \sigma_{yf}}{N_{plt}} \Rightarrow a = n_t \frac{N_{plt}}{2 b_f \sigma_{yf}} = n_t y_{11} \tag{6.26}$$

⑦形心轴 SA 至中性轴 NA 的距离 g:

$$g = y_{12} - a = y_{12} - n_t y_{11} \tag{6.27}$$

⑧根据截面上各部分应力图①~④的合力分别对形心轴 SA 取矩得到次弯矩函数 M_{11}:

$$\begin{aligned}
M_{11} &= M_1 - M_2 + M_3 + M_4 \\
&= b_e \sigma_c \frac{\overline{y}_t^2 - (\overline{y}_t - c)^2}{2} - b_f \sigma_{yf} \frac{g^2 - \overline{y}_b^2}{2} + b_f \sigma_{yf} \frac{(\overline{y}_b + t_f)^2 - g^2}{2} + t_w s_t \sigma_{yw} (\overline{y}_b + t_f + 0.5 s_t) \\
&= -b_f \sigma_{yf} g^2 + b_f \sigma_{yf} \frac{(\overline{y}_b + t_f)^2 + \overline{y}_b^2}{2} + b_e \sigma_c \frac{\overline{y}_t^2 - (\overline{y}_t - c)^2}{2} + t_w s_t \sigma_{yw} (\overline{y}_b + t_f + 0.5 s_t)
\end{aligned} \tag{6.28}$$

将式(6.27)代入式(6.28)可得:

$$\begin{aligned}
M_{11} &= -b_f \sigma_{yf} (y_{12} - n_t y_{11})^2 + 0.5 b_f \sigma_{yf} [(\overline{y}_b + t_f)^2 + \overline{y}_b^2] + 0.5 b_e \sigma_c [\overline{y}_t^2 - (\overline{y}_t - c)^2] + \\
&\quad t_w s_t \sigma_{yw} (\overline{y}_b + t_f + 0.5 s_t)
\end{aligned} \tag{6.29}$$

因此,次弯矩函数 M_{11} 可写成如下形式:

$$M_{11} = -b_f \sigma_{yf} y_{11}^2 n_t^2 + 2 b_f \sigma_{yf} y_{11} y_{12} n_t + M_{11}^0 \tag{6.30}$$

其中:

$$\begin{aligned}
M_{11}^0 &= -b_f \sigma_{yf} y_{12}^2 + 0.5 b_f \sigma_{yf} [(\overline{y}_b + t_f)^2 + \overline{y}_b^2] + 0.5 b_e \sigma_c [\overline{y}_t^2 - (\overline{y}_t - c)^2] + \\
&\quad t_w s_t \sigma_{yw} (\overline{y}_b + t_f + 0.5 s_t)
\end{aligned} \tag{6.31}$$

6.4.1.2　中性轴 NA 在混凝土翼板内

此时满足:$(y_{s2} - y_{13}) \leqslant a \leqslant (y_{14} + \overline{y}_t - c)$ 或 $(y_{s2} - y_{13})/(y_{s2} + h_c) \leqslant n_t \leqslant (y_{14} + \overline{y}_t - c)/(y_{s2} + h_c)$。

随着轴力的增加和次弯矩的减小,中性轴将从钢梁翼缘向混凝土板内移动,如图 6.14 所示。

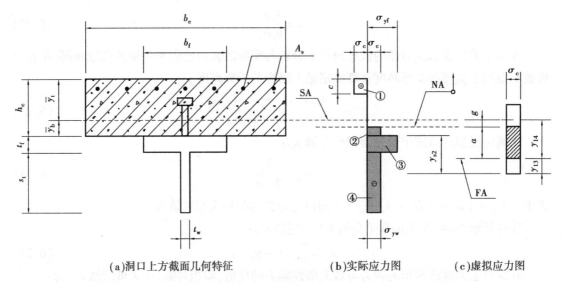

（a）洞口上方截面几何特征　　　（b）实际应力图　　　（c）虚拟应力图

图 6.14　中性轴 NA 在混凝土板内时洞口角点①截面上的应力分布图

①由于中性轴 NA 在混凝土翼板内,将钢梁腹板和翼缘截面的实际高度换算成混凝土的折算高度 y_{s2}:

$$y_{s2} = \frac{A_{ft}\sigma_{yf} + A_{wt}\sigma_{yw}}{b_e\sigma_c} \tag{6.32}$$

②虚拟应力图中假想面积平分轴 FA 位置 y_{13}:

$$y_{13} = c \tag{6.33}$$

③确定形心轴 SA 至面积平分轴 FA 的距离 y_{14}:

$$y_{14} = y_{s2} + \overline{y}_b - y_{13} \tag{6.34}$$

④洞口上方截面承担的轴力与最大塑性轴力的关系:

$$n_t = \frac{N}{N_{plt}} = \frac{ab_e\sigma_c}{N_{plt}} \Rightarrow a = n_t\frac{N_{plt}}{b_e\sigma_c} = n_t\frac{b_eh_c\sigma_c + A_{ft}\sigma_{yf} + A_{wt}\sigma_{yw}}{b_e\sigma_c} = n_t(h_c + y_{s2}) \tag{6.35}$$

⑤形心轴 SA 至中性轴 NA 的距离 g:

$$g = y_{14} - a = y_{14} - n_t(y_{s2} + h_c) \tag{6.36}$$

⑥根据截面上各部分应力图①~④的合力分别对形心轴 SA 取矩得到次弯矩函数 M_{12}:

$$
\begin{aligned}
M_{12} &= M_1 + M_2 + M_3 + M_4 \\
&= b_e\sigma_c\frac{\overline{y}_t^2 - (\overline{y}_t - c)^2}{2} + b_e\sigma_c\frac{\overline{y}_b^2 - g^2}{2} + b_f\sigma_{yf}\frac{(\overline{y}_b + t_f)^2 - \overline{y}_b^2}{2} + t_ws_t\sigma_{yw}(\overline{y}_b + t_f + 0.5s_t) \\
&= -b_e\sigma_c\frac{g^2}{2} + b_e\sigma_c\frac{\overline{y}_t^2 + \overline{y}_b^2 - (\overline{y}_t - c)^2}{2} + b_f\sigma_{yf}\frac{(\overline{y}_b + t_f)^2 - \overline{y}_b^2}{2} + t_ws_t\sigma_{yw}(\overline{y}_b + t_f + 0.5s_t)
\end{aligned}
\tag{6.37}
$$

将式(6.36)代入式(6.37)可得:

$$
\begin{aligned}
M_{12} &= -0.5b_e\sigma_c[y_{14} - n_t(y_{s2} + h_c)]^2 + 0.5b_e\sigma_c[\overline{y}_t^2 + \overline{y}_b^2 - (\overline{y}_t - c)^2] + b_ft_f\sigma_{yf}(\overline{y}_b + 0.5t_f) + \\
&\quad t_ws_t\sigma_{yw}(\overline{y}_b + t_f + 0.5s_t)
\end{aligned}
\tag{6.38}
$$

因此,次弯矩函数 M_{12} 可写成如下形式:

$$M_{12} = -0.5b_e\sigma_c(y_{s2} + h_c)^2n_t^2 + b_e\sigma_c(y_{s2} + h_c)y_{14}n_t + M_{12}^0 \tag{6.39}$$

其中：

$$M_{12}^0 = -0.5b_e\sigma_c \bar{y}_{14}^2 + 0.5b_e\sigma_c[\bar{y}_t^2 + \bar{y}_b^2 - (\bar{y}_t - c)^2] + b_f t_f \sigma_{yf}(\bar{y}_b + 0.5t_f) + \\ t_w s_t \sigma_{yw}(\bar{y}_b + t_f + 0.5s_t) \tag{6.40}$$

6.4.1.3　中性轴 NA 在混凝土翼板顶钢筋内

此时满足：$(\bar{y}_t + y_{16} - c) \leqslant a \leqslant (\bar{y}_t + y_{16})$ 或 $(\bar{y}_t + y_{16} - c)/y_{15} \leqslant n_t \leqslant (\bar{y}_t + y_{16})/y_{15}$。

随着轴力的继续增加，中性轴开始进入混凝土板中的钢筋区域内，如图 6.15 所示。

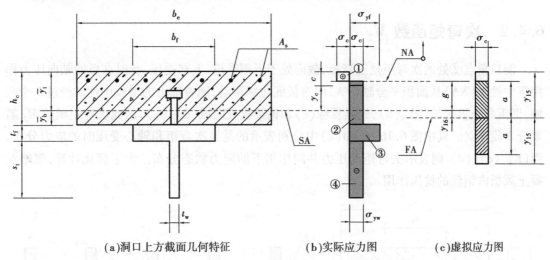

(a)洞口上方截面几何特征　　　(b)实际应力图　　　(c)虚拟应力图

图 6.15　中性轴 NA 在混凝土板钢筋区域内时洞口角点①截面上的应力分布图

①虚拟应力图中假想面积平分轴 FA 位置 y_{15}：

$$y_{15} = \frac{N_{plt}}{2b_e\sigma_c} = \frac{A_c\sigma_c + A_{ft}\sigma_{yf} + A_{wt}\sigma_{yw}}{2b_e\sigma_c} \tag{6.41}$$

②计算形心轴 SA 至面积平分轴 FA 的距离 y_{16}：

$$y_{16} = y_{15} - \bar{y}_t; \qquad y_c = \bar{y}_t - c \tag{6.42}$$

③洞口上方截面承担的轴力与最大塑性轴力的关系：

$$n_t = \frac{N}{N_{plt}} = \frac{2ab_e\sigma_c}{N_{plt}} \quad \Rightarrow \quad a = n_t \frac{N_{plt}}{2b_e\sigma_c} = n_t y_{15} \tag{6.43}$$

④确定形心轴 SA 至中性轴 NA 的距离 g：

$$g = a - y_{16} = n_t y_{15} - y_{16} \tag{6.44}$$

⑤根据截面上各部分应力图①~④的合力分别对形心轴 SA 取矩得到次弯矩函数 M_{13}：

$$M_{13} = M_1 + M_2 + M_3 + M_4$$
$$= b_e\sigma_c \frac{\bar{y}_t^2 - g^2}{2} - b_e\sigma_c \frac{g^2 - y_c^2}{2} + b_e\sigma_c \frac{\bar{y}_b^2 - y_c^2}{2} + b_f\sigma_{yf} \frac{(\bar{y}_b + t_f)^2 - \bar{y}_b^2}{2} + \\ t_w s_t \sigma_{yw}(\bar{y}_b + t_f + 0.5s_t)$$
$$= -b_e\sigma_c g^2 + b_e\sigma_c \frac{\bar{y}_t^2 + \bar{y}_b^2}{2} + b_f\sigma_{yf} \frac{(\bar{y}_b + t_f)^2 - \bar{y}_b^2}{2} + t_w s_t \sigma_{yw}(\bar{y}_b + t_f + 0.5s_t) \tag{6.45}$$

将式(6.44)代入式(6.45)可得：

$$M_{13} = -b_e\sigma_c(n_t y_{15} - y_{16})^2 + 0.5b_e\sigma_c(\bar{y}_t^2 + \bar{y}_b^2) + b_f t_f \sigma_{yf}(\bar{y}_b + 0.5t_f) +$$
$$t_w s_t \sigma_{yw}(\bar{y}_b + t_f + 0.5s_t) \tag{6.46}$$

因此,次弯矩函数 M_{13} 可写成如下形式:

$$M_{13} = -b_e\sigma_c y_{15}^2 n_t^2 + 2b_e\sigma_c y_{15} y_{16} n_t + M_{13}^0 \tag{6.47}$$

其中:

$$M_{13}^0 = -b_e\sigma_c y_{16}^2 + 0.5b_e\sigma_c(\bar{y}_t^2 + \bar{y}_b^2) + b_f t_f \sigma_{yf}(\bar{y}_b + 0.5t_f) + t_w s_t \sigma_{yw}(\bar{y}_b + t_f + 0.5s_t)$$

$$\tag{6.48}$$

6.4.2 次弯矩函数 M_2

洞口角点②处的次弯矩是正弯矩,截面处于下部受拉、上部受压,此时在负的轴向压力作用下中性轴(NA)从面积平分轴(FA)向腹板底边缘移动,随着轴力的增长中性轴经过 3 个区域,即混凝土板区域(a)、(b),钢梁翼缘(c)和钢梁腹板区域(d)、(e),因此次弯矩函数 M_2 需要分 3 段建立。其中图 6.16(a)和(e)中分别表示的是纯次弯矩和轴心受压时的应力分布,而(b)、(c)、(d)则表示次弯矩和压力共同作用下的应力状态分布。为了简化计算,忽略混凝土翼板内钢筋的抗压作用。

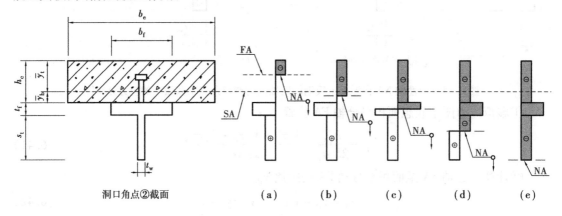

图 6.16 洞口角点②截面上的应力分布图及中性轴变化情况

6.4.2.1 中性轴 NA 在混凝土板内

此时满足: $0 \leqslant a \leqslant (y_{22} + \bar{y}_b)$ 或 $0 \leqslant n_t \leqslant (y_{22} + \bar{y}_b)/(h_c + y_{21})$。

如图 6.17 所示,为了简化计算,忽略混凝土翼板内钢筋的抗压作用。

①由于中性轴 NA 在混凝土翼板内,将腹板和翼缘截面的实际高度换算成混凝土的折算高度 y_{21},便能确定虚拟应力图中假想面积平分轴:

$$y_{21} = \frac{A_{ft}\sigma_{yf} + A_{wt}\sigma_{yw}}{b_e\sigma_c} \tag{6.49}$$

②计算形心轴 SA 至面积平分轴 FA 的距离 y_{22}:

$$y_{22} = \bar{y}_t - y_{21} \tag{6.50}$$

③洞口上方截面承担的轴力与最大塑性轴力的关系:

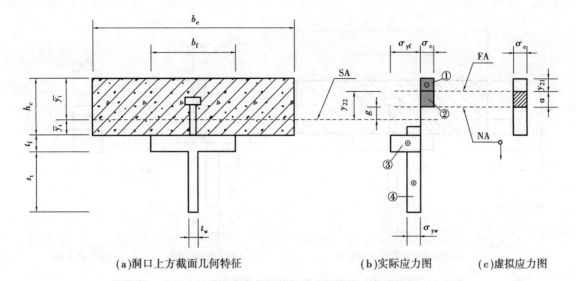

（a）洞口上方截面几何特征　　　（b）实际应力图　　　（c）虚拟应力图

图 6.17　中性轴 NA 在混凝土板内时洞口角点②截面上的应力分布图

$$n_t = \frac{N}{N_{plt}} = \frac{ab_e\sigma_c}{N_{plt}} \Rightarrow a = n_t\frac{N_{plt}}{b_e\sigma_c} = n_t\frac{b_eh_c\sigma_c + A_{ft}\sigma_{yf} + A_{wt}\sigma_{yw}}{b_e\sigma_c} = n_t(h_c + y_{21}) \tag{6.51}$$

④确定形心轴 SA 至中性轴 NA 的距离 g：

$$g = y_{22} - a = y_{22} - n_t(h_c + y_{21}) \tag{6.52}$$

⑤根据截面上各部分应力图①~④的合力分别对形心轴 SA 取矩得到次弯矩函数 M_{21}：

$$M_{21} = M_1 + M_2 + M_3 + M_4$$

$$= b_e\sigma_c\frac{\bar{y}_t^2 - y_{22}^2}{2} + b_e\sigma_c\frac{y_{22}^2 - g^2}{2} + b_f\sigma_{yf}\frac{(\bar{y}_b + t_f)^2 - \bar{y}_b^2}{2} + t_ws_t\sigma_{yw}(\bar{y}_b + t_f + 0.5s_t)$$

$$= -b_e\sigma_c\frac{g^2}{2} + b_e\sigma_c\frac{\bar{y}_t^2}{2} + b_f\sigma_{yf}\frac{(\bar{y}_b + t_f)^2 + \bar{y}_b^2}{2} + t_ws_t\sigma_{yw}(\bar{y}_b + t_f + 0.5s_t) \tag{6.53}$$

将式（6.52）代入式（6.53）可得：

$$M_{21} = -0.5b_e\sigma_c[y_{22} - n_t(h_c + y_{21})]^2 + 0.5b_e\sigma_c\bar{y}_t^2 + b_ft_f\sigma_{yf}(\bar{y}_b + 0.5t_f) +$$

$$t_ws_t\sigma_{yw}(\bar{y}_b + t_f + 0.5s_t) \tag{6.54}$$

因此，次弯矩函数 M_{21} 写成如下形式：

$$M_{21} = -0.5b_e\sigma_c(h_c + y_{21})^2n_t^2 + b_e\sigma_c(h_c + y_{21})y_{22}n_t + M_{21}^0 \tag{6.55}$$

其中：

$$M_{21}^0 = -0.5b_e\sigma_cy_{22}^2 + 0.5b_e\sigma_c\bar{y}_t^2 + b_ft_f\sigma_{yf}(\bar{y}_b + 0.5t_f) + t_ws_t\sigma_{yw}(\bar{y}_b + t_f + 0.5s_t) \tag{6.56}$$

6.4.2.2　中性轴 NA 在上翼缘内

此时满足：$(y_{cb} - y_{23}) \le a \le (y_{cb} + t_f - y_{23})$ 或 $\dfrac{y_{cb} - y_{23}}{y_{23}} \le n_t \le \dfrac{y_{cb} + t_f - y_{23}}{y_{23}}$。

随着轴力的增加，中性轴将从混凝土板向钢梁翼缘内移动，如图 6.18 所示。

①由于中性轴 NA 在翼缘内，将混凝土截面的实际高度换算成翼缘的折算高度 y_{cb}：

$$y_{cb} = \frac{b_eh_c\sigma_c}{b_f\sigma_{yf}}; \quad y_{ct} = h_c - y_{cb} \tag{6.57}$$

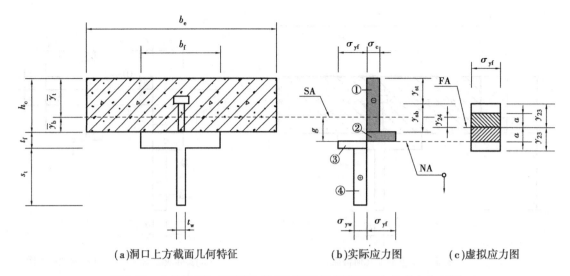

（a）洞口上方截面几何特征　　　　（b）实际应力图　　　（c）虚拟应力图

图 6.18　中性轴 NA 在钢梁上翼缘时洞口角点②截面上的应力分布图

②虚拟应力图中假想面积平分轴 y_{23}：

$$y_{23} = \frac{N_{plt}}{2b_f\sigma_{yf}} \qquad (6.58)$$

③计算形心轴 SA 至面积平分轴 FA 的距离 y_{24}：

$$y_{24} = y_{ct} + y_{23} - \overline{y}_t \qquad (6.59)$$

④洞口上方截面承担的轴力与最大塑性轴力的关系：

$$n_t = \frac{N}{N_{plt}} = \frac{2ab_f\sigma_{yf}}{N_{plt}} \quad \Rightarrow \quad a = n_t\frac{N_{plt}}{2b_f\sigma_{yf}} = n_t y_{23} \qquad (6.60)$$

⑤确定形心轴 SA 至中性轴 NA 的距离 g：

$$g = a + y_{24} = n_t y_{23} + y_{24} \qquad (6.61)$$

⑥根据截面上各部分应力图①～④的合力分别对形心轴 SA 取矩得到次弯矩函数 M_{22}：

$$M_{22} = M_1 - M_2 + M_3 + M_4$$

$$= b_e\sigma_c\frac{\overline{y}_t^2 - \overline{y}_b^2}{2} - b_f\sigma_{yf}\frac{g^2 - \overline{y}_b^2}{2} + b_f\sigma_{yf}\frac{(\overline{y}_b + t_f)^2 - g^2}{2} + t_w s_t\sigma_{yw}(\overline{y}_b + t_f + 0.5s_t)$$

$$= -b_f\sigma_{yf}g^2 + b_e\sigma_c\frac{\overline{y}_t^2 - \overline{y}_b^2}{2} + b_f\sigma_{yf}\frac{(\overline{y}_b + t_f)^2 + \overline{y}_b^2}{2} + t_w s_t\sigma_{yw}(\overline{y}_b + t_f + 0.5s_t) \qquad (6.62)$$

将式（6.61）代入式（6.62）可得：

$$M_{22} = -b_f\sigma_{yf}(n_t y_{23} + y_{24})^2 + 0.5b_e\sigma_c(\overline{y}_t^2 - \overline{y}_b^2) + 0.5b_f\sigma_{yf}[(\overline{y}_b + t_f)^2 + \overline{y}_b^2] +$$
$$t_w s_t\sigma_{yw}(\overline{y}_b + t_f + 0.5s_t) \qquad (6.63)$$

因此，次弯矩函数 M_{22} 可写成如下形式：

$$M_{22} = -b_f\sigma_{yf}y_{23}^2 n_t^2 - 2b_f\sigma_{yf}y_{23}y_{24}n_t + M_{22}^0 \qquad (6.64)$$

其中：

$$M_{22}^0 = -b_f\sigma_{yf}y_{24}^2 + 0.5b_e\sigma_c(\overline{y}_t^2 - \overline{y}_b^2) + 0.5b_f\sigma_{yf}[(\overline{y}_b + t_f)^2 + \overline{y}_b^2] +$$
$$t_w s_t\sigma_{yw}(\overline{y}_b + t_f + 0.5s_t) \qquad (6.65)$$

6.4.2.3 中性轴 NA 在腹板内

此时满足：$(y_{25}-s_t) \leqslant a \leqslant y_{25}$ 或 $\dfrac{y_{25}-s_t}{y_{25}} \leqslant n_t \leqslant \dfrac{y_{25}}{y_{25}}$。

随着轴力的继续增加,中性轴开始进入钢梁腹板内,截面上的应力分布如图6.19所示。

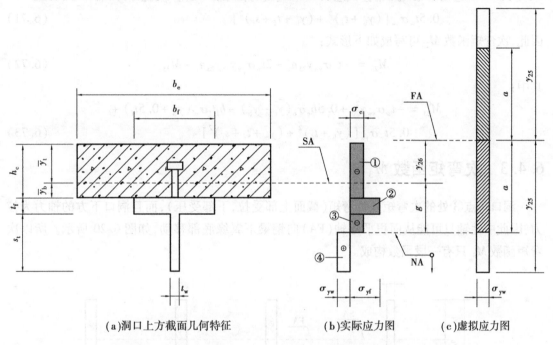

（a）洞口上方截面几何特征　　　　（b）实际应力图　　　（c）虚拟应力图

图 6.19 中性轴 NA 在钢梁腹板时洞口角点②截面上的应力分布图

①虚拟应力图中假想面积平分轴 y_{25}：

$$y_{25} = \frac{N_{plt}}{2t_w\sigma_{yw}} \tag{6.66}$$

②计算形心轴 SA 至面积平分轴 FA 的距离 y_{26}：

$$y_{26} = y_{25} - (s_t + t_f + \overline{y}_b) \tag{6.67}$$

③洞口上方截面承担的轴力与最大塑性轴力的关系：

$$n_t = \frac{N}{N_{plt}} = \frac{2at_w\sigma_{yw}}{N_{plt}} \quad \Rightarrow \quad a = n_t\frac{N_{plt}}{2t_w\sigma_{yw}} = n_t y_{25} \tag{6.68}$$

④确定形心轴 SA 至中性轴 NA 的距离 g：

$$g = a - y_{26} = n_t y_{25} - y_{26} \tag{6.69}$$

⑤根据截面上各部分应力图①~④的合力分别对形心轴 SA 取矩得到次弯矩函数 M_{23}：

$$
\begin{aligned}
M_{23} &= M_1 - M_2 - M_3 + M_4 \\
&= b_e\sigma_c\frac{\overline{y}_t^2 - \overline{y}_b^2}{2} - b_f\sigma_{yf}\frac{(\overline{y}_b + t_f)^2 - \overline{y}_b^2}{2} - t_w\sigma_{yw}\frac{g^2 - (\overline{y}_b + t_f)^2}{2} + \\
&\quad t_w\sigma_{yw}\frac{(\overline{y}_b + t_f + s_t)^2 - g^2}{2}
\end{aligned}
$$

135

$$= -t_w \sigma_{yw} g^2 + b_e \sigma_c \frac{\bar{y}_t^2 - \bar{y}_b^2}{2} - b_f \sigma_{yf} \frac{(\bar{y}_b + t_f)^2 - \bar{y}_b^2}{2} + t_w \sigma_{yw} \frac{(\bar{y}_b + t_f)^2 + (\bar{y}_b + t_f + s_t)^2}{2}$$

(6.70)

将式(6.69)代入式(6.70)可得:

$$M_{23} = -t_w \sigma_{yw}(n_t y_{25} - y_{26})^2 + 0.5 b_e \sigma_c (\bar{y}_t^2 - \bar{y}_b^2) - b_f t_f \sigma_{yf}(\bar{y}_b + 0.5 t_f) +$$
$$0.5 t_w \sigma_{yw}[(\bar{y}_b + t_f)^2 + (\bar{y}_b + t_f + s_t)^2]$$

(6.71)

因此,次弯矩函数 M_{23} 可写成如下形式:

$$M_{23} = -t_w \sigma_{yw} y_{25}^2 n_t^2 + 2 t_w \sigma_{yw} y_{25} y_{26} n_t + M_{23}^0$$

(6.72)

其中:

$$M_{23}^0 = -t_w \sigma_{yw} y_{26}^2 + 0.5 b_e \sigma_c (\bar{y}_t^2 - \bar{y}_b^2) - b_f t_f \sigma_{yf}(\bar{y}_b + 0.5 t_f) +$$
$$0.5 t_w \sigma_{yw}[(\bar{y}_b + t_f)^2 + (\bar{y}_b + t_f + s_t)^2]$$

(6.73)

6.4.3 次弯矩函数 M_3

洞口角点③处的次弯矩是负弯矩(截面上部受拉,下部受压),而且洞口下方的轴力为拉力,因此中性轴只可能从面积平分轴(FA)向钢梁下翼缘底部移动,如图6.20所示。所以次弯矩函数 M_3 只有一段函数构成。

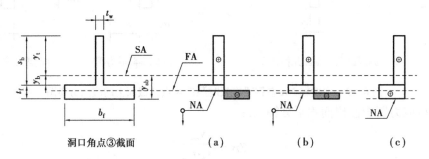

图6.20 洞口角点③截面上的应力分布图及中性轴变化情况

中性轴 NA 在下翼缘内时满足:$0 \leq a \leq (y_{31} - y_{3s})$ 或 $0 \leq n_b \leq \dfrac{y_{31} - y_{3s}}{y_{31}}$。

随着轴力的增加,中性轴将逐渐从面积平分轴向钢梁下翼缘底部移动,截面上的应力分布如图6.21所示。

①计算洞口下方截面的形心轴位置为:

$$y_{sb} = \frac{0.5 b_f t_f^2 \sigma_{yf} + A_{wb} \sigma_{yw}(t_f + 0.5 s_b)}{A_{fb} \sigma_{yf} + A_{wb} \sigma_{yw}}$$

(6.74)

$$y_b = y_{sb} - t_f; \qquad y_t = s_b - y_b$$

(6.75)

②由于中性轴 NA 在翼缘内,为了满足虚拟应力图的假象面积平分轴与实际截面面积平分轴的位置相同,将洞口上、下方截面的最大塑性轴力差值换算成翼缘的折算高度 y_{3s}:

$$y_{3s} = \frac{N_{plt} - N_{plb}}{2 b_f \sigma_{yf}}$$

(6.76)

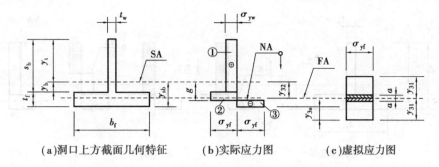

（a）洞口上方截面几何特征　　　（b）实际应力图　　　（c）虚拟应力图

图 6.21　中性轴 NA 在钢梁下翼缘内时洞口角点③截面上的应力分布图

式中　$N_{\text{plb}} = A_{\text{fb}}\sigma_{\text{yf}} + A_{\text{wb}}\sigma_{\text{yw}}$——洞口下方截面的最大塑性轴力。

③虚拟应力图中假想面积平分轴 y_{31}：

$$y_{31} = \frac{N_{\text{plt}}}{2b_f\sigma_{\text{yf}}} \tag{6.77}$$

④计算形心轴 SA 至面积平分轴 FA 的距离 y_{32}：

$$y_{32} = y_{\text{sb}} + y_{3s} - y_{31} \tag{6.78}$$

⑤洞口下方截面承担的轴力与最大塑性轴力的关系：

$$n_b = \frac{N}{N_{\text{plt}}} = \frac{2ab_f\sigma_{\text{yf}}}{N_{\text{plt}}} \quad \Rightarrow \quad a = n_b\frac{N_{\text{plt}}}{2b_f\sigma_{\text{yf}}} = n_b y_{31} \tag{6.79}$$

⑥确定形心轴 SA 至中性轴 NA 的距离 g：

$$g = y_{32} + a = y_{32} + n_b y_{31} \tag{6.80}$$

⑦根据截面上各部分应力图①～③的合力分别对形心轴 SA 取矩得到次弯矩函数 M_{31}：

$$M_{31} = M_1 + M_2 - M_3$$

$$= t_w\sigma_{\text{yw}}\frac{y_t^2 - y_b^2}{2} - b_f\sigma_{\text{yf}}\frac{g^2 - y_b^2}{2} + b_f\sigma_{\text{yf}}\frac{y_{\text{sb}}^2 - g^2}{2}$$

$$= -b_f\sigma_{\text{yf}}g^2 + t_w\sigma_{\text{yw}}\frac{y_t^2 - y_b^2}{2} + b_f\sigma_{\text{yf}}\frac{y_b^2 + y_{\text{sb}}^2}{2} \tag{6.81}$$

将式（6.80）代入式（6.81）可得：

$$M_{31} = -b_f\sigma_{\text{yf}}(y_{32} + n_b y_{31})^2 + 0.5t_w\sigma_{\text{yw}}(y_t^2 - y_b^2) + 0.5b_f\sigma_{\text{yf}}(y_b^2 + y_{\text{sb}}^2) \tag{6.82}$$

因此,次弯矩函数 M_{31} 可写成如下形式：

$$M_{31} = -b_f\sigma_{\text{yf}}y_{31}^2 n_b^2 - 2b_f\sigma_{\text{yf}}y_{31}y_{32}n_b + M_{31}^0 \tag{6.83}$$

其中：

$$M_{31}^0 = -b_f\sigma_{\text{yf}}y_{32}^2 + 0.5t_w\sigma_{\text{yw}}(y_t^2 - y_b^2) + 0.5b_f\sigma_{\text{yf}}(y_b^2 + y_{\text{sb}}^2) \tag{6.84}$$

6.4.4　次弯矩函数 M_4

洞口角点④处的次弯矩则是正弯矩（截面上部受压,下部受拉）,且洞口下方的轴力为拉力,因此中性轴从面积平分轴向腹板上边缘移动,随着轴力的增长中性轴经过两个区域,即钢梁下翼缘（a）、（b）和腹板区域（c）、（d）,因此次弯矩函数 M_4 需要分两段建立。

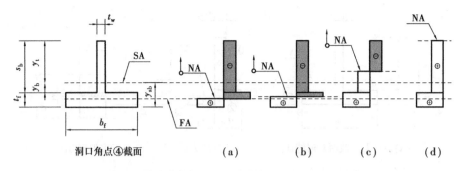

图 6.22　洞口角点④截面上的应力分布图及中性轴变化情况

6.4.4.1　中性轴 NA 在下翼缘内

此时满足：$0 \leqslant a \leqslant (y_{42} - y_b)$ 或 $0 \leqslant n_b \leqslant \dfrac{y_{42} - y_b}{y_{41}}$。

随着轴力的增加，中性轴将逐渐从面积平分轴向钢梁翼缘顶部移动，截面上的应力分布如图 6.23 所示。

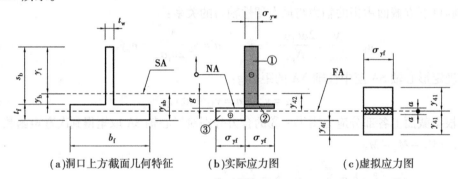

（a）洞口上方截面几何特征　　（b）实际应力图　　（c）虚拟应力图

图 6.23　中性轴 NA 在钢梁下翼缘时洞口角点④截面上的应力分布图

①由于中性轴 NA 在翼缘内，将洞口上、下方截面的最大塑性轴力差值换算成翼缘的折算高度 y_{4f}：

$$y_{4f} = \frac{N_{plt} - N_{plb}}{2b_f \sigma_{yf}} \tag{6.85}$$

②虚拟应力图中假想面积平分轴 y_{41}：

$$y_{41} = \frac{N_{plt}}{2b_f \sigma_{yf}} \tag{6.86}$$

③计算形心轴 SA 至面积平分轴 FA 的距离 y_{42}：

$$y_{42} = y_{sb} + y_{4f} - y_{41} \tag{6.87}$$

④洞口下方截面承担的轴力与最大塑性轴力的关系：

$$n_b = \frac{N}{N_{plt}} = \frac{2ab_f \sigma_{yf}}{N_{plt}} \quad \Rightarrow \quad a = n_b \frac{N_{plt}}{2b_f \sigma_{yf}} = n_b y_{41} \tag{6.88}$$

⑤确定形心轴 SA 至中性轴 NA 的距离 g：

$$g = y_{42} - a = y_{42} - n_b y_{41} \tag{6.89}$$

⑥根据截面上各部分应力图①～③的合力分别对形心轴 SA 取矩得到次弯矩函数 M_{41}：

$$M_{41} = M_1 - M_2 + M_3$$

$$= t_w \sigma_{yw} \frac{y_t^2 - y_b^2}{2} - b_f \sigma_{yf} \frac{g^2 - y_b^2}{2} + b_f \sigma_{yf} \frac{y_{sb}^2 - g^2}{2}$$

$$= -b_f \sigma_{yf} g^2 + t_w \sigma_{yw} \frac{y_t^2 - y_b^2}{2} + b_f \sigma_{yf} \frac{y_b^2 + y_{sb}^2}{2} \tag{6.90}$$

将式(6.89)代入式(6.90)可得:

$$M_{41} = -b_f \sigma_{yf} (y_{42} - n_b y_{41})^2 + 0.5 t_w \sigma_{yw} (y_t^2 - y_b^2) + 0.5 b_f \sigma_{yf} (y_b^2 + y_{sb}^2) \tag{6.91}$$

因此,次弯矩函数 M_{31} 可写成如下形式:

$$M_{41} = -b_f \sigma_{yf} y_{41}^2 n_b^2 + 2b_f \sigma_{yf} y_{41} y_{42} n_b + M_{41}^0 \tag{6.92}$$

其中:

$$M_{41}^0 = -b_f \sigma_{yf} y_{42}^2 + 0.5 t_w \sigma_{yw} (y_t^2 - y_b^2) + 0.5 b_f \sigma_{yf} (y_b^2 + y_{sb}^2) \tag{6.93}$$

6.4.4.2 中性轴 NA 在下腹板内

此时满足:$(y_{44} - y_b) \leqslant a \leqslant (y_{44} + y_t)$ 或 $\dfrac{y_{44} - y_b}{y_{43}} \leqslant n_b \leqslant \dfrac{y_{44} + y_t}{y_{43}}$。

随着轴力的继续增加,中性轴将从钢梁翼缘顶部向钢梁腹板内移动,截面上的应力分布如图6.24所示。

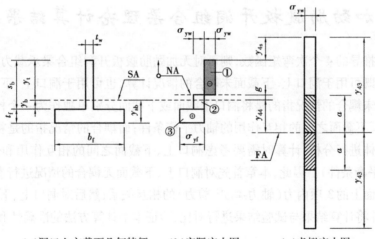

(a)洞口上方截面几何特征　　(b)实际应力图　　(c)虚拟应力图

图6.24　中性轴 NA 在钢梁腹板时洞口角点④截面上的应力分布图

①将洞口上、下方截面的最大塑性轴力差值换算成腹板的折算高度 y_{4s}:

$$y_{4s} = \frac{N_{plt} - N_{plb}}{2 t_w \sigma_{yw}} \tag{6.94}$$

②虚拟应力图中假想面积平分轴 y_{43}:

$$y_{43} = \frac{N_{plt}}{2 t_w \sigma_{yw}} \tag{6.95}$$

③计算形心轴 SA 至面积平分轴 FA 的距离 y_{44}:

$$y_{44} = y_{43} - (y_{4s} + y_t) \tag{6.96}$$

④洞口下方截面承担的轴力与最大塑性轴力的关系:

$$n_b = \frac{N}{N_{plt}} = \frac{2at_w\sigma_{yw}}{N_{plt}} \quad \Rightarrow \quad a = n_b\frac{N_{plt}}{2t_w\sigma_{yw}} = n_b y_{43} \tag{6.97}$$

⑤确定形心轴 SA 至中性轴 NA 的距离 g：

$$g = a - y_{44} = n_b y_{43} - y_{44} \tag{6.98}$$

⑥根据截面上各部分应力图①~③的合力分别对形心轴 SA 取矩得到次弯矩函数 M_{42}：

$$M_{42} = M_1 + M_2 + M_3$$

$$= t_w\sigma_{yw}\frac{y_t^2 - g^2}{2} + t_w\sigma_{yw}\frac{y_b^2 - g^2}{2} + b_f\sigma_{yf}\frac{y_{sb}^2 - y_b^2}{2}$$

$$= -t_w\sigma_{yw}g^2 + t_w\sigma_{yw}\frac{y_t^2 + y_b^2}{2} + b_f\sigma_{yf}\frac{y_{sb}^2 - y_b^2}{2} \tag{6.99}$$

将式(6.98)代入式(6.99)可得：

$$M_{42} = -t_w\sigma_{yw}(n_b y_{43} - y_{44})^2 + 0.5t_w\sigma_{yw}(y_t^2 + y_b^2) + 0.5b_f\sigma_{yf}(y_{sb}^2 - y_b^2) \tag{6.100}$$

因此,次弯矩函数 M_{31} 可写成如下形式：

$$M_{42} = -t_w\sigma_{yw}y_{43}^2 n_b^2 + 2t_w\sigma_{yw}y_{43}y_{44}n_b + M_{42}^0 \tag{6.101}$$

其中：

$$M_{42}^0 = -t_w\sigma_{yw}y_{44}^2 + 0.5t_w\sigma_{yw}(y_t^2 + y_b^2) + 0.5b_f\sigma_{yf}(y_{sb}^2 - y_b^2) \tag{6.102}$$

6.5　无加劲肋腹板开洞组合梁理论计算结果分析

根据前面推导的 4 个次弯矩函数,则可对无加劲肋腹板开洞组合梁承载力进行计算。这些次弯矩函数既可用于洞口上、下截面未耦合的情况计算,也可用于洞口上、下截面耦合的情况计算。这里未耦合的情况指的是将洞口上截面或下截面分别单独作为一个构件进行分析,不考虑洞口上、下截面之间的相互作用的轴力平衡条件;而耦合的情况指的是将洞口上、下截面作为一个整体进行分析,计算时需要考虑洞口上、下截面之间的相互作用和全截面的平衡条件(即轴力平衡条件)。因此,本章首先对洞口上、下截面无耦合的情况进行参数分析,研究洞口处 4 个截面上的 3 项内力(轴力-弯矩-剪力)的相互关系;然后对洞口上、下截面耦合的情况进行分析,并将计算结果与试验结果进行对比,验证本书计算方法的准确性和可靠性。

6.5.1　洞口上下弦杆未耦合时截面承载力相关曲线

本节将根据推导的公式,分别对洞口上、下弦杆单独进行分析。其中洞口上弦杆在轴向压力作用下,研究混凝土板厚、配筋率及腹板高度等参数变化时各截面上轴力-次弯矩-剪力之间的承载力相关曲线,分析轴向压力对洞口上方的次弯矩 M_1、M_2 和剪力 V_t 的影响;而洞口下弦杆在轴向拉力作用下,主要研究腹板高度变化时各截面上轴力-次弯矩-剪力之间的承载力相关曲线,分析轴向拉力对洞口下方的次弯矩 M_3、M_4 和剪力 V_b 的影响。

6.5.1.1　混凝土板厚对承载力的影响

为研究混凝土板厚变化时各截面上轴力-次弯矩-剪力之间的承载力相关曲线,对 3 个不同板厚的试件进行了理论计算。洞口上方截面尺寸如图 6.25 所示,板厚分别为100 mm、115 mm、130 mm。混凝土强度等级为 C40,钢梁采用 Q235,钢筋采用 HRB335,材料的各项参数均采用材料力学性能实验的实际测量值。洞口上方截面的轴力-次弯矩相关曲线如图 6.25 所示,轴力-剪力相关曲线如图 6.26 所示。

从图 6.25 中可以看出:洞口上方的次弯矩 M_1、M_2 随着板厚的增加而增大,但是次弯矩 M_2 增长幅度明显大于次弯矩 M_1。当次弯矩等于零时,轴力达到最大值,此时截面上只有主弯矩没有次弯矩,处于纯主弯曲状态,比如在简支梁的纯弯区段,如图 4.3 所示;当轴力等于零时,而次弯矩没有达到最大值,此时截面上只有次弯矩没有主弯矩,处于纯剪状态,比如在连续梁的反弯点处,如图 4.4 所示;当轴力达到一定值时,次弯矩达到了最大值,如图中曲线上的圆点处(本书称为界限破坏点,此时的轴力为 N_{tp}),当轴力 $N \leq N_{tp}$ 时,次弯矩随着轴力的增大而增大;当轴力 $N > N_{tp}$ 时,次弯矩随着轴力的增大反而减小。

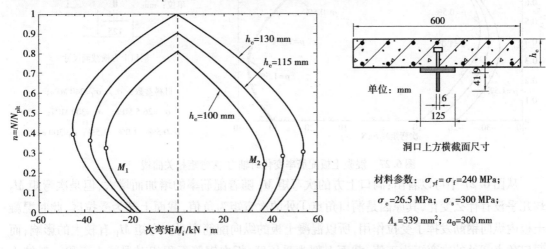

图 6.25　混凝土板厚变化时轴力-次弯矩相关曲线

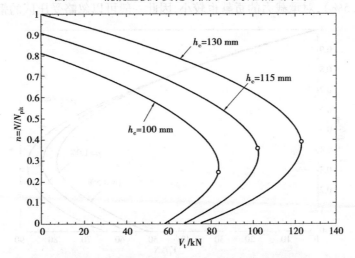

图 6.26　混凝土板厚变化时轴力-剪力相关曲线

同样从图 6.26 中可以看出:洞口上方的剪力 V_t 随着板厚的增加而增大。3 种不同板厚的计算结果一致表明,当轴力 $N \leq N_{tp}$ 时,剪力随着轴力的增大而增大,说明洞口上方的轴向压力对抗剪承载力是有利的,而且提高了抗剪强度;但是,当轴力 $N > N_{tp}$ 时,剪力随着轴力的增大反而减小,其原因是,随着轴力的继续增大,材料的大部分强度被轴力引起的正应力消耗了;当轴力达到最大值 N_{plt} 时,剪力等于零。

6.5.1.2 混凝土板配筋率对承载力的影响

为研究混凝土板配筋率变化时各截面上轴力-次弯矩-剪力之间的承载力相关曲线,对 3 根不同配筋率的试件进行了理论计算。洞口上方截面尺寸如图 6.27 所示,混凝土板纵向配筋率分别为 $\rho = 0.5\%$、1.0%、1.5%,各试件实际配筋面积按式 $A_s = \rho b_e h_c$ 计算。

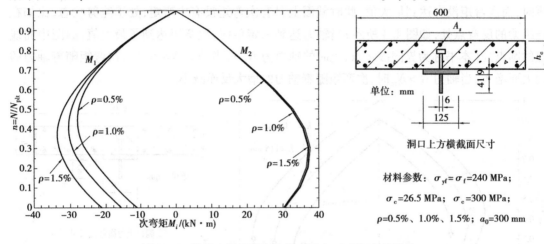

洞口上方横截面尺寸

单位:mm

材料参数: $\sigma_{yf} = \sigma_f = 240$ MPa;

$\sigma_c = 26.5$ MPa; $\sigma_c = 300$ MPa;

$\rho = 0.5\%$、1.0%、1.5%; $a_0 = 300$ mm

图 6.27 混凝土板配筋率变化时轴力-次弯矩相关曲线

从图 6.27 中可以看出:洞口上方的次弯矩 M_1 随着配筋率的增加而增大,但是次弯矩 M_2 却几乎没有什么变化,其原因是洞口角点①处的次弯矩为负值,截面上部为受拉区,此时混凝土板内纵向钢筋发挥了受拉作用,所以混凝土板的纵向配筋率对次弯矩 M_1 有较大的影响;而洞口角点②处的次弯矩为正值,截面上部为受压区,板内钢筋面积相对混凝土面积一般较小(仅占 $0.5\% \sim 1.5\%$),对承载力的贡献也较小,因此一般可以忽略受压区的钢筋的作用。

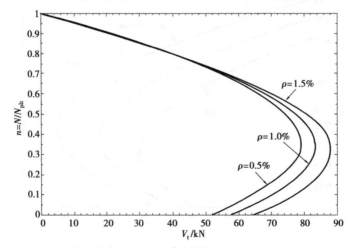

图 6.28 混凝土板配筋率变化时轴力-剪力相关曲线

从图 6.28 中可以看出:洞口上方的剪力 V_t 随着混凝土板配筋率的增加而增大。其原因是纵向配筋率较大时,混凝土骨料机械咬合力作用提高,同时销栓作用增强,从而提高了混凝土翼板的抗剪强度。

6.5.1.3　洞口上方腹板高度对承载力的影响

为研究洞口上方腹板高度变化时各截面上轴力-次弯矩-剪力之间的承载力相关曲线,对 3 个不同腹板高度的试件进行了理论计算。洞口上方截面尺寸如图 6.29 所示,其中腹板高度分别为 $s_t = 16$ mm、41 mm、66 mm。

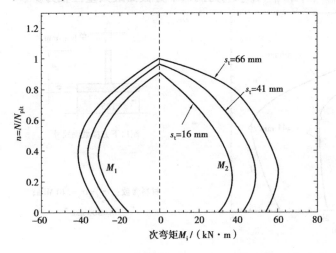
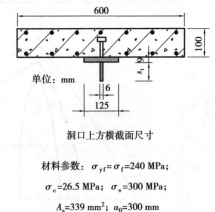

材料参数:　$\sigma_{yf} = \sigma_f = 240$ MPa;

$\sigma_c = 26.5$ MPa;　$\sigma_s = 300$ MPa;

$A_s = 339$ mm^2;　$a_0 = 300$ mm

洞口上方横截面尺寸

图 6.29　洞口上方腹板高度变化时轴力-次弯矩相关曲线

从图 6.29 中可以看出:洞口上方的次弯矩 M_1、M_2 随着洞口上方腹板高度的增加而增大,但是次弯矩 M_2 增长幅度明显大于次弯矩 M_1。其原因是洞口角点②处的次弯矩为正值,截面上部受压下部受拉,随着钢梁腹板高度的增加,充分发挥了钢材抗拉强度高和混凝土抗压性能好的优点。而洞口角点①处的次弯矩为负值,截面上部受拉下部受压,由于截面上部混凝土板内配筋率没有变化,只增加截面下部钢梁腹板面积,虽然次弯矩 M_1 有所增加,但增长幅度有限。

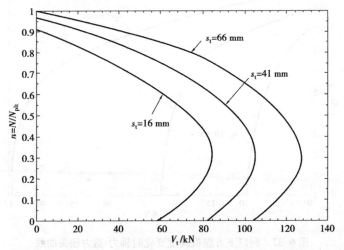

图 6.30　洞口上方腹板高度变化时轴力-剪力相关曲线

从图 6.30 中可以看出:洞口上方的剪力 V_t 随着洞口上方腹板高度的增加而增大。当洞口上方腹板高度较小时($s_t = 16$ mm),大部分剪力由混凝土板承担;随着腹板高度的增加,即腹板受剪面积的增大,洞口上方抗剪承载力有了较大幅度的提高。

6.5.1.4 洞口下方腹板高度对承载力的影响

为研究洞口下方腹板高度变化时各截面上轴力-次弯矩-剪力之间的承载力相关曲线,对 3 个不同腹板高度的试件进行了理论计算。洞口下方截面尺寸如图 6.31 所示,其中腹板高度分别为 $s_b = 16$ mm、41 mm、66 mm。$N_{plb} = b_f t_f \sigma_{yf} + s_b t_w \sigma_{yw}$ 为洞口下方截面最大塑性轴力。

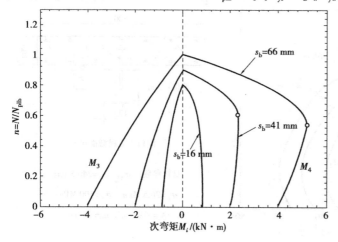
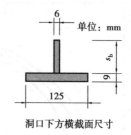

图 6.31 洞口下方腹板高度变化时轴力-次弯矩相关曲线

从图 6.29 中可以看出:洞口下方的次弯矩 M_3、M_4 随着洞口下方腹板高度的增加而增大。而且 3 种不同高度的腹板的计算结果一致表明次弯矩 M_3 随着轴向拉力的增大而逐渐减小,当轴力等于零时,次弯矩 M_3 达到最大值;当轴力达到最大值时,次弯矩 M_3 等于零;而次弯矩 M_4 起初随着轴向拉力的增加而增大,当次弯矩 M_4 达到最大值后,然后随着轴向拉力的增加而逐渐减小,同样当轴力达到最大值时,次弯矩 M_4 等于零。

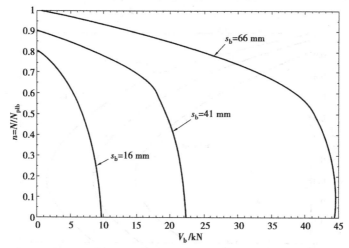

图 6.32 洞口下方腹板高度变化时轴力-剪力相关曲线

从图 6.32 中可以看出:洞口下方的剪力 V_b 随着洞口下方腹板高度的增加而增大。而且 3 种不同高度的腹板的计算结果一致表明,当轴力达到最大值时,剪力等于零;当剪力达到最大值时,轴力等于零,洞口下方的剪力 V_b 随着轴向拉力的增大而减小,说明轴向拉力降低了洞口下方截面的抗剪强度。

6.5.2　洞口上下弦杆耦合时截面承载力相关曲线

将洞口上、下弦杆作为一个整体进行分析,同时考虑洞口上、下截面之间的相互作用和全截面的平衡条件,按照图 6.8 和图 6.9 所示的思路及流程图,就可以对腹板开洞组合梁的承载力相关曲线进行分析。

6.5.2.1　洞口居中时轴力-次弯矩相关曲线

为研究洞口居中设置时各截面上轴力-次弯矩之间的相关曲线,对本书第 2 章中试验梁 A2 进行理论计算。计算结果如图 6.33 所示。其中 M_1、M_2 为洞口上方的次弯矩,M_3、M_4 为洞口下方的次弯矩。

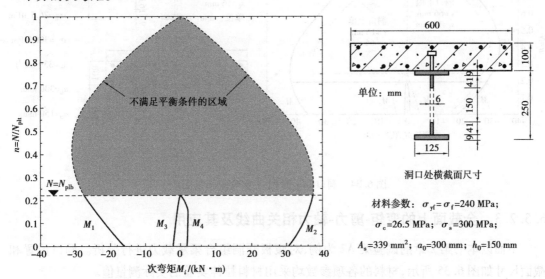

图 6.33　洞口居中时轴力-次弯矩相关曲线

从图 6.33 中可以看出:当洞口下弦杆的轴力达到其最大塑性轴力 N_{plb} 时,洞口下方的次弯矩 M_3、M_4 达到最小值(图中虚线位置次弯矩 M_3 和 M_4 均为零),此时洞口下方截面材料强度已经全部被耗尽了,不能再提供轴力与洞口上弦杆进行平衡。虽然洞口上弦杆还可以继续承担轴力,但已经不满足轴力平衡条件了(如图中阴影部分区域,其实这部分区域在实际结构的承载力计算中是不允许出现的,否则不能满足水平方向的轴力平衡条件,为了更清楚说明此问题,图中补齐了这部分区域),所以,洞口上方的次弯矩 M_1、M_2 有一部分强度是不能被利用的。虚线以下部分区域的轴力和次弯矩均能满足全截面上的平衡条件,当给定一个轴力 N 值(或相对轴力 n)时,就有唯一确定的次弯矩 M_i。

6.5.2.2　洞口偏心时轴力-次弯矩相关曲线

在实际工程中,有时候为了满足管道安装高度的要求,导致洞口在腹板高度方向不是对中设置,而是洞口向下或者向上偏心,如图 6.34 所示。

从图 6.34 中计算结果可以看出:当洞口向下偏心时,洞口下方的腹板面积相对变小了,从而导致了洞口下方截面的轴力和次弯矩也会变小,也就是说:由次弯矩 M_3 和 M_4 相关曲线所包围的图形面积缩小了(如图中的实横线以下部分)。当洞口向上偏心时,洞口下方的腹板面积则相对变大了,由次弯矩 M_3 和 M_4 相关曲线所包围的图形面积也将会变大(如图中的虚横线以下部分),满足水平方向轴力平衡条件的范围得到扩大。通过对两种偏心情况对比可知,洞口偏心时承载力大小主要取决于洞口下方与上方截面面积的比例关系。在图 6.34 中给出了洞口沿腹板高度偏移变化后的相关曲线,通过这种变化可对洞口沿腹板高度的位置进行优化,4 个次弯矩相关曲线所包围的图形面积越大,承载力就越大。

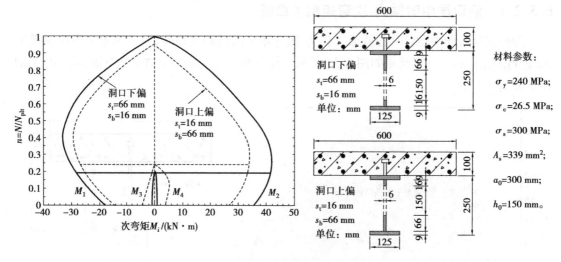

图 6.34　洞口偏心时轴力-次弯矩相关曲线

6.5.2.3　全截面上的弯矩-剪力-轴力相关曲线及其应用

下面以本书第 2 章的试验梁 A2 为例,对腹板开洞组合梁承载力进行分析。洞口位置和截面尺寸如图 6.35 所示,材料的各项参数均采用材料拉伸实验的实际测量值。

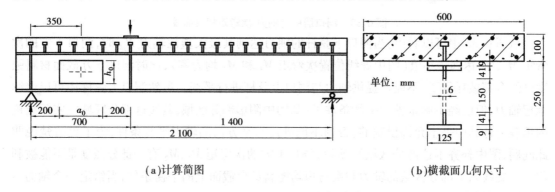

(a)计算简图　　　　　　　　　　　　　(b)横截面几何尺寸

图 6.35　腹板开洞组合梁承载力计算实例(单位为 mm)

首先根据本章 6.3 节提出的腹板开洞组合梁承载力求解方法,将洞口上、下弦杆作为一个整体进行分析,同时考虑洞口上、下弦杆之间的相互作用和平衡条件,求出各部分截面上的剪力、轴力和次弯矩,然后根据承载力叠加法,就可以求得全截面上的总弯矩 M_g 和总剪力 V_g,计算结果如图 6.36 所示。

从图 6.36 中可以看出:虚线部分为不满足轴力平衡条件的区域,实线部分为均能满足轴力平衡条件的区域。在满足平衡条件区域内,洞口处的总弯矩由主弯矩和次弯矩叠加得到,总剪力由洞口上方和下方截面的剪力叠加得到。

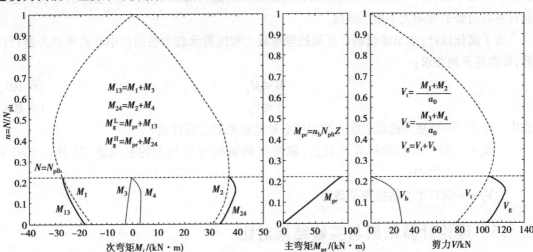

图 6.36 部分截面与全截面上的内力

在实际工程中,为了方便结构设计人员的应用,可将 M_g-V_g-N 相关曲线绘制成计算图表,如图 6.37 所示。利用此计算图表,可得到腹板开洞组合梁的抗弯和抗剪承载力。

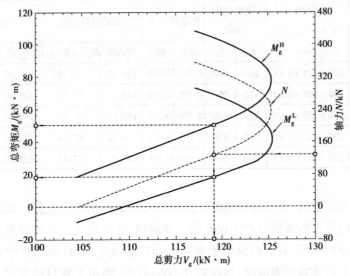

图 6.37 弯矩-剪力-轴力相关曲线

从图 6.37 中可以看出:相关曲线上的任一点代表截面处于承载力极限状态时的一种内力组合。当给定轴力 N 时,有其唯一对应的弯矩 M_g 和剪力 V_g,或者说构件可以在不同的 N 和 M、V 的组合下达到其极限承载能力状态。其中轴力可根据洞口上方混凝土板承担的压力、洞口下方 T 形截面钢梁承担的拉力、洞口中心至支座之间的栓钉连接件承担的纵向剪力这 3 种情况的最小值进行确定,即 $N = \min\{0.85\sigma_c b_c h_c, n_r N_v^c, \sigma_y A_{sb}\}$。其中,$n_r$ 为洞口中心至支座之间的栓钉连接件数目,N_v^c 为每个栓钉连接件的纵向抗剪承载力;A_{sb} 为洞口下方 T 形截面面积。洞口左侧的截面强度部分被用于承担负的次弯矩 M_1 和 M_3,剩余的部分被用于承担正的主弯矩 M_{pr},而洞口右侧的截面上的次弯矩 M_2 和 M_4 和主弯矩 M_{pr} 都为正的,因此,洞口左侧截面上的弯矩承载力小于洞口右侧截面上的弯矩承载力,如图中的 M_g^L 和 M_g^H 相关曲线所示。严格来说,洞口左侧和右侧处的截面强度都应进行验算,原因是:通常由荷载引起的洞口左右边处的弯矩大小是不同的。

为了简化设计,本书建议洞口区域抗弯承载力和抗剪承载力按洞口中心的承载力进行计算,即满足下列要求:

$$M \leqslant M_g \tag{6.103}$$

$$V \leqslant V_g \tag{6.104}$$

式中　M、V——分别为荷载引起的洞口中心处弯矩和剪力设计值;

　　　　M_g——洞口中心的抗弯承载力,取洞口两侧抗弯承载力的平均值,即 $M_g = (M_g^L + M_g^H)/2$;

　　　　V_g——洞口中心的抗剪承载力。

6.5.3　理论计算结果与实验结果对比

为了验证本书所建议的承载力计算方法的准确性,将第 2 章 5 根腹板开洞组合梁的试验结果与理论计算结果进行比较,见表 6.1。

表 6.1　理论结果与有限元结果对比

试件编号	洞口($a_0 \times h_0$)/mm	钢梁($h_s \times b_f \times t_w \times t_f$)/mm	混凝土板/mm		配筋率 ρ/%		理论计算结果		试验结果		V_g^a/V_g^a
			h_c	b_e	纵向	横向	V_g^a/kN	M_g^a/(kN·m)	V_g^a/kN	M_g^a/(kN·m)	
A2	300×150	$250 \times 125 \times 6 \times 9$	100	600	0.5%	0.5%	118.87	39.10	115.00	40.25	1.03
A3	300×150	$250 \times 125 \times 6 \times 9$	115	600	0.5%	0.5%	127.25	44.54	129.46	45.31	0.98
A4	300×150	$250 \times 125 \times 6 \times 9$	130	600	0.5%	0.5%	140.93	49.33	146.20	51.17	0.96
B1	300×150	$250 \times 125 \times 6 \times 9$	100	600	1.0%	0.5%	129.32	45.26	123.07	43.07	1.05
B2	300×150	$250 \times 125 \times 6 \times 9$	100	600	1.5%	0.5%	135.65	47.48	128.33	44.92	1.06

从表 2.1 中可以看出,各试件的理论计算结果与实测结果吻合良好。试验测量中不确定因素和理论推导过程中的假设是产生误差的主要原因,比如理论公式推导时考虑了混凝土翼板内纵向钢筋的受拉作用,并假设纵向钢筋均达到屈服强度,而试验工程中混凝土翼板内纵向钢筋并不可能全都达到屈服应变,但误差在 10% 以内,满足工程设计要求。试验结果验证了本书理论计算方法的准确性,可以用于实际工程中腹板开洞组合梁承载力的计算。

6.6　本章小结

本章首先对腹板开洞组合梁的破坏模式进行了分析,其受力机理符合桁架结构受力特点。因此,本书基于空腹桁架力学模型,根据腹板开洞组合梁在承载能力极限状态下的洞口区域塑性应力分布,建立洞口 4 个次弯矩函数,提出一种腹板开洞组合梁的极限承载力计算方法。然后利用这 4 个次弯矩函数对组合梁洞口区域截面上的轴力-弯矩-剪力相关曲线进行了分析,得到了腹板开洞组合梁的抗弯和抗剪承载力计算图表。利用这种方法对腹板开洞组合梁进行分析,并与试验结果进行了对比,得到如下主要结论:

①混凝土板厚对洞口上方的次弯矩、轴力和剪力有较大的影响,次弯矩、轴力和剪力随着板厚的增加而增大。而且洞口上方截面的轴力-弯矩-剪力相关曲线表明,当轴力较小时,次弯矩和剪力随着洞口上方轴向压力的增加而增大,说明在一定程度上轴向压力的存在使得洞口上方截面的受弯和受剪承载力提高,此时轴力对组合梁起到有利作用。

②混凝土板配筋率仅对洞口上方的次弯矩 M_1 有一定的影响,而对次弯矩 M_2 和剪力影响较小。

③腹板高度对洞口下方的次弯矩、轴力和剪力有较大的影响。次弯矩、轴力和剪力随着板厚的增加而增大。而且洞口下方截面的轴力-弯矩-剪力相关曲线表明,洞口下方次弯矩和剪力随着轴向拉力的增加而减小,说明轴向拉力降低了洞口下方截面的抗弯和抗剪承载力。

④洞口偏心对次弯矩、轴力和剪力有较大的影响。当洞口向下偏心时,洞口下方截面的轴力和次弯矩会变小;当洞口向上偏心时,洞口下方截面的轴力和次弯矩将会变大,因此满足水平方向轴力平衡条件的范围得到扩大。

⑤为了设计的方便,将洞口区域截面上轴力-弯矩-剪力相关曲线绘制成计算图表,便能确定出腹板开洞组合梁的承载力,并与试验结果进行了对比,理论计算结果与试验结果吻合良好,验证了该计算方法的准确性。

第7章
带加劲肋腹板开洞组合梁极限承载力理论分析

7.1 引 言

为了降低层高和节约建设资金,工程师希望在组合梁腹板上开洞让各种管道穿过。但是,腹板开洞后对组合梁的受力性能会带来一定的影响,由于洞口的存在削弱了组合梁的截面,使得组合梁的刚度和承载力明显降低。因此,提高腹板开洞组合梁的承载力和理论计算一直是许多学者研究的问题。本书第5章已介绍了几种洞口加强方式,其中提高开洞组合梁承载力最常见的方法是在洞口上、下方设置纵向加劲肋,如图7.1所示。由于目前国内还缺乏这方面的理论研究,也没有相关的规范和技术规程给出洞口设置加劲肋或无加劲肋的腹板开洞组合梁的设计方法。鉴于这种情况,本章将塑性理论计算方法扩展到设置纵向加劲肋的腹板开洞组合梁承载力的计算,不同的是需要考虑加劲肋对承载力的贡献,次弯矩函数形式发生了变化。

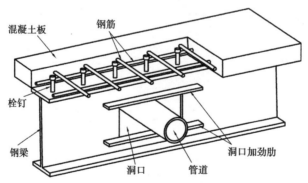

图7.1 带加劲肋腹板开洞组合梁示意图

7.2 带加劲肋腹板开洞组合梁力学模型

洞口设置纵向加劲肋的腹板开洞组合梁如图7.2(a)所示,其破坏机理及计算基本假定均与第6章的无加劲肋腹板开洞组合梁一致,本章基于四铰空腹破坏模式建立带加劲肋腹板开洞组合梁力学模型,如图7.2(b)所示。从力学模型可以看出,洞口区域受力情况与无加劲肋腹板开洞组合梁基本一致,只是考虑了加劲肋对受力性能的影响。因此,带加劲肋腹板开洞组合梁的承载力求解思路同样可按图6.8进行,不同的是需要考虑加劲肋对承载力的贡献,洞口处 4 个次弯矩函数形式就发生了变化,下面将推导带加劲肋腹板开洞组合梁的次弯矩函数。

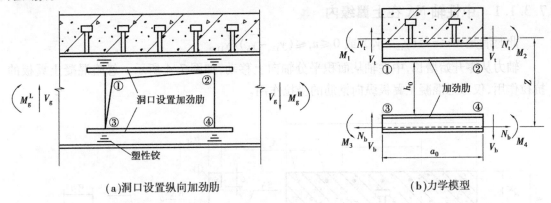

（a）洞口设置纵向加劲肋　　　　　　　　　（b）力学模型

图 7.2　带加劲肋腹板开洞组合梁力学模型

7.3　带加劲肋腹板开洞组合梁次弯矩函数的推导

在承载能力极限状态下,假设钢梁和加劲肋达到了完全塑性,各点应力均为屈服强度,混凝土翼板塑性受压区各点均达到塑性极限应变,此时钢梁、加劲肋和混凝土翼板均满足理想的塑性假设。根据截面上的等效矩形应力图推导出带加劲肋腹板开洞组合梁的 4 个次弯矩函数。

7.3.1　次弯矩函数 M_1

由于洞口角点①截面上的次弯矩均为负值,上部受拉、下部受压,在轴向压力作用下,中性轴(NA 轴)只可能从面积平分轴(FA)向上移动,且中性轴可经过 3 个区域,即在钢梁翼缘内(a)和(b)、在钢筋区域下的混凝土板内(c)、在钢筋区域内(d)和(e),如图 7.3 所示。因此次弯矩函数 M_1 需要分 3 段建立。

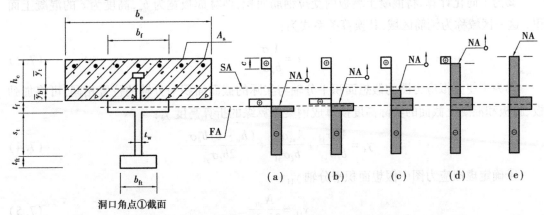

图 7.3　洞口角点①截面上的应力分布图及中性轴变化情况

图 7.3(a)中的应力状态,轴力为零时,次弯矩达到最大值;图 7.3(e)中的应力状态,次弯矩为零时,轴力达到最大值;图 6.12(b)~(d)的应力的分布代表的是介于前面两种应力状态

之间,即截面上既有轴力又有次弯矩的存在。

7.3.1.1 中性轴 NA 在上翼缘内

此时满足:$0 \leqslant a \leqslant (y_{12} - \overline{y}_b)$ 或 $0 \leqslant n_t \leqslant (y_{12} - \overline{y}_b)/y_{11}$。

轴力从零开始增长,中性轴从面积平分轴向上移动,如图 7.4 所示。忽略混凝土翼板的抗拉作用,仅考虑混凝土翼板纵向钢筋的受拉作用。

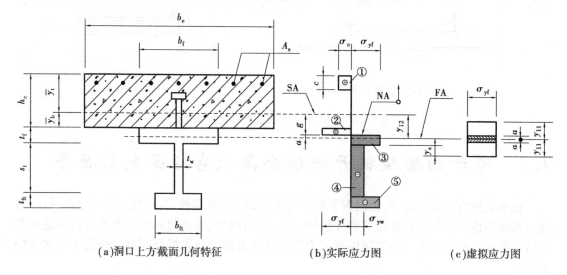

（a）洞口上方截面几何特征　　　（b）实际应力图　　　（c）虚拟应力图

图7.4　中性轴 NA 在钢梁上翼缘时洞口角点①截面上的应力分布图

①计算洞口上方截面的形心轴位置为:

$$\overline{y}_t = \frac{0.5 b_e h_c^2 \sigma_c + A_{ft} \sigma_{yf}(h_c + 0.5 t_f) + A_{wt} \sigma_{yw}(h_c + t_f + 0.5 s_t) + A_{st} \sigma_{yf}(h_c + t_f + s_t + 0.5 t_{ft})}{A_c \sigma_c + A_{ft} \sigma_{yf} + A_{wt} \sigma_{yw} + A_{st} \sigma_{yf}}$$

$$(7.1)$$

$$\overline{y}_b = h_c - \overline{y}_t \tag{7.2}$$

②为了简化计算,将混凝土翼板内受拉钢筋面积,换算成板宽为 b_e,高度为 c 的混凝土面积,这一区域称为钢筋区域,其换算关系式为:

$$c = \frac{A_s \sigma_s}{b_e \sigma_c} \tag{7.3}$$

③为了使虚拟应力图的假想面积平分轴与实际的截面面积平分轴的位置相同,可将加劲板、腹板和混凝土截面的实际高度换算成钢梁上翼缘的折算高度 y_s:

$$y_s = \frac{A_{st} \sigma_{yf}}{b_f \sigma_{yf}} + \frac{A_{wt} \sigma_{yw}}{b_f \sigma_{yf}} + \frac{(h_c - c) b_e \sigma_c}{2 b_f \sigma_{yf}} \tag{7.4}$$

④确定虚拟应力图中假想面积平分轴 y_{11}:

$$y_{11} = \frac{N_{plt}}{2 b_f \sigma_{yf}} \tag{7.5}$$

式中　$N_{plt} = A_c \sigma_c + A_{ft} \sigma_{yf} + A_{wt} \sigma_{yw} + A_{st} \sigma_{yf}$ 为洞口上方截面的最大塑性轴力。

⑤计算形心轴 SA 至面积平分轴 FA 的距离 y_{12}:

$$y_{12} = \overline{y}_b + t_f + y_s - y_{11} \tag{7.6}$$

⑥洞口上方截面承担的轴力与最大塑性轴力的关系：

$$n_t = \frac{N}{N_{plt}} = \frac{2ab_f\sigma_{yf}}{N_{plt}} \quad \Rightarrow \quad a = n_t\frac{N_{plt}}{2b_f\sigma_{yf}} = n_ty_{11} \tag{7.7}$$

⑦确定形心轴 SA 至中性轴 NA 的距离 g：

$$g = y_{12} - a = y_{12} - n_ty_{11} \tag{7.8}$$

⑧根据截面上各部分应力图①～⑤的合力分别对形心轴 SA 取矩得到次弯矩函数 M_{11}：

$$M_{11} = M_1 - M_2 + M_3 + M_4 + M_5$$

$$= b_e\sigma_c\frac{\bar{y}_t^2 - (\bar{y}_t - C)^2}{2} - b_f\sigma_{yf}\frac{g^2 - \bar{y}_b^2}{2} + b_f\sigma_{yf}\frac{(\bar{y}_b + t_f)^2 - g^2}{2} + t_ws_t\sigma_{yw}(\bar{y}_b + t_f + 0.5s_t) +$$

$$t_{ft}b_{ft}\sigma_{yf}(\bar{y}_b + t_f + s_t + 0.5t_{ft})$$

$$= -b_f\sigma_{yf}g^2 + b_f\sigma_{yf}\frac{(\bar{y}_b + t_f)^2 + \bar{y}_b^2}{2} + b_e\sigma_c\frac{\bar{y}_t^2 - (\bar{y}_t - C)^2}{2} + t_ws_t\sigma_{yw}(\bar{y}_b + t_f + 0.5s_t) +$$

$$t_{ft}b_{ft}\sigma_{yf}(\bar{y}_b + t_f + s_t + 0.5t_{ft}) \tag{7.9}$$

将式(7.8)代入式(7.9)可得：

$$M_{11} = -b_f\sigma_{yf}(y_{12} - n_ty_{11})^2 + 0.5b_f\sigma_{yf}[(\bar{y}_b + t_f)^2 + \bar{y}_b^2] + 0.5b_e\sigma_c[\bar{y}_t^2 - (\bar{y}_t - C)^2] +$$

$$t_ws_t\sigma_{yw}(\bar{y}_b + t_f + 0.5s_t) + t_{ft}b_{ft}\sigma_{yf}(\bar{y}_b + t_f + s_t + 0.5t_{ft}) \tag{7.10}$$

因此，次弯矩函数 M_{11} 可写成如下形式：

$$M_{11} = -b_f\sigma_{yf}y_{11}^2n_t^2 + 2b_f\sigma_{yf}y_{11}y_{12}n_t + M_{11}^0 \tag{7.11}$$

其中：

$$M_{11}^0 = -b_f\sigma_{yf}y_{12}^2 + 0.5b_f\sigma_{yf}[(\bar{y}_b + t_f)^2 + \bar{y}_b^2] + 0.5b_e\sigma_c[\bar{y}_t^2 - (\bar{y}_t - C)^2] +$$

$$t_ws_t\sigma_{yw}(\bar{y}_b + t_f + 0.5s_t) + t_{ft}b_{ft}\sigma_{yf}(\bar{y}_b + t_f + s_t + 0.5t_{ft}) \tag{7.12}$$

7.3.1.2　中性轴 NA 在混凝土翼板内

此时满足：$(y_{s2} - y_{13}) \leq a \leq (y_{14} + \bar{y}_t - c)$ 或 $(y_{s2} - y_{13})/(y_{s2} + h_c) \leq n_t \leq (y_{14} + \bar{y}_t - c)/(y_{s2} + h_c)$。

随着轴力的增加，中性轴从钢梁翼缘向混凝土板内移动，如图 7.5 所示。

①由于中性轴 NA 在混凝土翼板内，将加劲板、腹板和翼缘截面的实际高度换算成混凝土的折算高度 y_{s2}，

$$y_{s2} = \frac{A_{ft}\sigma_{yf} + A_{wt}\sigma_{yw} + A_{st}\sigma_{yf}}{b_e\sigma_c} \tag{7.13}$$

②确定虚拟应力图中假想面积平分轴 FA 位置 y_{13}：

$$y_{13} = c \tag{7.14}$$

③计算形心轴 SA 至面积平分轴 FA 的距离 y_{14}：

$$y_{14} = y_{s2} + \bar{y}_b - y_{13} \tag{7.15}$$

④洞口上方截面承担的轴力与最大塑性轴力的关系：

$$n_t = \frac{N}{N_{plt}} = \frac{ab_e\sigma_c}{N_{plt}} \Rightarrow a = n_t\frac{N_{plt}}{b_e\sigma_c} = n_t\frac{b_eh_c\sigma_c + A_{ft}\sigma_{yf} + A_{wt}\sigma_{yw} + A_{st}\sigma_{yf}}{b_e\sigma_c} = n_t(h_c + y_{s2}) \tag{7.16}$$

⑤确定形心轴 SA 至中性轴 NA 的距离 g：

$$g = y_{14} - a = y_{14} - n_t(y_{s2} + h_c) \tag{7.17}$$

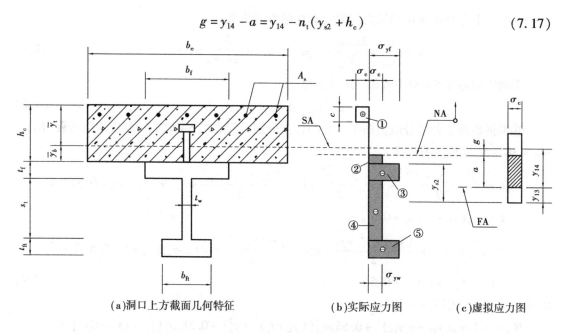

(a)洞口上方截面几何特征　　(b)实际应力图　　(c)虚拟应力图

图 7.5　中性轴 NA 在混凝土板内时洞口角点①截面上的应力分布图

⑥根据截面上各部分应力图①～⑤的合力分别对形心轴 SA 取矩得到次弯矩函数 M_{12}：

$$M_{12} = M_1 + M_2 + M_3 + M_4 + M_5$$

$$= b_e \sigma_c \frac{\overline{y_t}^2 - (\overline{y_t} - C)^2}{2} + b_e \sigma_c \frac{\overline{y_b}^2 - g^2}{2} + b_f \sigma_{yf} \frac{(\overline{y_b} + t_f)^2 - \overline{y_b}^2}{2} + t_w s_t \sigma_{yw}(\overline{y_b} + t_f + 0.5 s_t) +$$

$$t_{ft} b_{ft} \sigma_{yf}(\overline{y_b} + t_f + s_t + 0.5 t_{ft})$$

$$= -b_e \sigma_c \frac{g^2}{2} + b_e \sigma_c \frac{\overline{y_t}^2 + \overline{y_b}^2 - (\overline{y_t} - C)^2}{2} + b_f \sigma_{yf} \frac{(\overline{y_b} + t_f)^2 - \overline{y_b}^2}{2} + t_w s_t \sigma_{yw}(\overline{y_b} + t_f + 0.5 s_t) +$$

$$t_{ft} b_{ft} \sigma_{yf}(\overline{y_b} + t_f + s_t + 0.5 t_{ft}) \tag{7.18}$$

将式(7.17)代入式(7.18)可得：

$$M_{12} = -0.5 b_e \sigma_c [y_{14} - n_t(y_{s2} + h_c)]^2 + 0.5 b_e \sigma_c [\overline{y_t}^2 + \overline{y_b}^2 - (\overline{y_t} - C)^2] + b_f t_f \sigma_{yf}(\overline{y_b} + 0.5 t_f) +$$

$$t_w s_t \sigma_{yw}(\overline{y_b} + t_f + 0.5 s_t) + t_{ft} b_{ft} \sigma_{yf}(\overline{y_b} + t_f + s_t + 0.5 t_{ft}) \tag{7.19}$$

因此，次弯矩函数 M_{12} 可写成如下形式：

$$M_{12} = -0.5 b_e \sigma_c (y_{s2} + h_c)^2 n_t^2 + b_e \sigma_c (y_{s2} + h_c) y_{14} n_t + M_{12}^0 \tag{7.20}$$

其中：

$$M_{12}^0 = -0.5 b_e \sigma_c y_{14}^2 + 0.5 b_e \sigma_c [\overline{y_t}^2 + \overline{y_b}^2 - (\overline{y_t} - C)^2] + b_f t_f \sigma_{yf}(\overline{y_b} + 0.5 t_f) +$$

$$t_w s_t \sigma_{yw}(\overline{y_b} + t_f + 0.5 s_t) + t_{ft} b_{ft} \sigma_{yf}(\overline{y_b} + t_f + s_t + 0.5 t_{ft}) \tag{7.21}$$

7.3.1.3　中性轴 NA 在混凝土翼板顶钢筋内

此时满足：$(\overline{y_t} + y_{16} - c) \leqslant a \leqslant (\overline{y_t} + y_{16})$ 或 $\dfrac{\overline{y_t} + y_{16} - c}{y_{15}} \leqslant n_t \leqslant \dfrac{\overline{y_t} + y_{16}}{y_{15}}$。

随着轴力的继续增加，中性轴开始进入混凝土板中的钢筋区域内，如图 7.6 所示。

①确定假想面积平分轴 FA 位置 y_{15}：

$$y_{15} = \frac{N_{plt}}{2b_e\sigma_c} = \frac{A_c\sigma_c + A_{ft}\sigma_{yf} + A_{wt}\sigma_{yw} + A_{st}\sigma_{yf}}{2b_e\sigma_c} \qquad (7.22)$$

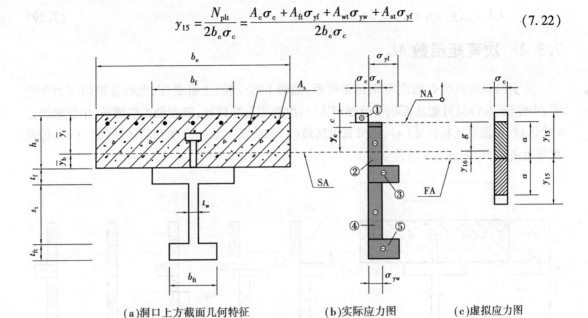

(a)洞口上方截面几何特征　　　　(b)实际应力图　　　　(c)虚拟应力图

图 7.6　洞口 1—1 截面应力分布图（NA 在混凝土板钢筋内）

②计算形心轴 SA 至面积平分轴 FA 的距离 y_{16}：

$$y_{16} = y_{15} - \overline{y_t}; \qquad y_e = \overline{y_t} - c \qquad (7.23)$$

③洞口上方截面承担的轴力与最大塑性轴力的关系：

$$n_t = \frac{N}{N_{plt}} = \frac{2ab_e\sigma_c}{N_{plt}} \implies a = n_t\frac{N_{plt}}{2b_e\sigma_c} = n_t y_{15} \qquad (7.24)$$

④确定形心轴 SA 至中性轴 NA 的距离 g：

$$g = a - y_{16} = n_t y_{15} - y_{16} \qquad (7.25)$$

⑤根据截面上各部分应力图①～⑤的合力分别对形心轴 SA 取矩得到次弯矩函数 M_{13}：

$$M_{13} = M_1 + M_2 + M_3 + M_4 + M_5$$

$$= b_e\sigma_c\frac{\overline{y_t}^2 - g^2}{2} - b_e\sigma_c\frac{g^2 - y_e^2}{2} + b_e\sigma_c\frac{\overline{y_b}^2 - y_e^2}{2} + b_f\sigma_{yf}\frac{(\overline{y_b} + t_f)^2 - \overline{y_b}^2}{2} +$$

$$t_w s_t\sigma_{yw}(\overline{y_b} + t_f + 0.5s_t) + t_{ft}b_{ft}\sigma_{yf}(\overline{y_b} + t_f + s_t + 0.5t_{ft})$$

$$= -b_e\sigma_c g^2 + b_e\sigma_c\frac{\overline{y_t}^2 + \overline{y_b}^2}{2} + b_f\sigma_{yf}\frac{(\overline{y_b} + t_f)^2 - \overline{y_b}^2}{2} + t_w s_t\sigma_{yw}(\overline{y_b} + t_f + 0.5s_t) +$$

$$t_{ft}b_{ft}\sigma_{yf}(\overline{y_b} + t_f + s_t + 0.5t_{ft}) \qquad (7.26)$$

将式（7.25）代入式（7.26）可得：

$$M_{13} = -b_e\sigma_c(n_t y_{15} - y_{16})^2 + 0.5b_e\sigma_c(\overline{y_t}^2 + \overline{y_b}^2) + b_f t_f\sigma_{yf}(\overline{y_b} + 0.5t_f) +$$

$$t_w s_t\sigma_{yw}(\overline{y_b} + t_f + 0.5s_t) + t_{ft}b_{ft}\sigma_{yf}(\overline{y_b} + t_f + s_t + 0.5t_{ft}) \qquad (7.27)$$

因此，次弯矩函数 M_{13} 可写成如下形式：

$$M_{13} = -b_e\sigma_c y_{15}^2 n_t^2 + 2b_e\sigma_c y_{15}y_{16}n_t + M_{13}^0 \qquad (7.28)$$

其中：

$$M_{13}^0 = -b_e\sigma_c y_{16}^2 + 0.5b_e\sigma_c(\overline{y_t}^2 + \overline{y_b}^2) + b_f t_f\sigma_{yf}(\overline{y_b} + 0.5t_f) + t_w s_t\sigma_{yw}(\overline{y_b} + t_f + 0.5s_t) +$$

$$t_{ft}b_{ft}\sigma_{yf}(\bar{y}_b + t_f + s_t + 0.5t_{ft}) \qquad (7.29)$$

7.3.2　次弯矩函数 M_2

由于洞口角点②处的次弯矩是正弯矩,截面下部受拉、上部受压,此时在轴向压力作用下,中性轴(NA)只可能从面积平分轴(FA)向腹板底边缘移动,随着轴力的增长,中性轴经过4个区域,即混凝土板区域(a),钢梁翼缘区域(b)和腹板区域(c),加劲肋区域(d)、(e),因此次弯矩函数 M_2 需要分4段建立。

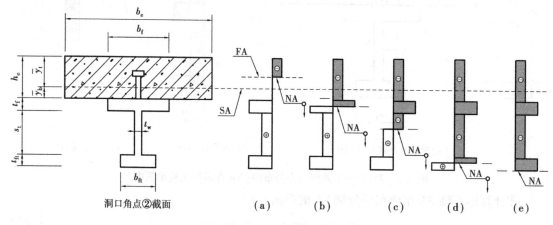

图7.7　洞口角点②截面上的应力分布图及中性轴变化情况

图7.7(a)表示纯弯时的应力状态,轴力为零,次弯矩达到最大值;图7.7(e)表示纯压时的应力状态,轴力达到最大值,次弯矩为零;图7.7(b)~(d)的应力的分布代表的是介于前面两种应力状态之间,即截面上既有轴力又有次弯矩的存在。

7.3.2.1　中性轴 NA 在混凝土板内

此时满足: $0 \leqslant a \leqslant (y_{22} + \bar{y}_b)$ 或 $0 \leqslant n_t \leqslant \dfrac{y_{22} + \bar{y}_b}{h_c + y_{21}}$ 。

由于洞口角点②处截面下部受拉、上部受压,而且混凝土翼板内配筋面积相对混凝土板面积一般较小(0.5%~1.5%),为了简化计算,忽略混凝土翼板内钢筋的抗压作用,如图7.8所示。

轴力从零开始增长,中性轴从面积平分轴向混凝土翼板底部移动,如图7.8所示。

①由于中性轴 NA 在混凝土翼板内,将加劲板、腹板和翼缘截面的实际高度换算成混凝土的折算高度 y_{21},便能确定虚拟应力图中假想面积平分轴:

$$y_{21} = \frac{A_{ft}\sigma_{yf} + A_{wt}\sigma_{yw} + A_{st}\sigma_{yf}}{b_e\sigma_c} \qquad (7.30)$$

②计算形心轴 SA 至面积平分轴 FA 的距离 y_{22}:

$$y_{22} = \bar{y}_t - y_{21} \qquad (7.31)$$

③洞口上方截面承担的轴力与最大塑性轴力的关系:

$$n_t = \frac{N}{N_{plt}} = \frac{ab_e\sigma_c}{N_{plt}} \Rightarrow a = n_t\frac{N_{plt}}{b_e\sigma_c} = n_t\frac{b_eh_c\sigma_c + A_{ft}\sigma_{yf} + A_{wt}\sigma_{yw} + A_{st}\sigma_{yf}}{b_e\sigma_c} = n_t(h_c + y_{21}) \qquad (7.32)$$

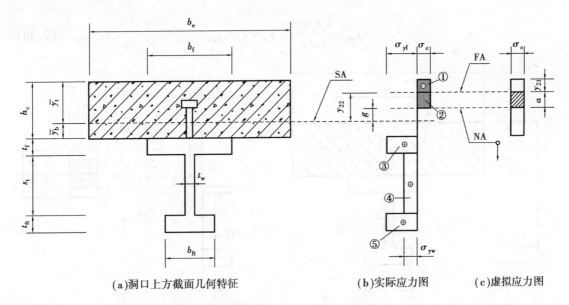

(a)洞口上方截面几何特征　　　　(b)实际应力图　　(c)虚拟应力图

图7.8 中性轴NA在混凝土板内时洞口角点②截面上的应力分布图

④确定形心轴SA至中性轴NA的距离 g :

$$g = y_{22} - a = y_{22} - n_t(h_c + y_{21}) \tag{7.33}$$

⑤根据截面上各部分应力图①~⑤的合力分别对形心轴SA取矩得到次弯矩函数 M_{21} :

$$
\begin{aligned}
M_{21} &= M_1 + M_2 + M_3 + M_4 + M_5 \\
&= b_e\sigma_c\frac{\overline{y}_t^2 - y_{22}^2}{2} + b_e\sigma_c\frac{y_{22}^2 - g^2}{2} + b_f\sigma_{yf}\frac{(\overline{y}_b + t_f)^2 - \overline{y}_b^2}{2} + t_w s_t\sigma_{yw}(\overline{y}_b + t_f + 0.5s_t) + \\
&\quad t_{ft}b_{ft}\sigma_{yf}(\overline{y}_b + t_f + s_t + 0.5t_{ft}) \\
&= -b_e\sigma_c\frac{g^2}{2} + b_e\sigma_c\frac{\overline{y}_t^2}{2} + b_f\sigma_{yf}\frac{(\overline{y}_b + t_f)^2 + \overline{y}_b^2}{2} + t_w s_t\sigma_{yw}(\overline{y}_b + t_f + 0.5s_t) + \\
&\quad t_{ft}b_{ft}\sigma_{yf}(\overline{y}_b + t_f + s_t + 0.5t_{ft})
\end{aligned}
\tag{7.34}
$$

将式(7.33)代入式(7.34)可得:

$$
\begin{aligned}
M_{21} &= -0.5b_e\sigma_c[y_{22} - n_t(h_c + y_{21})]^2 + 0.5b_e\sigma_c\overline{y}_t^2 + b_f t_f\sigma_{yf}(\overline{y}_b + 0.5t_f) + \\
&\quad t_w s_t\sigma_{yw}(\overline{y}_b + t_f + 0.5s_t) + t_{ft}b_{ft}\sigma_{yf}(\overline{y}_b + t_f + s_t + 0.5t_{ft})
\end{aligned}
\tag{7.35}
$$

因此,次弯矩函数 M_{21} 写成如下形式:

$$M_{21} = -0.5b_e\sigma_c(h_c + y_{21})^2 n_t^2 + b_e\sigma_c(h_c + y_{21})y_{22}n_t + M_{21}^0 \tag{7.36}$$

其中:

$$
\begin{aligned}
M_{21}^0 &= -0.5b_e\sigma_c y_{22}^2 + 0.5b_e\sigma_c\overline{y}_t^2 + b_f t_f\sigma_{yf}(\overline{y}_b + 0.5t_f) + t_w s_t\sigma_{yw}(\overline{y}_b + t_f + 0.5s_t) + \\
&\quad t_{ft}b_{ft}\sigma_{yf}(\overline{y}_b + t_f + s_t + 0.5t_{ft})
\end{aligned}
\tag{7.37}
$$

7.3.2.2 中性轴NA在上翼缘内

此时满足: $(y_{cb} - y_{23}) \leqslant a \leqslant (y_{cb} + t_f - y_{23})$ 或 $(y_{cb} - y_{23})/y_{23} \leqslant n_t \leqslant (y_{cb} + t_f - y_{23})/y_{23}$ 。

随着轴力的增加,中性轴将从混凝土板向钢梁翼缘内移动,如图7.9所示。

①由于中性轴NA在翼缘内,将混凝土截面的实际高度换算成翼缘的折算高度 y_{cb} :

$$y_{cb} = \frac{b_e h_c \sigma_c}{b_f \sigma_{yf}}; \quad y_{ct} = h_c - y_{cb} \tag{7.38}$$

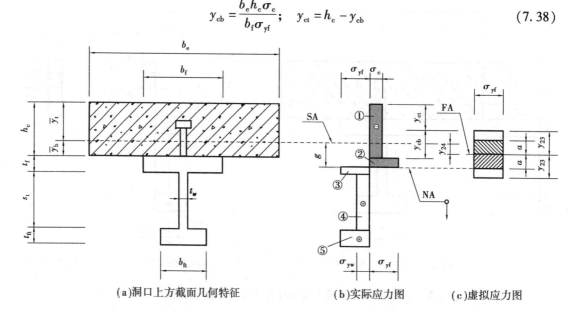

(a)洞口上方截面几何特征　　　(b)实际应力图　　(c)虚拟应力图

图7.9　中性轴NA在钢梁翼缘内时洞口角点②截面上的应力分布图

②确定虚拟应力图中假想面积平分轴 y_{23}：

$$y_{23} = \frac{N_{plt}}{2b_f \sigma_{yf}} \tag{7.39}$$

③计算形心轴SA至面积平分轴FA的距离 y_{24}：

$$y_{24} = y_{ct} + y_{23} - \bar{y}_t \tag{7.40}$$

④洞口上方截面承担的轴力与最大塑性轴力的关系：

$$n_t = \frac{N}{N_{plt}} = \frac{2ab_f \sigma_{yf}}{N_{plt}} \quad \Rightarrow \quad a = n_t \frac{N_{plt}}{2b_f \sigma_{yf}} = n_t y_{23} \tag{7.41}$$

⑤确定形心轴SA至中性轴NA的距离 g：

$$g = a + y_{24} = n_t y_{23} + y_{24} \tag{7.42}$$

⑥根据截面上各部分应力图①～⑤的合力分别对形心轴SA取矩得到次弯矩函数 M_{22}：

$$M_{22} = M_1 - M_2 + M_3 + M_4 + M_5$$

$$= b_e \sigma_c \frac{\bar{y}_t^2 - \bar{y}_b^2}{2} - b_f \sigma_{yf} \frac{g^2 - \bar{y}_b^2}{2} + b_f \sigma_{yf} \frac{(\bar{y}_b + t_f)^2 - g^2}{2} + t_w s_t \sigma_{yw} (\bar{y}_b + t_f + 0.5 s_t) +$$

$$t_{ft} b_{ft} \sigma_{yf} (\bar{y}_b + t_f + s_t + 0.5 t_{ft})$$

$$= -b_f \sigma_{yf} g^2 + b_e \sigma_c \frac{\bar{y}_t^2 - \bar{y}_b^2}{2} + b_f \sigma_{yf} \frac{(\bar{y}_b + t_f)^2 + \bar{y}_b^2}{2} + t_w s_t \sigma_{yw} (\bar{y}_b + t_f + 0.5 s_t) +$$

$$t_{ft} b_{ft} \sigma_{yf} (\bar{y}_b + t_f + s_t + 0.5 t_{ft}) \tag{7.43}$$

将式(7.42)代入式(7.43)可得：

$$M_{22} = -b_f \sigma_{yf} (n_t y_{23} + y_{24})^2 + 0.5 b_e \sigma_c (\bar{y}_t^2 - \bar{y}_b^2) + 0.5 b_f \sigma_{yf} [(\bar{y}_b + t_f)^2 + \bar{y}_b^2] +$$

$$t_w s_t \sigma_{yw} (\bar{y}_b + t_f + 0.5 s_t) + t_{ft} b_{ft} \sigma_{yf} (\bar{y}_b + t_f + s_t + 0.5 t_{ft}) \tag{7.44}$$

因此,次弯矩函数 M_{22} 可写成如下形式：

$$M_{22} = -b_f \sigma_{yf} y_{23}^2 n_t^2 - 2b_f \sigma_{yf} y_{23} y_{24} n_t + M_{22}^0 \tag{7.45}$$

其中：
$$M_{22}^{0} = -b_{f}\sigma_{yf}\bar{y}_{24}^{2} + 0.5b_{e}\sigma_{c}(\bar{y}_{t}^{2} - \bar{y}_{b}^{2}) + 0.5b_{f}\sigma_{yf}[(\bar{y}_{b} + t_{f})^{2} + \bar{y}_{b}^{2}] +$$
$$t_{w}s_{t}\sigma_{yw}(\bar{y}_{b} + t_{f} + 0.5s_{t}) + t_{ft}b_{ft}\sigma_{yf}(\bar{y}_{b} + t_{f} + s_{t} + 0.5t_{ft}) \tag{7.46}$$

7.3.2.3　中性轴 NA 在腹板内

此时满足：$(y_{25} - y_{et} - s_{t}) \leqslant a \leqslant (y_{25} - y_{et})$ 或 $(y_{25} - y_{et} - s_{t})/y_{25} \leqslant n_{t} \leqslant (y_{25} - y_{et})/y_{25}$。

随着轴力的增加，中性轴将从钢梁翼缘向钢梁腹板内移动，如图 7.10 所示。

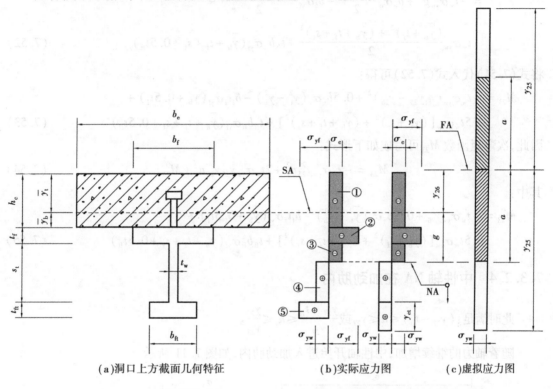

(a)洞口上方截面几何特征　　　　(b)实际应力图　　(c)虚拟应力图

图 7.10　中性轴 NA 在钢梁腹板内时洞口角点②截面上的应力分布图

①由于中性轴 NA 在腹板内，将加劲板截面的实际高度换算成腹板的折算高度 y_{et}：
$$y_{et} = \frac{b_{ft}t_{ft}\sigma_{yf}}{t_{w}\sigma_{yw}} \tag{7.47}$$

②确定虚拟应力图中假想面积平分轴 y_{25}：
$$y_{25} = \frac{N_{plt}}{2t_{w}\sigma_{yw}} \tag{7.48}$$

③计算形心轴 SA 至面积平分轴 FA 的距离 y_{24}：
$$y_{26} = y_{25} - (y_{et} + s_{t} + t_{f} + \bar{y}_{b}) \tag{7.49}$$

④洞口上方截面承担的轴力与最大塑性轴力的关系：
$$n_{t} = \frac{N}{N_{plt}} = \frac{2at_{w}\sigma_{yw}}{N_{plt}} \quad \Rightarrow \quad a = n_{t}\frac{N_{plt}}{2t_{w}\sigma_{yw}} = n_{t}y_{25} \tag{7.50}$$

⑤确定形心轴 SA 至中性轴 NA 的距离 g：
$$g = a - y_{26} = n_{t}y_{25} - y_{26} \tag{7.51}$$

⑥根据截面上各部分应力图①～⑤的合力分别对形心轴 SA 取矩得到次弯矩函数 M_{23}：

$$M_{23} = M_1 - M_2 - M_3 + M_4 + M_5$$

$$= b_e \sigma_c \frac{\overline{y_t}^2 - \overline{y_b}^2}{2} - b_f \sigma_{yf} \frac{(\overline{y_b} + t_f)^2 - \overline{y_b}^2}{2} - t_w \sigma_{yw} \frac{g^2 - (\overline{y_b} + t_f)^2}{2} +$$

$$t_w \sigma_{yw} \frac{(\overline{y_b} + t_f + s_t)^2 - g^2}{2} + t_{ft} b_{ft} \sigma_{yf} (\overline{y_b} + t_f + s_t + 0.5 t_{ft})$$

$$= -t_w \sigma_{yw} g^2 + b_e \sigma_c \frac{\overline{y_t}^2 - \overline{y_b}^2}{2} - b_f \sigma_{yf} \frac{(\overline{y_b} + t_f)^2 - \overline{y_b}^2}{2} +$$

$$t_w \sigma_{yw} \frac{(\overline{y_b} + t_f)^2 + (\overline{y_b} + t_f + s_t)^2}{2} + t_{ft} b_{ft} \sigma_{yf} (\overline{y_b} + t_f + s_t + 0.5 t_{ft}) \tag{7.52}$$

将式(7.51)代入式(7.52)可得：

$$M_{23} = -t_w \sigma_{yw} (n_t y_{25} - y_{26})^2 + 0.5 b_e \sigma_c (\overline{y_t}^2 - \overline{y_b}^2) - b_f t_f \sigma_{yf} (\overline{y_b} + 0.5 t_f) +$$

$$0.5 t_w \sigma_{yw} [(\overline{y_b} + t_f)^2 + (\overline{y_b} + t_f + s_t)^2] + t_{ft} b_{ft} \sigma_{yf} (\overline{y_b} + t_f + s_t + 0.5 t_{ft}) \tag{7.53}$$

因此，次弯矩函数 M_{23} 可写成如下形式：

$$M_{23} = -t_w \sigma_{yw} y_{25}^2 n_t^2 + 2 t_w \sigma_{yw} y_{25} y_{26} n_t + M_{23}^0 \tag{7.54}$$

其中：

$$M_{23}^0 = -t_w \sigma_{yw} y_{26}^2 + 0.5 b_e \sigma_c (\overline{y_t}^2 - \overline{y_b}^2) - b_f t_f \sigma_{yf} (\overline{y_b} + 0.5 t_f) +$$

$$0.5 t_w \sigma_{yw} [(\overline{y_b} + t_f)^2 + (\overline{y_b} + t_f + s_t)^2] + t_{ft} b_{ft} \sigma_{yf} (\overline{y_b} + t_f + s_t + 0.5 t_{ft}) \tag{7.55}$$

7.3.2.4　中性轴 NA 在加劲肋内

此时满足：$(y_{27} - t_{ft}) \leqslant a \leqslant y_{27}$ 或 $\dfrac{y_{27} - t_{ft}}{y_{27}} \leqslant n_t \leqslant \dfrac{y_{27}}{y_{27}}$。

随着轴力的继续增加，中性轴开始进入加劲肋内，如图 7.11 所示。

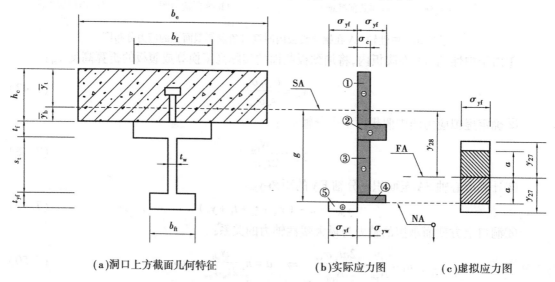

（a）洞口上方截面几何特征　　　（b）实际应力图　　　（c）虚拟应力图

图 7.11　中性轴 NA 在加劲肋时洞口角点②截面上的应力分布图

①由于中性轴 NA 在加劲肋内，将混凝土翼板、钢梁腹板和翼缘截面的实际高度换算成

加劲肋的折算高度 y_{27}, 便能确定虚拟应力图中假想面积平分轴:

$$y_{27} = \frac{N_{plt}}{2b_{ft}\sigma_{yf}} \tag{7.56}$$

②计算形心轴 SA 至面积平分轴 FA 的距离 y_{28}:

$$y_{28} = (\overline{y}_b + t_f + s_t + t_{ft}) - y_{27} \tag{7.57}$$

③洞口上方截面承担的轴力与最大塑性轴力的关系:

$$n_t = \frac{N}{N_{plt}} = \frac{2ab_{ft}\sigma_{yf}}{N_{plt}} \implies a = n_t \frac{N_{plt}}{2b_{ft}\sigma_{yf}} = n_t y_{27} \tag{7.58}$$

④确定形心轴 SA 至中性轴 NA 的距离 g:

$$g = y_{28} + a = y_{28} + n_t y_{27} \tag{7.59}$$

⑤根据截面上各部分应力图①~⑤的合力分别对形心轴 SA 取矩得到次弯矩函数 M_{24}:

$$M_{24} = M_1 - M_2 - M_3 - M_4 + M_5$$

$$= b_e\sigma_c \frac{\overline{y}_t^2 - \overline{y}_b^2}{2} - b_f\sigma_{yf} \frac{(\overline{y}_b + t_f)^2 - \overline{y}_b^2}{2} - t_w\sigma_{yw} \frac{(\overline{y}_b + t_f + s_t)^2 - (\overline{y}_b + t_f)^2}{2} -$$

$$b_{ft}\sigma_{yf} \frac{g^2 - (\overline{y}_b + t_f + s_t)^2}{2} + b_{ft}\sigma_{yf} \frac{(\overline{y}_b + t_f + s_t + t_{ft})^2 - g^2}{2}$$

$$= -b_{ft}\sigma_{yf}g^2 + b_e\sigma_c \frac{\overline{y}_t^2 - \overline{y}_b^2}{2} - b_f\sigma_{yf} \frac{(\overline{y}_b + t_f)^2 - \overline{y}_b^2}{2} -$$

$$t_w\sigma_{yw} \frac{(\overline{y}_b + t_f + s_t)^2 - (\overline{y}_b + t_f)^2}{2} + b_{ft}\sigma_{yf} \frac{(\overline{y}_b + t_f + s_t)^2 + (\overline{y}_b + t_f + s_t + t_{ft})^2}{2} \tag{7.60}$$

将式(7.59)代入式(7.60)可得:

$$M_{24} = -b_{ft}\sigma_{yf}(y_{28} + n_t y_{27})^2 + 0.5b_e\sigma_c(\overline{y}_t^2 - \overline{y}_b^2) - b_f t_f\sigma_{yf}(\overline{y}_b + 0.5t_f) -$$

$$t_w s_t\sigma_{yw}(\overline{y}_b + t_f + 0.5s_t) + 0.5b_{ft}\sigma_{yf}[(\overline{y}_b + t_f + s_t)^2 + (\overline{y}_b + t_f + s_t + t_{ft})^2] \tag{7.61}$$

因此,次弯矩函数 M_{24} 可写成如下形式:

$$M_{24} = -b_{ft}\sigma_{yf}y_{27}^2 n_t^2 - 2b_{ft}\sigma_{yf}y_{27}y_{28}n_t + M_{24}^0 \tag{7.62}$$

其中:

$$M_{24}^0 = -b_{ft}\sigma_{yf}y_{28}^2 + 0.5b_e\sigma_c(\overline{y}_t^2 - \overline{y}_b^2) - b_f t_f\sigma_{yf}(\overline{y}_b + 0.5t_f) - t_w s_t\sigma_{yw}(\overline{y}_b + t_f + 0.5s_t) +$$

$$0.5b_{ft}\sigma_{yf}[(\overline{y}_b + t_f + s_t)^2 + (\overline{y}_b + t_f + s_t + t_{ft})^2] \tag{7.63}$$

7.3.3　次弯矩函数 M_3

由于洞口角点③处的次弯矩是负弯矩,截面下部受拉、上部受压,此时在轴向拉力作用下,中性轴(NA)只可能从面积平分轴(FA)向钢梁下翼缘底部移动,如图 7.12 所示。所以次弯矩函数 M_3 只有一段函数构成。

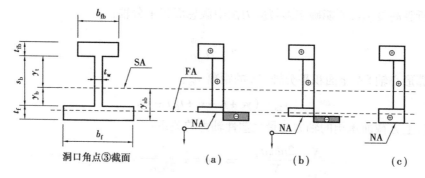

图 7.12　洞口角点③截面上的应力分布图及中性轴变化情况

中性轴 NA 在下翼缘内时满足：$0 \leqslant a \leqslant (y_{31} - y_{3s})$ 或 $0 \leqslant n_b \leqslant \dfrac{y_{31} - y_{3s}}{y_{31}}$。

轴力从零开始增长，中性轴将逐渐从面积平分轴向钢梁下翼缘底部移动，如图 7.13 所示。

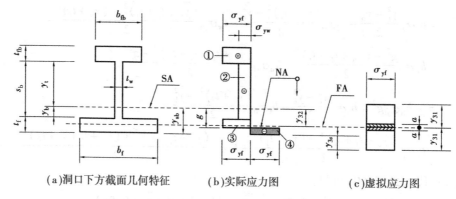

（a）洞口下方截面几何特征　　（b）实际应力图　　（c）虚拟应力图

图 7.13　中性轴 NA 在钢梁下翼缘内时洞口角点③截面上的应力分布图

①计算洞口下方截面的形心轴位置为：

$$y_{sb} = \frac{0.5 b_f t_f^2 \sigma_{yf} + A_{wb} \sigma_{yw}(t_f + 0.5 s_b) + A_{st} \sigma_{yf}(t_f + s_b + 0.5 t_{ft})}{A_{fb} \sigma_{yf} + A_{wb} \sigma_{yw} + A_{sb} \sigma_{yf}} \tag{7.64}$$

$$y_b = y_{sb} - t_f; \qquad y_t = s_b - y_b \tag{7.65}$$

②由于中性轴 NA 在翼缘内，为了使虚拟应力图的假象面积平分轴与实际截面面积平分轴的位置相同，将洞口上、下方截面的最大塑性轴力差值换算成翼缘的折算高度 y_{3s}：

$$y_{3s} = \frac{N_{plt} - N_{plb}}{2 b_f \sigma_{yf}} \tag{7.66}$$

式中 $N_{plb} = A_{fb} \sigma_{yf} + A_{wb} \sigma_{yw} + A_{sb} \sigma_{yf}$ 为洞口下方截面的最大塑性轴力。

③确定虚拟应力图中假想面积平分轴 y_{31}：

$$y_{31} = \frac{N_{plt}}{2 b_f \sigma_{yf}} \tag{7.67}$$

④计算形心轴 SA 至面积平分轴 FA 的距离 y_{32}：

$$y_{32} = y_{sb} + y_{3s} - y_{31} \tag{7.68}$$

⑤洞口下方截面承担的轴力与最大塑性轴力的关系：

$$n_b = \frac{N}{N_{plt}} = \frac{2 a b_f \sigma_{yf}}{N_{plt}} \quad \Rightarrow \quad a = n_b \frac{N_{plt}}{2 b_f \sigma_{yf}} = n_b y_{31} \tag{7.69}$$

⑥确定形心轴 SA 至中性轴 NA 的距离 g：

$$g = y_{32} + a = y_{32} + n_b y_{31} \tag{7.70}$$

⑦根据截面上各部分应力图①～⑤的合力分别对形心轴 SA 取矩得到次弯矩函数 M_{31}：

$$M_{31} = M_1 + M_2 - M_3 + M_4$$

$$= b_{fb} \sigma_{yf} \frac{(t_{fb} + y_t)^2 - y_t^2}{2} + t_w \sigma_{yw} \frac{y_t^2 - y_b^2}{2} - b_f \sigma_{yf} \frac{g^2 - y_b^2}{2} + b_f \sigma_{yf} \frac{y_{sb}^2 - g^2}{2}$$

$$= - b_f \sigma_{yf} g^2 + b_{fb} \sigma_{yf} \frac{(t_{fb} + y_t)^2 - y_t^2}{2} + t_w \sigma_{yw} \frac{y_t^2 - y_b^2}{2} + b_f \sigma_{yf} \frac{y_b^2 + y_{sb}^2}{2} \tag{7.71}$$

将式(7.70)代入式(7.71)可得：

$$M_{31} = - b_f \sigma_{yf} (y_{32} + n_b y_{31})^2 + b_{fb} t_{fb} \sigma_{yf} (y_t + 0.5 t_{fb}) + 0.5 t_w \sigma_{yw} (y_t^2 - y_b^2) +$$
$$0.5 b_f \sigma_{yf} (y_b^2 + y_{sb}^2) \tag{7.72}$$

因此，次弯矩函数 M_{31} 可写成如下形式：

$$M_{31} = - b_f \sigma_{yf} y_{31}^2 n_b^2 - 2 b_f \sigma_{yf} y_{31} y_{32} n_b + M_{31}^0 \tag{7.73}$$

其中：

$$M_{31}^0 = - b_f \sigma_{yf} y_{32}^2 + b_{fb} t_{fb} \sigma_{yf} (y_t + 0.5 t_{fb}) + 0.5 t_w \sigma_{yw} (y_t^2 - y_b^2) + 0.5 b_f \sigma_{yf} (y_b^2 + y_{sb}^2) \tag{7.74}$$

7.3.4　次弯矩函数 M_4

由于洞口角点④处的次弯矩则是正弯矩，截面上部受压，下部受拉，此时在轴向拉力作用下，中性轴(NA)从面积平分轴逐渐向加劲肋上边缘移动，随着轴力的增长中性轴经过 3 个区域，即钢梁下翼缘区域(a)、(b)，腹板区域(c)和加劲肋区域(d)、(e)，因此次弯矩函数 M_4 需要分 3 段建立。

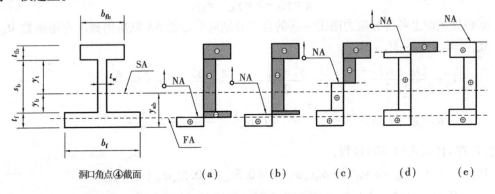

图 7.14　洞口角点④截面上的应力分布图及中性轴变化情况

7.3.4.1　中性轴 NA 在下翼缘内

此时满足：$0 \leqslant a \leqslant (y_{42} - y_b)$ 或 $0 \leqslant n_b \leqslant \dfrac{y_{42} - y_b}{y_{41}}$。

轴力从零开始增长，中性轴将逐渐从面积平分轴向钢梁翼缘顶部移动，如图 7.15 所示。

①由于中性轴 NA 在翼缘内，为了使虚拟应力图的假象面积平分轴与实际截面面积平分轴的位置相同，将洞口上、下方截面的最大塑性轴力差值换算成翼缘的折算高度 y_{4f}：

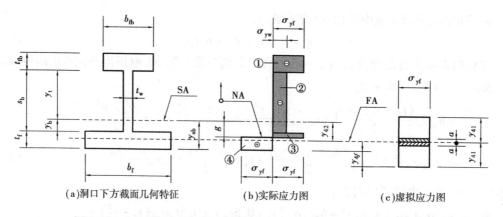

(a)洞口下方截面几何特征 (b)实际应力图 (c)虚拟应力图

图 7.15　中性轴 NA 在钢梁下翼缘时洞口角点④截面上的应力分布图

$$y_{4f} = \frac{N_{plt} - N_{plb}}{2b_f\sigma_{yf}} \tag{7.75}$$

②确定虚拟应力图中假想面积平分轴 y_{41}：

$$y_{41} = \frac{N_{plt}}{2b_f\sigma_{yf}} \tag{7.76}$$

③计算形心轴 SA 至面积平分轴 FA 的距离 y_{42}：

$$y_{42} = y_{sb} + y_{4f} - y_{41} \tag{7.77}$$

④洞口下方截面承担的轴力与最大塑性轴力的关系：

$$n_b = \frac{N}{N_{plt}} = \frac{2ab_f\sigma_{yf}}{N_{plt}} \quad\Rightarrow\quad a = n_b\frac{N_{plt}}{2b_f\sigma_{yf}} = n_b y_{41} \tag{7.78}$$

⑤确定形心轴 SA 至中性轴 NA 的距离 g：

$$g = y_{42} - a = y_{42} - n_b y_{41} \tag{7.79}$$

⑥根据截面上各部分应力图①～⑤的合力分别对形心轴 SA 取矩得到次弯矩函数 M_{41}：

$$
\begin{aligned}
M_{41} &= M_1 + M_2 - M_3 + M_4 \\
&= b_{fb}\sigma_{yf}\frac{(t_{fb}+y_t)^2 - y_t^2}{2} + t_w\sigma_{yw}\frac{y_t^2 - y_b^2}{2} - b_f\sigma_{yf}\frac{g^2 - y_b^2}{2} + b_f\sigma_{yf}\frac{y_{sb}^2 - g^2}{2} \\
&= -b_f\sigma_{yf}g^2 + b_{fb}\sigma_{yf}\frac{(t_{fb}+y_t)^2 - y_t^2}{2} + t_w\sigma_{yw}\frac{y_t^2 - y_b^2}{2} + b_f\sigma_{yf}\frac{y_b^2 + y_{sb}^2}{2}
\end{aligned} \tag{7.80}
$$

将式(7.79)代入式(7.80)可得：

$$
\begin{aligned}
M_{41} &= -b_f\sigma_{yf}(y_{42} - n_b y_{41})^2 + b_{fb}t_{fb}\sigma_{yf}(y_t + 0.5t_{fb}) + 0.5t_w\sigma_{yw}(y_t^2 - y_b^2) + \\
&\quad 0.5b_f\sigma_{yf}(y_b^2 + y_{sb}^2)
\end{aligned} \tag{7.81}
$$

因此,次弯矩函数 M_{41} 可写成如下形式：

$$M_{41} = -b_f\sigma_{yf}y_{41}^2 n_b^2 + 2b_f\sigma_{yf}y_{41}y_{42}n_b + M_{41}^0 \tag{7.82}$$

其中：

$$M_{41}^0 = -b_f\sigma_{yf}y_{42}^2 + b_{fb}t_{fb}\sigma_{yf}(y_t + 0.5t_{fb}) + 0.5t_w\sigma_{yw}(y_t^2 - y_b^2) + 0.5b_f\sigma_{yf}(y_b^2 + y_{sb}^2) \tag{7.83}$$

7.3.4.2　中性轴 NA 在腹板内

此时满足：$(y_{44} - y_b) \leqslant a \leqslant (y_{44} + y_t)$ 或 $\dfrac{y_{44} - y_b}{y_{43}} \leqslant n_b \leqslant \dfrac{y_{44} + y_t}{y_{43}}$。

随着轴力的增加,中性轴将从钢梁翼缘向钢梁腹板内移动,如图7.16所示。

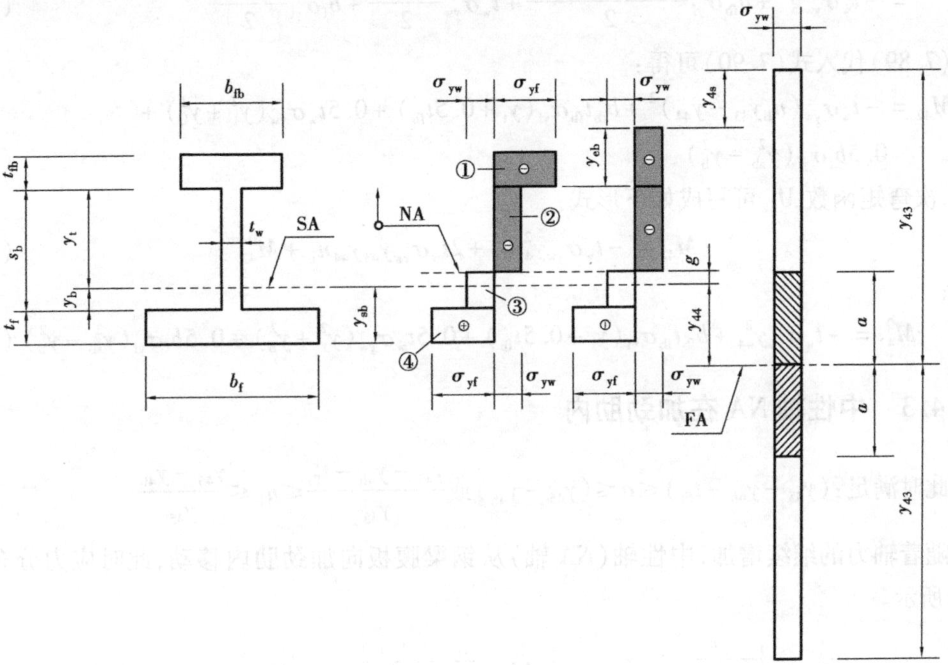

(a)洞口下方截面几何特征　　　　(b)实际应力图　　　　(c)虚拟应力图

图7.16　中性轴NA在钢梁腹板时洞口角点④截面上的应力分布图

①由于中性轴NA在腹板内,将加劲板截面的实际高度换算成腹板的折算高度 y_{eb}:

$$y_{eb} = \frac{b_{fb}t_{fb}\sigma_{yf}}{t_w\sigma_{yw}} \tag{7.84}$$

②将洞口上、下方截面的最大塑性轴力差值换算成腹板的折算高度 y_{4s}:

$$y_{4s} = \frac{N_{plt} - N_{plb}}{2t_w\sigma_{yw}} \tag{7.85}$$

③确定虚拟应力图中假想面积平分轴 y_{43}:

$$y_{43} = \frac{N_{plt}}{2t_w\sigma_{yw}} \tag{7.86}$$

④计算形心轴SA至面积平分轴FA的距离 y_{44}:

$$y_{44} = y_{43} - (y_{4s} + y_{eb} + y_t) \tag{7.87}$$

⑤洞口下方截面承担的轴力与最大塑性轴力的关系:

$$n_b = \frac{N}{N_{plt}} = \frac{2at_w\sigma_{yw}}{N_{plt}} \quad \Rightarrow \quad a = n_b\frac{N_{plt}}{2t_w\sigma_{yw}} = n_b y_{43} \tag{7.88}$$

⑥确定形心轴SA至中性轴NA的距离 g:

$$g = a - y_{44} = n_b y_{43} - y_{44} \tag{7.89}$$

⑦根据截面上各部分应力图①~⑤的合力分别对形心轴SA取矩得到次弯矩函数 M_{42}:

$$M_{42} = M_1 + M_2 + M_3 + M_4$$
$$= b_{fb}\sigma_{yf}\frac{(t_{fb}+y_t)^2 - y_t^2}{2} + t_w\sigma_{yw}\frac{y_t^2 - g^2}{2} + t_w\sigma_{yw}\frac{y_b^2 - g^2}{2} + b_f\sigma_{yf}\frac{y_{sb}^2 - y_b^2}{2}$$

$$= -t_w\sigma_{yw}g^2 + b_{fb}\sigma_{yf}\frac{(t_{fb}+y_t)^2 - y_t^2}{2} + t_w\sigma_{yw}\frac{y_t^2 + y_b^2}{2} + b_f\sigma_{yf}\frac{y_{sb}^2 - y_b^2}{2} \tag{7.90}$$

将式(7.89)代入式(7.90)可得：

$$M_{42} = -t_w\sigma_{yw}(n_b y_{43} - y_{44})^2 + b_{fb}t_{fb}\sigma_{yf}(y_t + 0.5t_{fb}) + 0.5t_w\sigma_{yw}(y_t^2 + y_b^2) + \\ 0.5b_f\sigma_{yf}(y_{sb}^2 - y_b^2) \tag{7.91}$$

因此,次弯矩函数 M_{42} 可写成如下形式：

$$M_{42} = -t_w\sigma_{yw}y_{43}^2 n_b^2 + 2t_w\sigma_{yw}y_{43}y_{44}n_b + M_{42}^0 \tag{7.92}$$

其中：

$$M_{42}^0 = -t_w\sigma_{yw}y_{44}^2 + b_{fb}t_{fb}\sigma_{yf}(y_t + 0.5t_{fb}) + 0.5t_w\sigma_{yw}(y_t^2 + y_b^2) + 0.5b_f\sigma_{yf}(y_{sb}^2 - y_b^2) \tag{7.93}$$

7.3.4.3 中性轴 NA 在加劲肋内

此时满足：$(y_{45} - y_{4h} - t_{fb}) \leq a \leq (y_{45} - y_{4h})$ 或 $\dfrac{y_{45} - y_{4h} - t_{fb}}{y_{45}} \leq n_b \leq \dfrac{y_{45} - y_{4h}}{y_{45}}$。

随着轴力的继续增加,中性轴（NA 轴）从钢梁腹板向加劲肋内移动,此时应力分布如图 7.17 所示。

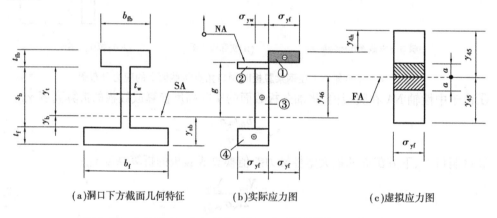

（a)洞口下方截面几何特征　　　（b)实际应力图　　　（c)虚拟应力图

图 7.17　中性轴 NA 在加劲肋时洞口角点④截面上的应力分布图

（1)由于中性轴 NA 在加劲肋内,将洞口上、下方截面的最大塑性轴力差值换算成加劲板的折算高度 y_{4h}：

$$y_{4h} = \frac{N_{plt} - N_{plb}}{2b_{fb}\sigma_{yf}} \tag{7.94}$$

（2)确定虚拟应力图中假想面积平分轴 y_{45}：

$$y_{45} = \frac{N_{plt}}{2b_{fb}\sigma_{yf}} \tag{7.95}$$

（3)计算形心轴 SA 至面积平分轴 FA 的距离 y_{46}：

$$y_{46} = (y_{4h} + t_{fb} + y_t) - y_{45} \tag{7.96}$$

（4)洞口下方截面承担的轴力与最大塑性轴力的关系：

$$n_b = \frac{N}{N_{plt}} = \frac{2ab_{fb}\sigma_{yf}}{N_{plt}} \quad \Rightarrow \quad a = n_b\frac{N_{plt}}{2b_{fb}\sigma_{yf}} = n_b y_{45} \tag{7.97}$$

（5）确定形心轴 SA 至中性轴 NA 的距离 g：

$$g = y_{46} + a = y_{46} + n_b y_{45} \tag{7.98}$$

（6）根据截面上各部分应力图①~⑤的合力分别对形心轴 SA 取矩得到次弯矩函数 M_{43}：

$$
\begin{aligned}
M_{43} &= M_1 - M_2 + M_3 + M_4 \\
&= b_{fb}\sigma_{yf}\frac{(y_t + t_{fb})^2 - g^2}{2} - b_{fb}\sigma_{yf}\frac{g^2 - y_t^2}{2} + t_w\sigma_{yw}\frac{y_b^2 - y_t^2}{2} + b_f\sigma_{yf}\frac{y_{sb}^2 - y_b^2}{2} \\
&= -b_{fb}\sigma_{yf}g^2 + b_{fb}\sigma_{yf}\frac{(y_t + t_{fb})^2 + y_t^2}{2} + t_w\sigma_{yw}\frac{y_b^2 - y_t^2}{2} + b_f\sigma_{yf}\frac{y_{sb}^2 - y_b^2}{2}
\end{aligned}
\tag{7.99}
$$

将式（7.98）代入式（7.99）可得：

$$
\begin{aligned}
M_{43} = &-b_{fb}\sigma_{yf}(y_{46} + n_b y_{45})^2 + 0.5 b_{fb}\sigma_{yf}[(y_t + t_{fb})^2 + y_t^2] + 0.5 t_w\sigma_{yw}(y_b^2 - y_t^2) + \\
&0.5 b_f\sigma_{yf}(y_{sb}^2 - y_b^2)
\end{aligned}
\tag{7.100}
$$

因此，次弯矩函数 M_{43} 可写成如下形式：

$$M_{43} = -b_{fb}\sigma_{yf}y_{45}^2 n_b^2 - 2 b_{fb}\sigma_{yf}y_{45}y_{46}n_b + M_{43}^0 \tag{7.101}$$

其中：

$$
\begin{aligned}
M_{43}^0 = &-b_{fb}\sigma_{yf}y_{46}^2 + 0.5 b_{fb}\sigma_{yf}[(y_t + t_{fb})^2 + y_t^2] + 0.5 t_w\sigma_{yw}(y_b^2 - y_t^2) + \\
&0.5 b_f\sigma_{yf}(y_{sb}^2 - y_b^2)
\end{aligned}
\tag{7.102}
$$

7.4　带加劲肋腹板开洞组合梁理论计算结果分析

根据设置加劲肋腹板开洞组合梁在承载能力极限状态下的等效矩形应力分布，同时考虑加劲肋对承载力的贡献，推导出洞口处4个次弯矩函数。同样这些次弯矩函数既可用于洞口上、下截面未耦合的情况计算，也可用于洞口上、下截面耦合的情况计算。因此，本章首先对洞口上、下截面无耦合的情况进行分析，研究设置加劲肋对洞口上方或下方截面承载力的影响；然后对洞口上、下截面耦合的情况进行分析，并将计算结果与有限元结果进行对比，验证本书计算方法的准确性。

7.4.1　洞口上下弦杆未耦合时截面承载力相关曲线

7.4.1.1　洞口上方设置加劲肋对承载力的影响

为研究洞口上方加劲肋面积变化时各截面上轴力-次弯矩-剪力之间的承载力相关曲线，对洞口上方设置两种不同加劲肋的试件进行了理论计算，并与无加劲肋情况对比。洞口上方截面尺寸和计算结果如图 7.18 所示。

从图 7.18 中可以看出：洞口上方设置加劲肋与没有设置加劲肋情况相比，次弯矩 M_1、M_2 有较大幅度的提高，而且次弯矩随着加劲肋面积的增加而增大，但是次弯矩 M_2 增长幅度明显大于次弯矩 M_1。其原因是洞口角点②处的次弯矩为正值，截面上部受压下部受拉，恰好加劲肋设置在截面的受拉区，充分发挥了钢材抗拉强度高和混凝土抗压性能好的优点。洞口角点①处的次弯矩为负值，截面上部受拉下部受压，由于截面上部混凝土板内配筋率没有变化，而加劲肋又设置在截面的受压区，所以次弯矩 M_1 增长幅度比较缓慢。

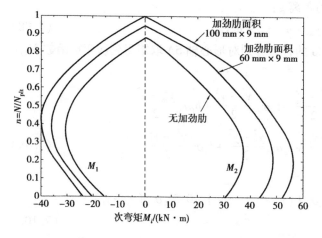

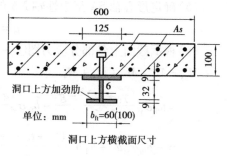

材料参数：$\sigma_{yf}=\sigma_f=240$ MPa；$\sigma_c=26.5$ MPa；

$\sigma_s=300$ MPa；$A_s=339$ mm²；$a_0=300$ mm

图 7.18　洞口上方加劲肋变化时轴力-次弯矩相关曲线

从图 7.19 中可以看出：洞口上方的剪力 V_t 随着加劲肋面积的增加而增大，说明洞口设置加劲肋能有效地提高腹板开洞组合梁的抗剪承载力。其原因是通过设置加劲肋，这种做法不仅可以减小洞口处的应力集中现象而且增大了受剪截面的面积。

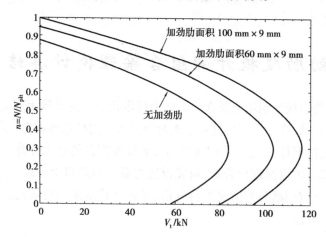

图 7.19　洞口上方加劲肋变化时轴力-剪力相关曲线

7.4.1.2　洞口下方设置加劲肋对承载力的影响

为研究洞口下方加劲肋面积变化时各截面上轴力-次弯矩-剪力之间的承载力相关曲线，对洞口下方设置两种不同加劲肋的试件进行了理论计算，并与无加劲肋情况对比。洞口下方截面尺寸和计算结果如图 7.20 所示。

从图 7.20 中同样可以看出：洞口下方设置加劲肋与没有设置加劲肋情况相比，轴力和次弯矩 M_3、M_4 均有较大幅度的提高，而且轴力和次弯矩随着加劲肋面积的增加而增大。其原因是没有加劲肋时洞口下方截面呈 T 形截面，设置加劲肋后呈工字型截面，从而有效地提高了抗弯承载力。

从图 7.21 中可以看出：洞口下方设置加劲肋后有效地提高了洞口下方抗剪承载力，而且洞口下方的剪力 V_b 随着加劲肋面积的增加而增大。洞口加强与无加强计算结果一致表明，当轴力为零，剪力达到最大值；当轴力达到最大值时，剪力为于零。而且洞口下方的剪力 V_b

随着轴向拉力的增大而减小,说明轴向拉力降低了洞口下方截面的抗剪强度。

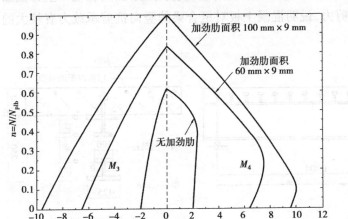
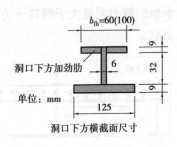

材料参数：　$\sigma_{yf} = \sigma_f = 240$ MPa；
　　　　　　$a_0 = 300$ mm

图 7.20　洞口上方加劲肋变化时轴力-次弯矩相关曲线

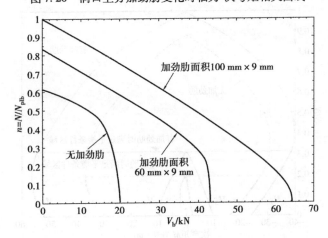

图 7.21　洞口上方腹板高度变化时轴力-剪力相关曲线

7.4.2　洞口上下弦杆耦合时截面承载力相关曲线

如图 7.22(a)所示,洞口尺寸为 $a_0 \times h_0 = 300$ mm × 150 mm,在洞口上、下方分别设置 100 mm × 9 mm 的水平加劲肋,采用本章推导的公式对带加劲肋腹板开洞组合梁承载力进行分析,并与洞口无加劲肋情况对比。洞口处的截面尺寸如图 7.22(b)所示,混凝土板内钢筋按 0.5% 配筋率进行设置,材料的各项参数均采用材料拉伸实验的实际测量值。

根据本书提出的腹板开洞组合梁承载力求解方法,将洞口上、下弦杆作为一个整体进行分析,同时考虑洞口上、下弦杆之间的相互作用和平衡条件,得到洞口处各部分截面上的轴力-次弯矩和轴力-剪力相关曲线,计算结果如图 7.23、图 7.24 所示。

从图 7.23 中计算结果可以看出:洞口处设置有加劲肋与无加劲肋情况相比,由于横截面面积的增大,轴力和次弯矩均有较大幅度的提高。也就是说,由次弯矩相关曲线所包围的图形面积增大了(如图中有加劲肋时满足平衡条件实线包围的面积),而且满足轴力平衡条件的范围得到扩大,可见洞口处设置加劲肋后,提高了抗弯承载力。同样从图 7.24 中可以看出:

洞口处设置加劲肋后,有效地提高了洞口下方和上方截面的抗剪承载力,而且洞口上方截面承担的剪力明显大于洞口下方的剪力,说明混凝土板对组合梁的竖向抗剪承载力有较大的贡献。

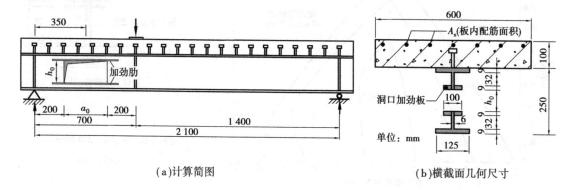

(a)计算简图　　　　　　　　　　　(b)横截面几何尺寸

图 7.22　带加劲肋腹板开洞组合梁承载力计算实例(单位为 mm)

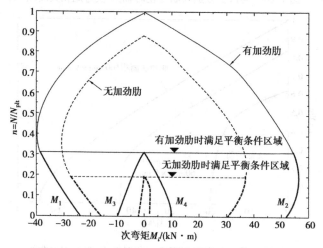

图 7.23　轴力-次弯矩相关曲线

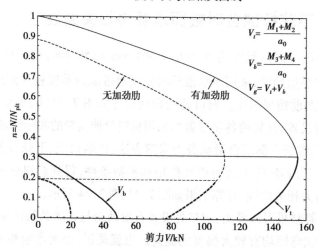

图 7.24　轴力-剪力相关曲线

当洞口处各部分截面上的剪力、轴力和次弯矩求出后,全截面上的总弯矩由主弯矩和次弯矩叠加得到,总剪力由洞口上方和下方截面的剪力叠加得到。最后根据 M_g-V_g-N 相关曲线计算图表就能确定带加劲肋腹板开洞组合梁的抗弯与抗剪承载力。

7.4.3　理论计算结果与有限元结果对比

为了验证本章带加劲肋腹板开洞组合梁理论计算结果的准确性,采用有限元软件 ANSYS 对算例进行数值模拟计算,并与理论计算结果对比,计算结果见表7.1。

表7.1 中给出了 3 个试件的计算结果,其中洞口无加劲板 A1 作为对比试件,其理论结果采用第 6 章推导的公式计算。C1、C2 试件洞口上、下方均设置了加劲肋,加劲肋尺寸见表7.1,理论结果采用本章推导的公式计算。计算结果表明,洞口设置加劲板后组合梁抗剪承载力提高了 41% ~ 53%,抗弯承载力提高了 37% ~ 58%。而且,腹板开洞组合梁的抗弯和抗剪承载力随着加劲板面积的增大而增大。理论结果与有限元结果吻合较好,但有限元数据略大于理论计算值,其主要原因是,有限元计算模型中钢材采用的是线性强化弹塑性模型;而理论计算时没有考虑钢材的强化,采用的是理想弹塑性模型,误差在 10% 以内。有限元结果验证了本书理论计算方法的准确性,可以用于实际工程中带加劲肋腹板开洞组合梁承载力的计算。

表7.1　理论结果与有限元结果对比

试件编号	洞口 $(a_0 \times h_0)$ /mm	加劲肋/(宽×厚)/mm	钢梁 $(h_s \times b_f \times t_w \times t_f)$ /mm	混凝土板			理论计算结果		有限元结果		V_g^e / V_g^s
				板厚/mm	板宽/mm	配筋率	V_g^s /kN	M_g^s /(kN·m)	V_g^e /kN	M_g^e /(kN·m)	
A1	300×150	—	$250 \times 125 \times 6 \times 9$	100	600	0.5%	118.87	39.10	121.61	40.81	1.02
C1	300×150	60×9	$250 \times 125 \times 6 \times 9$	100	600	0.5%	163.25	57.14	172.00	60.20	1.05
C2	300×150	100×9	$250 \times 125 \times 6 \times 9$	100	600	0.5%	177.02	61.96	186.00	65.10	1.05

7.5　本章小结

本章基于四铰空腹破坏模式建立带加劲肋腹板开洞组合梁力学模型,在承载能力极限状态下,根据洞口区域塑性应力分布,推导了带加劲肋腹板开洞组合梁洞口处 4 个次弯矩函数,根据本章推导的公式对设置不同加劲肋的腹板开洞组合梁进行分析,并与有限元结果进行了对比,得到如下主要结论:

①当洞口上方设置水平加劲肋时,次弯矩 M_1、M_2 和剪力 V_t 有较大幅度的提高,而且随着加劲肋面积的增加而增大。

②当洞口下方设置水平加劲肋时,次弯矩 M_3、M_4 和剪力 V_b 有较大幅度的提高,而且随着加劲肋面积的增加而增大。

③通过对设置不同加劲肋的腹板开洞组合梁的实例分析,并与无加劲肋情况进行了对比,计算结果表明,洞口设置加劲板后组合梁抗剪承载力提高了 41% ~ 53%,抗弯承载力提高了 37% ~ 58%。而且,腹板开洞组合梁的抗弯和抗剪承载力随着加劲板面积的增大而增大。同时采用有限元软件 ANSYS 对算例进行数值模拟计算,理论结果与有限元结果吻合较好,验证本章带加劲肋腹板开洞组合梁理论计算结果的准确性。

第8章
总 结

由于组合梁具有承载力高、刚度大、截面小、延性和抗震性能好等优点。近年来,组合梁在高层建筑和桥梁结构中的应用越来越广泛。尤其是高层结构设计中,工程师希望能在组合梁腹板上开洞,让日常生活中的所有管道(给排水、电气、暖通等)从洞口通过,便能减少这些管道设施对建筑空间的占用,达到降低层高、增大房屋净高、降低工程造价、节约建设资金等目的。因此,腹板开洞组合梁在实际工程中有着广阔的应用前景。但是,组合梁的腹板开洞后会给受力性能带来一定的影响,由于洞口的存在削弱了组合梁的截面,使得组合梁的刚度和承载力有所降低,破坏模式也发生了改变,不仅在弯矩或剪力最大处发生破坏,而且可能在洞口处发生破坏。目前我国在该方面的研究较少,还没有成熟的计算理论和方法,国内的设计规范也未给出相应的计算条款,不便于腹板开洞组合梁在我国的推广和应用。

本书采用试验研究、理论分析及有限元数值模拟计算相结合的方法,对腹板开洞组合梁受力性能进行了系统的研究。通过试验研究和数值模拟计算,获得了腹板开洞组合梁的破坏模式以及剪力在洞口区域的传力机制,建立了腹板开洞组合梁力学计算模型,提出了极限承载力状态下腹板开洞组合梁承载力计算方法。本书研究工作总结如下:

①对5根腹板开洞组合梁和1根无洞组合梁进行了试验研究,试件主要变化参数为混凝土板厚、配筋率等。通过试验测量的荷载-挠度曲线,对各试件的破坏形态和受力全过程进行分析;分析了洞口区域的应变和应力分布规律;重点研究了混凝土板厚、配筋率对抗剪承载力的影响,分析洞口区域各部分截面对抗剪承载力的贡献。试验结果表明:

a. 与无洞组合梁相比,腹板开洞后组合梁的刚度和承载力有较大幅度降低。

b. 腹板开洞组合梁在整个受力过程中,从荷载-挠度曲线看可以分为3个工作阶段:即弹性阶段、弹塑性阶段和破坏阶段,各试验梁在达到极限承载力后,表现出良好的延性;各试件破坏之前塑性变形发展充分,洞口区域逐渐形成4个塑性铰,而且腹板开洞组合梁具有较好的强度储备。

c. 组合梁腹板开洞后,洞口区域截面上的应变呈S形分布,不再满足平截面假设。

d. 增加混凝土板厚能有效地提高腹板开洞组合梁的承载力,但增加混凝土板厚对组合梁的变形能力没有明显的影响。

e. 随着混凝土翼板配筋率的增加,组合梁的承载力和刚度均有所增加,但增长的幅度不大,即通过增大混凝土翼板纵向配筋率来提高腹板开洞组合梁的承载力不是十分有效,但能有效提高组合梁的变形能力。

　　f. 无洞组合梁的混凝土翼板承担了截面总剪力的 30. 14%，钢梁承担了截面总剪力的 69.70%；而腹板开洞组合梁的混凝土板承担了截面总剪力的 52. 10%～59. 64%，钢梁仅承担了截面总剪力的 40. 36%～47. 90%，试验结果表明：无洞组合梁的剪力主要由钢梁承担，腹板开洞组合梁的剪力主要由混凝土板承担，而且混凝土板对组合梁的竖向抗剪承载力有较大的贡献。

　　②利用通用有限元软件 ANSYS 建立了腹板开洞组合梁的有限元模型，计算模型考虑了混凝土的开裂压碎、材料非线性等因素，并采用了弹簧单元模拟栓钉连接件的建模方法。利用本书建立的有限元模型对所有的试验梁进行了非线性数值模拟计算，并与试验结果进行了比较，得到以下结论：

　　a. 对 6 个试验梁进行了弹塑性有限元模拟计算，得出了试件的破坏形态，与试验现象吻合较好；得到了试件的弹塑性极限承载力，有限元结果与试验结果吻合较好，验证了有限元方法的准确性。

　　b. 有限元计算得到各试件的荷载-挠度曲线与试验实测值吻合较好，说明本书建立的有限元模型能较为准确地模拟组合梁的受力全过程，为腹板开洞组合梁的深入研究和参数变化分析提供了一种有效的方法。

　　c. 组合梁腹板开洞后，洞口区域内的剪力主要由混凝土翼板承担；而洞口区域外的剪力主要由钢梁承担。

　　③采用有限元方法对影响腹板开洞组合梁承载力的因素进行了参数分析，其中包括：混凝土板厚度、配筋率、洞口宽度、洞口高度、洞口偏心、洞口形状、洞口中心弯剪比等。同时计算出洞口处各部分截面上的内力（剪力、次弯矩、轴力）大小，这样就可以定量分析洞口上方和下方各截面对抗剪承载力的贡献大小，研究剪力在洞口处的传力机制。通过大量的参数分析得到以下结论：

　　a. 随着混凝土板厚的增加，腹板开洞组合梁承载力有较大幅度提高；而且混凝土板厚的变化对洞口截面抗剪承载力产生一定影响，随着混凝土板厚的增加，混凝土板承担的剪力逐渐增加，而钢梁承担的剪力相对减小。剪力主要由洞口上方截面承担，而洞口下方截面主要承担轴力和弯矩。

　　b. 增加混凝土板配筋率，对腹板开洞组合梁承载力影响较小；但能提高组合梁的变形能力。

　　c. 随着洞口宽度的增大，腹板开洞组合梁的承载力明显降低，而且次弯矩随着洞口宽度的增大而增大，组合梁在洞口处容易发生"空腹破坏"。

　　d. 随着洞口高度的增大，钢梁腹板净面积相对减小，钢梁承担的剪力逐渐减小，而剪力主要由混凝土板承担，组合梁在洞口处容易发生"剪切破坏"。

　　e. 洞口偏心对组合梁的极限承载力影响较小。但对抗剪承载力有较大的影响，洞口向上偏心时，钢梁的剪力主要由洞口下方腹板承担；洞口向下偏心时，钢梁的剪力主要由洞口上方腹板承担。

　　f. 在开洞面积相同的情况下，洞口形状对组合梁的承载力有较大的影响，其中圆形洞口承载力最大，而长方形洞口承载力最小。

　　g. 随着洞口中心弯剪比 M/V 的增大，腹板开洞组合梁的承载力和变形能力明显降低，而且而且洞口中心弯剪比 M/V 对组合梁抗剪承载力有较大的影响,混凝土板承担的剪力随着洞口中心的弯剪比 M/V 增大而增加,而钢梁承担的剪力随着洞口中心的弯剪比 M/V 增大而减小。

④总结了腹部开洞钢筋混凝土梁和钢梁的洞口加强方法,在此基础上提出了几种有效的腹板开洞组合梁的洞口加强方法,即在洞口周边设置井字形加劲肋(在洞口区域形成封闭式框架)、弧形加劲肋(在洞口区域形成小拱)、人字形加劲肋(在洞口区域形成斜腹杆),并采用有限元方法对以上洞口加强方式的组合梁承载力进行了分析,得到以下结论:

a.洞口设置加劲肋缓和了洞口区域的应力集中现象,而且在一定程度上有效地提高了组合梁的承载力(19% ~83%),其中人字形加劲肋受力合理,承载力提高了83%;而且变形能力均也有较大幅度的提高。

b.洞口设置加劲肋对钢梁的抗剪承载力有较大的影响,当洞口周边设置井字形加劲肋(在洞口区域形成封闭式框架)、弧形加劲肋(在洞口区域形成小拱)、人字形加劲肋(在洞口区域形成斜腹杆)时,钢梁的抗剪承载力有了较大幅度的提高;而洞口两侧设置横向加劲肋时对抗剪承载力影响较小。

c.设置不同形式的加劲肋对洞口区域的变形也有一定的影响,当洞口周边设置井字形,虽然组合梁洞口区域的刚度明显增大,但洞口处的剪切变形仍然较大,洞口两端挠度曲线有明显的突变现象;而设置人字形加劲肋时,洞口区域形成带斜腹杆的桁架结构,受力合理,洞口处以弯曲变形为主,是一种合理的洞口补强方式。

⑤根据试验结果对腹板开洞组合梁的破坏模式进行了分析,其受力机理符合桁架结构受力特点。因此,本书提出了腹板开洞组合梁力学计算模型——"空腹桁架"模型,该模型考虑了弯剪共同作用以及混凝土板对抗剪承载力的贡献,根据腹板开洞组合梁在承载能力极限状态下的洞口区域塑性应力分布,推导了洞口设置加劲肋和没有设置加劲肋两种情况的腹板开洞组合梁洞口4个次弯矩函数,提出一种腹板开洞组合梁的极限承载力计算方法。然后利用这4个次弯矩函数对组合梁洞口区域截面上的轴力-弯矩-剪力相关曲线进行了分析,得到了腹板开洞组合梁的抗弯和抗剪承载力计算图表。利用这种方法对腹板开洞组合梁进行分析,并与试验结果和有限元计算结果进行了对比,得到如下主要结论:

a.洞口上方轴向压力的存在使得洞口上方截面的受弯和受剪承载力有所提高;但是洞口下方的轴向拉力降低了洞口下方截面的抗弯和抗剪承载力。

b.采用本书推导了公式对5根腹板开洞组合梁承载力进行了分析,各试验梁的理论计算结果与试验结果吻合较好,验证了本书计算方法的准确性。

c.洞口设置加劲板后组合梁抗剪承载力提高了41% ~53%,抗弯承载力提高了37% ~58%,说明洞口设置加劲板能有效地提高腹板开洞组合梁的抗弯和抗剪承载力。而且,腹板开洞组合梁的抗弯和抗剪承载力随着加劲板面积的增大而增大。理论计算结果与有限元结果吻合较好。

参　考　文　献

[1] 聂建国,余志武. 钢-混凝土组合梁在我国的研究及应用[J]. 土木工程学报,1990,32(2):3-8.

[2] 聂建国,樊健生. 广义组合结构及其发展展望[J]. 建筑结构学报,2006,(26)4:1-8.

[3] Zhou Donghua. Auswirkung der Verformbarkeit der Verbundmittel und Teilverbundes auf das Tragverhalten und die Tragfahigkeit von Verbundtragern mit Querschnittssprüngen [M],Shaker-Verlag, 2003.

[4] Galambos T. V. Recent research and design development in steel and composite steel-concrete structures in USA[J]. Journal of constructional steel research,2000,55(3):289-303.

[5] Johnson R. E. Composite structures of steel and concrete. voll:Beams, columns, framesand appplications in building. 2nd Ed[M]. Oxford:Blackwell Scientific, 1994.

[6] 李国强. 当代建筑工程的新结构体系[J]. 建筑学报,2002(7):22-26.

[7] 赵鸿铁. 钢与混凝十组合结构[M]. 北京:科学出版社,2001.

[8] 聂建国. 钢-混凝土组合梁结构——试验、理论与应用[M]. 北京:科学出版社,2005.

[9] 王连广. 钢-混凝土组合结构理论与计算[M]. 北京:科学出版社,2005.

[10] 陈绍蕃. 钢结构[M]. 北京:中国建筑工业出版社,1994.

[11] 夏志斌,姚谦. 钢结构[M]. 杭州:浙江大学出版社,1995.

[12] 李国强. 多高层建筑钢结构设计[M]. 北京:中国建筑工业出版社,2004.

[13] 李国强. 我国多高层建筑钢结构发展的主要问题[J]. 建筑结构学报,1998,19(1):24-26.

[14] 胡世德. 国内外高层建筑的发展及所采用的施工技术[J]. 建筑科学,2001,17(1):5-10.

[15] 宋涛炜. 大尺度矩形开孔钢梁受力性能及设计方法研究[D]. 上海:同济大学, 2007.

[16] K. E. Chung, R. M. Lawson. Simplified design of composite beams with large web openings to Eurocode-4 [J]. Journal of Constructional Steel Research,2001(57):135-163.

[17] 刘坚,周东华,王文达. 钢-混凝土组合结构设计原理[M]. 北京:科学出版社,2005.

[18] 朱聘儒. 钢-混凝土组合梁设计原理[M]. 北京:中国建筑工业出版社,1989.

[19] Joint Committee IABSE/CEB/FIP/ECCS. Composite Structures(Model Code)[S]. London:Construction press,1981.

[20] EC Commission. Eurocode4:Common unified rules for Composite steel and Concrete Struc-

tures. Report EUR 9886 EN, Commission of the European Communities, Luxembourg, 1985.

[21] Eurocode4. Design of Composite Steel and Concrete Structures [S]. European Committee for standardization,1996.

[22] Andrews E. S. Elementary principles of reinforced concrete construction. Scott, Greenwood and Sons, 1912.

[23] Newmark N. M, Siess C. P, Viest I. M. Test and analysis of composite beams with incomplete interaction. Experimental Stress Analysis[J]. 1951, 9(6):896-901.

[24] Chapman J. C. Experiments on composite beams[J]. The Structural Division, 1964, 42 (11): 369-383.

[25] Adekola A. O. Effective widths of composite beams of steel and conerete[J]. The Structural Engineer,1968,46(9):285-289.

[26] Davies C. Tests on half-scale seel conerete composite beams with welded stud conneetors [J]. The Structural Engineer,1969,47(1):29-40.

[27] Bamard P. R, Johnson R. P. Ultimate strength of composite beams[J]. Proc. Instn. Civ. Engrs. ,Part2,1965,32(10):161-179.

[28] Johnson R. P, May I. M. Partial-interaction design of composite beams[J]. The Struetural Engineer,1975,53(8):305-311.

[29] Moffatt K. R, Lim P. T. K. Finite element analysis of composite box girder bridges having composite or im composite interaction[J]. Proc. Instn. Civ. Engrs. ,Part2,1976, 61: 1-22.

[30] Rotter J. M, Ansourian P. Cross-seetion behavior and ductility in composite beams. Proc. Instn. Civ. Engrs. , Part2, 1979(6):453-474.

[31] Johnson R. P, Villmington R. T. Vertical shear strength of compact composite beams. [J]. Proc. Instn. Civ. Engrs. , Suppl, 1972, 32(1):1-16.

[32] Ansourian P. , Roderiek J. W. Analysis of composite beams [J]. Journal of Struetural Division, 1978, 104(10):1631-1645.

[33] Oehlers D. J. Splitting induced by shear conneetors in composite beams [J]. Joumal of Struetural Engineering. 1989, 115(2):341-362.

[34] Wright H. D. The deformation of composite beams with discrete flexible connection. Joumal of Construction Steel Research, 1990, 15: 49-64.

[35] Shatunugam N. E, Baskar K. B. Steel-Conerete Composite Plate Girders Subjeet to Shear Loading [J]. Joumal of Structural Engineering. 2003, 129(9):1230-1242.

[36] Bradford M. A. , Gilbert R. I. Composite beams with Partial interaetion under sustained loads [J]. Joumal of Struetural Engineering 1992,118(7): 206-212.

[37] Fragiaeomo M, Amadio C, Macorini L. Finite-Element Model for Collapse and Long-Term Analysis of Steel-Conerete Composite Beams[J]. Joumal of Struetural Engineering 2004,130 (3):489-497.

[38] Wang Y. C. Defleetionof steel-concrete composite beams with partial shear interaction [J]. Joural of Struetural Engineering, 1998, 124(10):1159-1165.

［39］AyoubA. ,FiliPPouF. C. Mixed formulation of nonlinear steel-conerete composite beams element［J］. Joural of Struetural Engineering,2000,126(3):371-381.

［40］Salari M. R,SPaeone E. Analysis of steel-conerete composite frames with bond-slip［J］. Joural of Struetural Engineering,2001,127(11):1243-1250.

［41］Baskar K. ,Shanmugam N. E,Thevendran V. Finite-element analysis of steel-eonerete composite plate girder［J］. Joural of Struetural Engineering, 2002, 128(9):1842-1849.

［42］Amadio C,Fragiacomo M. Effeetive width evaluation for steel-conerete composite beams［J］. Joumal of Construetional Steel Researeh, 2002, 128(58):373-388.

［43］Amadio C. Fedrign C,Fragiaeomo M,etal. Experimental evaluation of effeetive width in Steel-concrete composite beams［J］. Journal of Constructional Steel Research, 2004, 130 (60): 199-220.

［44］Dall' Asta A. ,Zona A. Non-linearan alysis of composite beams by a displacement approach. ［J］. Computers and Structures, 2002, 80:2217-2228.

［45］Faella C,Martinelli E,Nigro E. Shear cormeetion nonlinearity and defiections of steel-conerete composite beams: a simplified method［J］. Journal of Structural Engineering,2003, 129 (1):12-20.

［46］Loh Y. H. , Uy B. , Bradford M. A. The effects of partial conneetion in the hogging moment regions of composite beams: Part I-experimenial study［J］. Journal of Construetional Steel Research, 2004, 60:897-919.

［47］Loh Y. H. , Uy B. , Bradford M. A. The effects of partial conneetion in the hogging moment regions of composite beams: Part II-Analytical study［J］. Journal of Construetional Steel Research, 2004, 60:921-962.

［48］Thevendran V, Shanmugam N. E, Chen S, Richard Liew J. Y. Experimental study on steel-concrete composite beams curved in plan. Engineering Structures, 1999,32:125-139.

［49］Brian Uy. Application behavior and design of composite steel-concrete beams subjected to combined actions［P］. Proceedings of the 9 th international conference on steel concrete composite and Hybrid structures (ASCCS2009), Leeds, UK, July 2009.

［50］JTJ 025—86. 公路桥涵钢结构及木结构设计规范［S］. 北京:人民交通出版社,1986.

［51］聂建国,王寒冰,任明星. 钢-混凝土叠合板组合梁在苇沟桥改造加固中的应用［J］. 建筑结构,2001,31(12):12-26.

［52］聂建国,田春雨,何萌. 混凝土叠合加固技术在桥梁中的应用［J］. 建筑结构, 2004,34 (3):19-20.

［53］聂建国, 孙国良. 钢-混凝土组合梁槽钢剪力连接件的试验研究［J］. 郑州工学院学报, 1985,6(2):10-17.

［54］胡少伟, 聂建国, 罗玲. 钢-混凝土组合梁抗扭特性研究［J］. 建筑结构学报,1999, 29 (4):38-40.

［55］聂建国. 钢-混凝土组合梁长期变形的计算与分析［J］. 建筑结构. 1997, 24(1):42-45.

［56］聂建国,崔玉萍. 钢-混凝土组合梁在单调荷载下的变形及延性［J］. 建筑结构学报,

1998,19(2):30-36.

[57] 聂建国,沈聚敏,袁彦声,等. 部分剪切连接钢-混凝土组合梁受弯极限承载力的计算[J]. 建筑结构学报,1996,17(2):21-29.

[58] 聂建国,陈林,肖岩. 钢-混凝土组合梁正弯矩区截面的组合抗剪性能[J]. 清华大学学报:自然科学版,2002,42(6):835-838.

[59] 聂建国,张眉河. 钢-混凝土组合梁负弯矩区板裂缝的研究[J],清华大学学报:自然科学版,1997,37(6):95-99.

[60] 陈世鸣,顾萍. 影响钢-混凝土组合梁挠度计算的几个因素[J]. 建筑结构学报,2004,34(1):31-33.

[61] 王力,杨大光,孙世钧. 钢-混凝土组合梁滑移及掀起的理论分析方法[J]. 哈尔滨建筑大学学报,1998,31(1):37-42.

[62] 王力,霍越群,涂劲. 钢-混凝土组合梁截面刚度的分析[J]. 哈尔滨工业大学学报,2006,38(2):199-202.

[63] 方恺,陈世鸣. 考虑剪力连接件刚度的钢-混凝土组合梁有限元分析[J]. 工业建筑,2003,33(9):75-77.

[64] 方立新,宋启根. 部分剪切连接组合梁弹性刚度和极限强度的计算[J],工业建筑,2000,30(1):47-50.

[65] 聂建国,樊健生,王挺. 钢-压型钢板混凝土组合梁裂缝的试验研究[J]. 土木工程学报,2002,35(1):15-20.

[66] 聂建国,熊辉,胡少伟. 开口截面钢-混凝土组合梁弯扭性能的理论分析与试验研究[J]. 土木工程学报,2004,37(11):6-10.

[67] 聂建国,王洪全. 钢-混凝土组合梁纵向抗剪的试验研究[J]. 建筑结构学报,1997,18(2):13-19.

[68] 聂建国,陈林,肖岩. 钢-混凝土组合梁抗剪研究中的塑性分析方法[J]. 工程力学,2002,19(5):48-51.

[69] 聂建国,朱红超,罗玲,等. 开口截面钢-混凝土组合梁抗扭的试验研究[J]. 建筑结构学报,2002,23(2):48-54.

[70] 聂建国,崔玉萍,石中柱,等. 部分剪力连接钢-混凝土组合梁受弯极限承载力的计算[J]. 工程力学,2000,17(3):37-42.

[71] GBJ 17—88. 钢结构设计规范[S]. 北京:中国计划出版社,1989.

[72] 朱聘儒,傅功义. 考虑钢与混凝土之间相对滑移的组合梁弹性分析与受剪试验[J]. 钢结构,1988(1):10-16.

[73] 朱聘儒,高向东. 钢-混凝土连续组合梁塑性铰特性及内力重分布研究[J]. 建筑结构学报,1990,11(6)26-36.

[74] 聂建国,沈聚敏,袁彦生. 钢-混凝土简支组合梁变形计算的一般公式[J]. 工程力学,1994,11(1):21-27.

[75] Nie Jianguo, Cai C. S. Steel-concrete composite beams considering shear slip effects [J]. Journal of Structural Engineering, 2003, 129(4):495-506.

[76] 聂建国,沈聚敏,余志武.考虑滑移效应的钢-混凝土组合梁变形计算的折减刚度法[J].土木工程学报,1995,28(6):11-17.

[77] 聂建国,王挺,樊健生.钢-压型钢板混凝土组合梁计算的修正折减刚度法[J].土木工程学报,2002,35(4):1-5.

[78] 聂建国,沈聚敏.滑移效应对钢-混凝土组合梁抗弯强度的影响及其计算[J].土木工程学报,1997,30(1):31-36.

[79] 余志武,周凌宇,罗小勇.钢-部分预应力混凝土连续组合梁内力重分布研究[J].建筑结构学报,2002,23(6):64-69.

[80] 余志武,蒋丽忠,李佳.集中荷载作用下钢-混凝土简支梁界面滑移理论和变形计算[J].土木工程学报,2003,36(8):1-6.

[81] 蒋丽忠,余志武,李佳.均布荷载作用下钢-混凝土简支梁界面滑移理论和变形计算[J].工程力学,2003,20(2):133-137.

[82] 余志武,周凌宇,蒋丽忠.钢-混凝土连续组合梁滑移与挠度耦合分析[J].工程力学,2004,11(2):76-83.

[83] 钟新谷,舒小娟,沈明燕.钢箱-混凝土组合梁弯曲性能试验研究[J].建筑结构学报,2006,27(1):71-76.

[84] 付果,赵鸿铁,等.钢-混凝土组合梁截面组合抗剪性能的试验研究[J].建筑结构,2007,37(10):66-68.

[85] 付果,赵鸿铁,薛建阳.钢-混凝土组合梁掀起力的理论计算[J].西安建筑科技大学学报,2008,40(3):32-39.

[86] 周东华,孙丽莉,樊江,等.组合梁挠度计算的新方法——有效刚度法[J].西南交通大学学报,2011,46(4):541-546.

[87] 周东华,孙丽莉,樊江,等.弹性剪切连接组合梁的应力计算方法[J].工程力学,2011,28(3):157-162.

[88] 王鹏,周东华,王永慧.剪切连接件分段均匀布置时组合梁的滑移计算[J].建筑结构,2011.41(8):96-101.

[89] Richard G. Redwood. Beam tests with unreinforced web openings[J].Journal Structure Div,1968,94(1):1-17.

[90] Bower J. E. Recommended design procedures for beams with openings[J].Eng Journal American Institute Steel Construction,1971,8(10):132-137.

[91] Cooper P. B., Snell. Tests on beams with reinforced web openings[J]. Journal of Struetural Division, 1972,98(3):611-618.

[92] Wang Snell, Cooper P. B. Strength of beams with eccentric reinforced holes[J]. Journal of Struetural Division, Sep,1975,101(9):1783-1800.

[93] Larson Marwin A.,Shah Kirit N. Plastic Design of web openings in steel beams. Journal of Struetural Division, 1976, 102(5):1031-1041.

[94] Kussman, Cooper P. B. Design example for beams with web openings[J].Engineering Journal of the American Institute of Steel Construction,1976,13(2):48-59.

[95] Lupien, Redwood. Steel beams with web openings reinforced on one side[J]. Canadian Journal of Civil Engineering,1978(12):451-461.

[96] Dougherty. Plastic analysis of steel beam with rectangular web openings[J]. Civil Engineer in South Africa,1981,23(7):295-305.

[97] Aglan, Qaqish. Plastic behavior of beams with mid-depth web openings[J]. Engineering Journal of the American Institute of Steel Construction,1982,19(9):20-26.

[98] Dougherty. Some effects of web openings on the buckling of steel I beam [J]. International Journal of Structure,1987,7(1):43-67.

[99] Dougherty. Interaction between openings in the webs of steel beams[J]. Civil Engineering South Africa,1988,30(5):243-249.

[100] Dougherty. Plastic analysis of steel I-beams with multiple web openings[J]. Civil Engineering South Africa,1989,31(12):443-448.

[101] Darwin D. Lucas. LRFD for steel and composite beams with web openings[J]. Journal of Structural Engineering,1990,116(6):1579-1593.

[102] Darwin D. Steel and composite beams with web openings. In: Steel Design Guide Series No. 2. Chicago. II. USA: Americall Institute of Steel Construction,1990.

[103] Anon. Proposed specification for structural steel beams with web openings [J]. Journal of structural Engineering, 1992, 118(12):3315-3324.

[104] K. E. Chung, T. C. H Liu, A. C. H. Ko. Investigation on Vierendeel mechanism in steel beams with circle web openings [J]. Journal of Constructional Steel Research, 2001 (57): 467-490.

[105] K. E. Chung, T. C. H. Liu. Steel beams with large web openings of various shapes and sizes: finite element investigation [J]. Journal of Constructional Steel Research. 2003, 59 (9): 1159-1176.

[106] K. E. Chung, T. C. H. Liu, A. C. H Ko. Steel beams with large web openings of various shapes and sizes: an empirical design method using a generalized moment-shear interaction [J]. Journal of Constructional Steel Research 2003(59):1177-1200.

[107] Clawson W. C.,Darwin D. Strength of composite beams at web openings [J]. Journal of Struetural Division, 1982, 108(3):623-641.

[108] Clawson W. C., Darwin D. Tests of composite beams with web openings[J]. Joumal of Structural Division, 1982, 108(1): 1 45-162.

[109] Redwood R. G., Poumbouras G. Tests of composite beams with web holes[J]. Canadian Journal of Civil Engineering, 1983, l0(4):713-721.

[110] Roberts T. M., AI-Amery R. I. M. Shear strength of composite plate girders with web cutouts[J]. Journal of Structural Engineering,1991, 117(7):1897-1911.

[111] Roberts T. M., AI-Amery R. I. M. Shear strength of composite plate girders with rectangularweb cutouts[J]. Journal of Constructional Steel Research,1989, 12:151-166.

[112] Wieland Ramm, Christian Kohimeyer. Shear-bearing capacity of the concrete slab at

webopenings in composite beams[J]. Composite Construction In Steel and Concrete V-Proceedings of the 5th Intemational Conference, 2006, 214-225.

[113] Fahmy E. H. Analysis of composite beams with rectangular web openings. Journal of Construction Steel Research, 1996, 37(1):47-62.

[114] Park J. W., Kim C. H., Yang S. C. Ultimate strength of ribbed slab composite beams with web penings [J]. Journal of Structural Engineering, 2003, 129(6):810-817.

[115] Donahey R. C., Darwin D. Web opening in composite beams with ribbed slabs [J]. Journal of Struetural Engineering. ASCE, 1988, 114(3):518-534.

[116] Darwin D., Donahey R. C. LRFD for composite beams with unreinforced web openings [J]. Journal of Struetural Engineering. ASCE, 1988, 114(3):535-552.

[117] David D., Lucas W. K. LFRD for steel and composite beams with web openings[J]. Journal of Structural Engineering. ASCE, 1990, 116(6):1579-1592.

[118] David Darwin. Design of composite beams with web openings[J]. Journal of Struetural Engineering ,2000,121(2):157-163.

[119] ASCE Task Committee on design criteria for composite structures in steel and concrete[S]. Proposed specification for structural steel beams with web openings. Journal of Structural Engineering, 1992, 118(12):3315-3324.

[120] ASCE Task Committee on Designcriteria for composite structures in steel and concrete[S]. Commentary on proposed specification for structural steel beams with web openings. Joumal of Structural Engineering, 1992, 118(2):3325-3349.

[121] 蔡健,李静. 钢筋混凝土圆孔梁在集中荷载作用下的实验研究[J]. 工程力学增刊, 1998, 264-267.

[122] 蔡健, 陈眼云, 李静. 开有矩形孔的钢筋混凝土梁的承载力近似计算[J]. 华南理工大学学报: 自然科学版,1995, 23(3): 38-43.

[123] 张学文,蔡健,彭敏,等. 腹板开洞的钢筋混凝土简支梁抗剪承载力计算方法初探[J]. 工程力学增刊,2000:852-858.

[124] 殷芝霖. 钢筋混凝土圆孔梁的抗震性能及其设计方法[J]. 建筑结构学报,1995,16(2): 19-32.

[125] JGJ 3—2002 高层建筑混凝土结构技术规程[S]. 北京:中国建筑工业出版社,2002.

[126] 娄卫校. 腹板圆开孔钢梁工作性能的研究[D]. 哈尔滨:哈尔滨工业大学,2005.

[127] 李波,王肇民,黄斌,等. 腹板开孔钢梁的极限承载力有限元分析[J]. 建筑结构,2005, 35(6). 23-29.

[128] 谢晓栋,杨娜,杨庆山. 钢结构腹板开洞型节点的参数分析[J]. 工业建筑,2006,36(5): 79-82.

[129] 刘燕, 郭成喜. 梁腹板矩形洞口削弱型节点的滞回性能[J]. 钢结构,2006,21(86): 66-68.

[130] Donghua Zhou, Longqi Li, Jurgen Schnell, Wolfgang Kurz, Peng Wang. Elastic deflection of simply supported steel I-beams with web opening [J]. Procedia Engineering, 2012(31):

315-323.

[131] JGJ 99—98 高层民用建筑钢结构技术规程[S]. 北京:中国建筑工业出版社,1998.

[132] 聂建国,吴洪,周建军,等. 混凝土翼板开洞钢-混凝土组合梁的试验研究及刚度分析 [J]. 土木工程学报,2006,39(2): 31-35.

[133] 白永生,蒋永生,梁书亭,等. 腹板开洞组合梁承载力计算方法综述和探讨[J]. 工业建 筑,2004,34(6):68-70.

[134] 周东华,赵惠敏,王明锋,等. 带腹扳开洞组合梁的非线性计算[J]. 四川建筑科学研 究,2004,30(2):21-24.

[135] Zhou Donghua. Beitrag zum Tragverhalten und zur Entwicklung der Rechenmodelle von Verbundträgern mit Stegäffungm[D]. Kaiserslautem, Technische univeritot kaiserslauton 1998.

[136] 陈涛,李华,顾祥林. 负弯矩区腹板开洞钢-混凝土组合梁承载力试验研究与理论分析 [J]. 建筑结构学报,2011,32(4):63-71.

[137] AISC-LRFD-1999, Load and resistance factor design specification for steel structural build- ings [S]. Chicago:American Institute of Steel Construction Inc,1999.

[138] Eurocode 4, Design of composite steel and concrete structures [S]. Brussels:European Committee for Standardization (CEN), 1994.

[139] 中华人民共和国住房和城乡建设部. GB 50017—2017 钢结构设计标准[S]. 北京:中国 建筑工业出版社,2017.

[140] GB 228—76 中华人民共和国国家标准金属拉力试验法[S]. 北京:中国标准出版 社,1976.

[141] GB/T 2975—1998 钢及钢产品力学性能试验取样位置及试样制备[S]. 北京:中国标准 出版社,1998.

[142] GB 6397—86 金属拉伸试验试样[S]. 北京:中国标准出版社,1986.

[143] GB 228—2002 金属拉伸试验方法[S]. 北京:中国标准出版社,1986.

[144] GB 50152—92 混凝土结构试验方法标准[S]. 北京:中国标准出版社,1986.

[145] GB/T 50081—2002 普通混凝土力学性能试验方法标准[S]. 北京:中国标准出版 社,1986.

[146] GB 50010—2010 混凝土结构设计规范[S]. 北京:中国建筑工业出版社,2010.

[147] 薛伟辰. 建筑结构试验[M]. 上海:同济大学出版社,2001.

[148] 张如一,陆耀桢. 实验应力分析[M]. 北京:机械工业出版社,1981.

[149] 王仁,熊祝华,黄文彬. 塑性力学基础[M]. 北京:科学出版社,1982.

[150] 徐秉业,刘信声. 应用弹塑性力学[M]. 北京:清华大学出版社,2001.

[151] 杨桂通. 弹塑性力学引论[M]. 北京:清华大学出版社,2004.

[152] 余同希,薛璞. 工程塑性力学[M]. 北京:高等教育出版社,2010.

[153] 赵人达. 混凝土及其结构的非线性行为研究[D]. 成都:西南交通大学,1990.

[154] Liu T. C. Y. ,et al. Biaxial stress-strain relations for concrete[J]. ASCE,Journal of Struc- tural Division, 1972, 98(5):1025-1034.

[155] 奚梅成. 数值分析方法[M]. 合肥:中国科学技术大学出版社,1995.

[156] 龙驭球,龙志飞,岑松. 新型有限元论[M]. 北京:清华大学出版社,2004.

[157] 王勖成. 有限单元法[M]. 北京:清华大学出版社,2003.

[158] 周宁著. ANSYS APDL 高级工程应用实例分析与二次开发[M]. 北京:中国水利水电出版社,2007.

[159] 王新敏. ANSYS 工程结构数值分析[M]. 北京:人民交通出版社,2004.

[160] 刘正兴,孙雁,王国庆. 计算固体力学[M]. 上海:上海交通大学出版社,2000.

[161] 殷有泉. 固体力学非线性有限元引论[M]. 北京:清华大学出版社,1987.

[162] Richart F E,Brandtzaeg A,Brown R L. A study of the failure of concrete under combined compressive stresses[J]. Bulletin NO. 185,Engineering Experimental Station,University of Illinois,Urbana,1928:104.

[163] Willam K J,Warnke E P. Constitutive model for the triaxial behavior of concrete [J]. Proceedings of the International Association of Bridge and Structural Engineering, 1975,19: 1-30.

[164] 于骆中,等. 混凝土的二轴强度及其在拱坝设计中的应用[M]. 北京:水利电力出版社,1982.

[165] 过镇海. 混凝土强度和变形试验基础和本构关系[M]. 北京:清华大学出版社,1997.

[166] 王传志,过镇海. 二轴和三轴受压混凝土的强度试验[J]. 土木工程学报,1987,20(1): 15-27.

[167] 宋玉普,赵国藩,等. 多轴应力下多种混凝土材料的通用破坏准则[J]. 土木工程学报, 1996, 29(1):25-32.

[168] 宋玉普,赵国藩,等. 应力空间混凝土的通用破坏准则[J]. 大连理工大学学报,1991, 31 (5):579-584.

[169] 宋玉普,赵国藩,等. 三轴加载下混凝土的变形和强度[J]. 水利学报,1991, 21(2): 17-24.

[170] 何政,欧进萍. 钢筋混凝土结构非线性分析[M]. 哈尔滨:哈尔滨工业大学出版社, 2007.

[171] 梁兴文,叶艳霞. 钢筋混凝土结构非线性分析[M]. 北京:中国建筑工业出版社,2007.

[172] Hognestad E, Hanson N W. Concrete stress distribution in ultimate strength design [J]. ACI Journal,Proceedings,1995, 52(4):455-479.

[173] Qing Quan Liang. Strength Analysis of Stee Concrete Composite Beams in Combined Bending and Shear [J]. Joumal of Struetural Engineering, 2005, 131(10):1593-1600.

[174] Baskar K, Shanmnugarn N. E, Thevendran V. Finite element analysis of steel-onerete composite plate gilder[J]. Joumal of Struetural Engineering, 2002, 128(9):1158-1168.

[175] Liang Q. Q, Uy B, Bradford M. A, Ronagh H. R. Ultimate strength of continuous composite beam in combined bending and shear[J]. Joumal of Constructional Steel Research, 2004, 60(8): 1109-1128.

[176] 韩林海. 钢管混凝土结构:理论与实践[M]. 2 版. 北京:科学出版社,2007.

[177] 王国周, 瞿履谦. 钢结构:原理与设计[M]. 北京:清华大学出版社,1993.

［178］Ollgaard H. G. , Slutter R. G. , Fisher J. D. Shear strength of stud connectors in light-weight and normal-weight concrete［J］. Engineering Journal of American of Steel Construction, 1971, 8(2):55-64.

［179］赵鸿铁. 钢与混凝土组合结构［M］. 北京:科学出版社,2001.

［180］Mausur M A, Tan K H, Lee Y F, et al. Piecewise linear behavior of RC beams with openings［J］. Journal of Structural Engineering, ASCE, 1991, 117(6): 1607-1621.

［181］Tan K W, M ausurM A, Huang L M. Reinforced concrete T-beams with large web openings in positive and negative moment regions［J］. ACI Structural Journal 1996, 93(3): 227-289.

［182］Kennedy J B, Abdalla H A. Static response of prestressed girders with openings［J］. Journal of Structural Engineering, ASCE, 1992, 118(2): 488-504.

［183］Abdalla H A, Kennedy J B. Design of prestressed concrete beams with openings［J］. Journal of Structural Engineering, ASCE, 1995, 121(5): 890-898.

［184］Nasser K W, Acavalos A, Rdaniel H. Behavior and design of large openings in reinforced concrete beams［J］. Journal of ACI, 1967, 64(1): 25-33.

［185］Barney G B, Corley W G, Hanson J M, et al. Behavior and design of prestressed concrete beams with large web openings［J］. Journal of Prestressed Concrete, 1977, 22(6): 32-61.

［186］Segner E P. Reinforcement requirements for girder web openings［J］. Journal of Structural Engineering, ASCE, 1964, 90(3): 147-164.

［187］JGJ 3—2002 高层建筑混凝土结构技术规程［S］. 北京:中国建筑工业出版社,2002.

［188］JGJ 99—98 高层民用建筑钢结构技术规程［S］. 北京:中国建筑工业出版社,1998.

［189］Kupfer, H. , Hilsdorf, H. K. , Rüsch, H. Behavior of concrete under biaxial stress［J］. Journal of the American Concrete Institute, Proceedings,1969,66(8): 656-666.

［190］CESAR R, VALLENILLA, REIDAR BJORHOVDE, Effective width criteria of composite beams［J］. American Institute of Construction, 1985. 4:169-175.

［191］Amadio C. , Fragiacomo M. Effective width evaluation for steel-concrete composite beams［J］. Journal of Constructional Steel Research, 2002. 58(3):373-388.

［192］Chen Shiming,Zhang Zhibin. Effective width of a concrete slab in steel-concrete composite beams prestressed with external tendons［J］. Journal of Constructional Steel Research, 2006. 62(5):493-500.